富嶽

幻の超大型米本土爆撃機

上巻

前間孝則

草思社文庫

まえがき

太平の眠りを覚ました「黒船」来航以来、今日まで、日本にとってアメリカは常に巨大な存在として君臨し続けてきた。

広大な国土、豊富な資源を背景に、〝航空機王国〟を築き上げた技術大国アメリカに対し、昭和十六年（一九四一）十二月八日、日本は真っ正面から戦いを挑んだ。それも、開戦の直前まで、日本が航空機技術について強く依存し、指導を仰いでいた相手にである。

この三年八ヵ月にわたる日米戦争の間に、日本の陸・海軍は派生型も含め百六十四機種もの航空機開発に手を染めたといわれている。戦後に調査したＧＨＱ（連合軍総司令部）は、その種類のあまりの多さに驚いたが、それらの中で、敗戦時、その痕跡(こんせき)を完全に消し去られた一つの航空機があった。すでに半世紀近くを経た今日もなお謎(なぞ)とされ、全貌が明らかにされていない「富嶽(ふがく)」――超大型のアメリカ本土爆撃機である。その当時、アメリカのボーイング社が開発中だった世界最大の四発爆撃機Ｂ29を大きく上まわる六発の〝幻の米本土爆撃機〟だった。

当機で太平洋を無着陸横断し、アメリカ本土を爆撃したのち、そのまま大西洋を横断してドイツ占領下のフランスの基地に着陸するという壮大な構想だった。

戦勝国となったアメリカの本土を爆撃することが目的だっただけに、敗戦直後、ただちに図面や関係書類などすべての証拠品が焼却されたのは無理もなかった。また、関係者たちも、戦後しばらくの間は黙して語ることがなかった。それだけに、「富嶽」に関するさまざまな憶測や風説が流布することにもなった。

筆者は、当時この航空機開発に従事し、いまでは高齢となっている技術者たち一人一人を訪ね歩き、半世紀をさかのぼる記憶の糸をたどっていただくとともに、アメリカから返還された膨大な戦時中の資料を渉猟し、断片を拾い集め、つなぎ合わせるという作業を行なった。さらには、本機の発案者で、この機を中核とする奇策——対米『必勝戦策』を練り上げた中島知久平が残した数多くの資料も探った。

敗戦から時がたち、当時を冷静に振り返ると、「東亜の新秩序」「大東亜共栄圏」を前面に掲げ、アジア・太平洋の権益をめぐる日本の戦いは、果敢というよりむしろ無謀としかいいようのないものだったといわざるをえない。それも、軍部主導によるナショナリズムの独走そのものでもあったことは、いまさら指摘するまでもないだろう。

だが、視点を移して、工業技術、生産技術、あるいは技術者の側からこの戦争の意味をとらえたとき、今日いうところの「日米技術開発競争」「日米ハイテク戦争」、あるいは最先端技術による「航空機決戦」そして国を挙げての「総力戦」そのものであったという一面が浮かび上がってくる。

大正六年（一九一七）、当時、支配的だった「大艦巨砲主義」に飽きたらず、民間による航空機生産を志して海軍を飛び出した一介の海軍大尉・中島知久平は、のちに財閥系の三菱重工業と双璧をなす日本最大の航空機企業・中島飛行機を、奇蹟ともいえる発展によって築き上げた。

そして、太平洋戦争の戦局が転回しはじめたとき、日本の敗戦をいち早く見てとった彼は、三十年近くかけて築き上げてきた巨大企業・中島飛行機のすべてを「Z機」（「富嶽」）開発に投入して、日本の起死回生を図ろうと目論んだ。そのため、時の内閣総理大臣・東条英機を動かし、陸・海軍協同による航空工業の総力を結集した、日本の航空史上最大のプロジェクトをつくり上げようとしたのである。

こうして、ようやく欧米先進国に追いつきかけたばかりの日本の航空工業は、脆弱な足腰のまま、十年以上も先とも思える航空機の開発に、果敢にも立ち向かった。

日本本土爆撃を目的として急ピッチで進められていたアメリカのB29、あるいはB36と、どちらが先に完成するか——国家の命運を背負った二十代、三十代そこそこの若き技術者たちは、いまだ体験したことのない未踏の領域へと突き進むことになる。

富嶽【上巻】◉目次

第一章　中島知久平と中島飛行機

第二章 戦争と航空機

第三章　奇蹟のエンジン——「誉」

第四章　日米開戦と米本土爆撃

第五章 大型爆撃機の時代へ

【下巻目次】

序章 幻の巨大爆撃機

「すべての図面を焼却しろ」

真夏の雪

昭和二十年(一九四五)八月も半ばを過ぎたころ、東京・丸の内、霞が関など官庁街一帯を中心に、終日、灰色の雪が降った。しかし、通りを行き交う人々は、とくに気にとめる風もなく、空を見上げることもなかった。

数日前、太平洋戦争の終末を告げる天皇の玉音放送が街中を流れ、呆然自失した空白のときが漂っていたが、それもつかの間、軍需生産にまつわる証拠書類、機密資料、物品の一斉廃棄、焼却処分の命令が下されたのである。

丸の内などの官公庁や企業でも、あちこちからもうもうと白煙が立ち上り、何日にもわたって関係書類が焼かれた。それは異様なほど大規模だった。数日前まで戦禍の中にあったことなどまったく想像もできないほど突き抜けるような青い空に舞い上がった燃え殻は、しばらく宙を漂い、再び地上に音もなく舞い降りてきた。なんとも言葉にいいあらわしがたい空虚な光景だった。

東京周辺に散在する軍需工場でも、同じような光景が見受けられた。

八王子の先の浅川（現・高尾）や五日市などには、同年春から、米軍の爆撃を避けて、中島飛行機の本格的な疎開がはじまっていた。そこは関東平野から奥多摩山系へと移る境目にあたり、多摩丘陵が神奈川県側に向かって帯状に長く伸びている。その丘陵に数十ヵ所の素掘りのトンネルがあり、小高い丘を突き抜けている。陸軍参謀本部の地下壕として掘られ、地元の住民はもっぱら「大本営がくる」と噂していた。

周囲は緑に囲まれ、掘り出した赤土が目につくこの地に、秘密裡に中島飛行機エンジン地下工場が疎開していた。そこでも、関係書類を焼く白煙が山あいに立ち昇っていた。事実上の社長・中島知久平（ちくへい）から、工場の最高責任者、佐久間一郎の執務する廠長室をすべて整理し、書類一切を焼き捨てるようにとの命令が下っていたからである。

八月十五日の午前中まで、洞窟内に反響していた工作機械の切削音や切削油の煙は、玉音放送を境にピタリとやんでいた。

その日、佐久間はすでにラジオで詔書（しょうしょ）の放送があることを知っていた。それまではほとんど身につけたことのなかった勲四等瑞宝章を下げ、国民服姿で玉音放送を聞いた。放送が終わると、彼はそばにいた部下にポツリといった。

「まあ、これで終わったね」

日本最大の航空機企業、それもついさっきまで、何年にもわたって日本の航空戦力の要（かなめ）となる軍用機のエンジンを必死になって生産し続けてきた工場の最高責任者とは思えないほど、あっさりとした言葉であった。

　中島知久平が海軍を辞め、独立して飛行機研究所（中島飛行機製作所の前身）を興したのは大正六年（一九一七）十二月だった。そのころ横須賀海軍工廠でもっぱらエンジンの製図を手がけていた佐久間は、技術者として将来を嘱望されていたが、そのとき、はからずも中島らに声をかけられ、日本最初の民間航空機製造会社の創設に参加することになった。それ以来、航空機製作一筋に取り組み、中島飛行機を日本一の航空機企業に育て上げた二十八年間が、彼の脳裏を走馬灯のように駆けめぐっていた。

　日本がアメリカに負けた悔しさより、「やるだけのことはやったのだ」という思いと、戦争が終わったことへの安堵感のほうが大きかった。

　佐久間はかたわらにいた椎野八朔防衛隊長に向かって、思いがけないことを口にした。

「最近、バターを食ったかね」

　いかにも、外国生活の体験もあり、欧米の事情に詳しい佐久間らしい言辞であった。そのあと、彼らは乾パンをバターで炒めて食べた。

　とはいっても、最高責任者としての佐久間は、のんびりとはしていられなかった。事務所では昼のおにぎりが配られたが、あまりのショックに手をつけられない従業員もいた。役職に関係なく、一律に五百円を支給し、解散することにした。そして、倉庫に保管してあった酒や食糧、毛布などをみんなに分配した。四千人ほどいた従業員たちは、それぞれの思いを胸に疎開工場をあとにした。最後に残ったのは、幹部ら六人だけだった。

佐久間は彼らに、励ますようにいった。

「日本は戦争に負けた。やがて米軍が上陸してくるだろう。飛行機を作っていた人間は処罰されるかもしれないが、頑張ってほしい」

B29の標的にされた中島飛行機

佐久間らが工場の解散、処分を急いだのは、疎開工場で秘密裡に航空機を生産していた証拠になるような書類などいっさいを焼却する必要があったからだ。彼らは棚や引き出しの書類などすべて取り出し、勤労課の秋元重雄ら数人が半日かけてことごとく焼却した。

その作業のとき、佐久間の机の中の引き出しから、四つ切り六枚組の写真の束が出てきた。それは、東海、関東地方一帯を上空から撮影した航空写真だった。写真上に引かれた白い線は、米軍の爆撃機B29の飛行空路をあらわしていた。大きなマルで富士山が囲んであり、さらにもう一つ、東京・立川の上空あたりにも大きなマルが描かれていて、白い線はそこで大きく角度を切っていた。

東京から直線距離にして約二千五百キロ、マリアナ諸島の米軍基地を飛び立ったＢ29は、まず富士山を目標にして一直線に飛行する。はるか遠くの西太平洋から富士山が見えるわけではないが、実は、その頂上には敵機を早期に発見するための日本のレーダーがあった。そこから発する電波を米軍機は逆に利用して、夜間でも曇天でも迷うことなく、日本を目指して飛ぶことができたのである。そして、富士山付近で方向転換し、立川上空あたりにきたとき、中島飛行機を目標にして爆弾を投下する。投下が終わると、急ぎ反転して鹿島灘沖へと抜け、再び基地へと引き返す。写真に引かれた白い線は、その空路にほかならなかった。

Ｂ29が一万メートルの上空を計器飛行し、計器爆撃するのに対し、日本軍の高射砲による対空砲火のほとんどは、その二、三千メートル下までしか届かず、ただ花火のように空しく炸裂（さくれつ）するばかりであった。迎え撃つ日本の戦闘機も、満足な気密室、過給器（スーパーチャージャー）を装備していなかったため、空気の薄くなる高空では極端に性能が落ち、追撃できる速度にはとうてい達しえなかった。その様子を見上げる日本人の目には、大空を悠然と飛ぶ大鳥に向かって必死に挑む蝿のように映った。

それまで大本営によってさんざん聞かされ、信じ込まされてきた日本の戦闘機の優秀さ、大々的な戦果とはあまりにもかけはなれた光景に、日本の一般国民は初めて、日米の技術力と物量の差がどれほどのものかを思い知らされたのである。

それでも、爆撃の精度を高めようと高度を下げて飛ぶＢ29もあり、撃墜できたこともあった。あるとき、被弾したＢ29が中島飛行機の武蔵製作所近くに不時着した。搭乗員は捕虜になり、機内から中島飛行機を爆撃目標にした航空写真が発見された。佐久間が持っていた写真はそのときのものだったのである。

「超空の要塞」といわれた米軍Ｂ29による日本本土への戦略爆撃は、昭和十九年（一九四四）六月十六日、北九州爆撃から開始され、翌年八月十五日未明まで、延々十四ヵ月にわたって行なわれた。中国大陸奥地の成都基地、あるいは南洋諸島のマリアナ基地を飛び立ったＢ29による空爆は、徹底をきわめた。

米陸軍航空軍司令官アーノルド率いる第二〇爆撃機集団、第二一爆撃機集団の「作戦任務報告書」によると、その主目的は、「日本の四つの都市の市街地に集中している工業的および戦略的な諸目標を破壊することであった」。そして、「戦略的な諸目標」の第一とされたのが、大手企業の軍需工場で、中でも航空機工場がもっとも重要視された。さらに、その中でもエンジン工場が最優先され、中島飛行機武蔵製作所が第一の目標とされた。

三菱重工とともに日本の航空機生産を二分していた中島飛行機は、関東を中心に全国約百ヵ所の工場を有していた。東京・武蔵野の一帯には、主にエンジン関連の工場および下請け工場が散在していた。それらは日本最大の、最新鋭の設備を備えた近代的エンジン工場だったが、B29の五百キロ、一トン爆弾による爆撃、焼夷弾投下、グラマン艦上戦闘機F6F「ヘルキャット」、ノースアメリカン戦闘機P51「ムスタング」による機銃掃射などによって甚大な被害を受け、実質的な生産活動を維持できなくなったことから、浅川などに疎開していたのである。

太田工場の八月十五日

中島飛行機の発祥の地である群馬県太田町（現・太田市）の周辺に散在する巨大な機体工場でも同様に、一切の書類が焼却されようとしていた。

八月十四日、太田から十七キロほどの埼玉県熊谷市がB29の焼夷弾攻撃を受け、夜空を真っ赤に染めた。そして翌十五日、中島飛行機太田製作所では、近距離戦闘機キ117の試作に関する進捗会議が開かれようとしていた。

中島製四式戦闘機キ84（「疾風」）の性能向上機であるキ117の試作完了は、七月末の予定だった。日本本土を縦横無尽に爆撃するB29の邀撃を主目的とする高高度戦闘機、あるいは「大東亜決戦機」とも呼ばれて、陸軍からもっとも期待されたキ84の性能向上型機であっただけに、早期完成が渇望（かつぼう）されていたのだが、問題が次々と発生し、日程は二ヵ月ほど遅れて、八月半ばになってもとても完成しそうにはなかった。

しびれを切らした陸軍航空本部から、幕僚たち五、六人がじきじきに太田に乗り込んできたため、この日の午前中、中島飛行機の社員の交遊を目的として建てられた中島倶楽部で、進捗会議がもたれることになったのである。説明というより、言い訳を述べる中島飛行機側の担当は、技術部次長の飯野優だった。

それまでに設計技師として飯野が担当してきた機種は、キ19試作爆撃機、加藤隼戦闘隊の活躍で国民的人気となったキ43式戦闘機「隼」、キ82双発高速戦闘機、キ49双発爆撃機「呑竜」、本格的な高性能重戦闘機キ84など、いずれも中島飛行機の中核を担う日本の代表的な飛行機だった。

「少年の頃の日曜日、仙台の宮城野原に飛来した、滅多に飛び上がりもしない甲式四型（戦闘機）を握り飯携行で、日ねもす眺める事を楽しみにしていた」（『飛翔の詩』）という飯野は、昭和十一年（一九三六）三月、東北帝国大学機械工学科を卒業すると、中島飛行機に入社した。

「少年時代からの憧れであった中島飛行機にどうしても入りたい。それ以外はどこも行かない」と恩師に懇願して、推薦してもらった。一年先輩にあたる青木邦弘がすでに入社していたことも、飯野の思いをいっそう刺激していた。学生時代に延期してもらっていた徴兵検査は、入社後まもなく太田で受けたが、検査官の判定は、「気管支炎の故を以て第二乙とする」という特別なものであった。それ以後、中島飛行機の数少ない学卒の技師として、飛行機の設計に専念し続け、目まぐるしい日々を送り、この昭和二十年八月十五日を迎えたのであった。

　進捗会議の席には、金モールと肩章をつけた幕僚たちがずらりと並んだ。中島側の出席者は十五、六人。こうした会議はすでに何度となく体験していたとはいえ、この日ばかりは、説明担当としての飯野としても、逃げ場のない重く苦しく緊張した気分に支配されていた。戦局が極度に緊迫しているとき、日程の遅れに頭を痛めながらも、工場の爆撃による被害、資材不足、機械不足など、置かれた状況からしていかんともしがたく、こっぴどく怒られるだろうと覚悟はしていた。

「本日は暑い中、わざわざご足労たまわりましてまことに恐縮しております……」

　中島側の重役による型どおりの挨拶からはじまり、続いて、この日の主題である進捗状況の説明に移った。飯野はまず、部品製作や組み立ての進み具合の概略を説明した。そして、日程遅延の理由についても、何日も前から用意し、自分に語って聞かせるように反復していたとおり、実例に基づいて具体的に述べ、最大限の努力により最小限の遅れで完成させる見通しだとして、ひととおりの説明を終えた。むろん、間髪を容れず、幕僚側から怒声を浴びせられるものと予期していた。

　ところが、この日はいつもの会議とどこか様子が違っていた。相手側からの質問は、どれも一様に穏やかなものであったし、日程の遅れについても、とくに追及されることがなかったのである。

おかしいなあ——飯野は内心、首をひねりながらも、会議直前のちょっとした光景を思い浮かべていた。太田製作所長の大和田繁次郎（第一軍需工廠第一製造廠長）たちが倶楽部の玄関で、なにやらヒソヒソ話をしていたことを。

「今日はなにかありそうだ……」

彼がそんなことを思いめぐらせているときに、会議室に連絡がもたらされた。

「全員、正午に大ホールに集まるように」

そこで会議はあっさりと打ち切られた。

大ホールの前のほうに幕僚たちが立ち、そのうしろに中島飛行機の技師たちが並んだ。静まり返った中、ホールのカウンターの上にぽつんと置かれたラジオから、雑音にかすれる玉音放送が流れた。

放送を聞き終えると、幕僚たちは言葉もなく、足早に倶楽部を去っていった。

技術将校の自決

飯野には、玉音放送の内容はよく聞き取れなかったが、日本が戦争に負けたということだけははっきりと認識できた。ついいましがたまで飯野の頭の中を支配していた「キ117の生産をどうするか」という思いは知らぬ間に吹き飛んで、まったくの空白状態になっていた。

彼はほとんど反射的に、東武電車、上毛電車を乗り継ぎ、前橋に戻った。太田製作所の設計部はすでに前橋市の利根川べりに疎開しており、この日は会議のため、太田の倶楽部に出向いていたのである。彼の一家も前橋郊外の農家に疎開していた。

数日前、B29の焼夷弾爆撃を受けた前橋の中心部の大半は、焼け野原となっていた。そのときの空襲では、彼の部下の製図工の一人が、利根川の河原に避難していたところに運悪く焼夷弾殻の直撃を受け、死亡していた。

空襲のあと片づけもされておらず、焼け焦げた臭いが立ちこめる惨状の中を通り抜け、やっと疎開先の農家にたどり着いたときには、時計の針は三時を指していた。そこで彼を待ち受けていたのは、妻の意外な言葉だった。

「『設計の中野海軍技術中尉が夫婦で自決したので、すぐくるように』との連絡がありました」

中野は軍から実習の名目で派遣されていた技術将校である。飯野は吐き捨てるようにつぶやいた。

「この日に、なんとバカなことをしてくれたんだ……」

内陸に位置する群馬の夏の暑さはきびしく、とりわけこの日の陽射しは強かった。その暑さに加え、やり場のない思いが、頭いっぱいにひろがっていた。それだけに、軍から預かっていた部下の自決に対し、「なんとバカな」というほかなかった。

飯野はすぐさま、うだるような暑さの中、再び焼け野原の街を、急ぎ足で中野の下宿先に向かった。中野の下宿先にはすでに会社の同僚、川端清之助、菅沼俊郎、庄司国男、小松正二郎らが駆けつけていた。彼らによって遺体は整えられ、二人並べて床につかせてあった。

飯野が何気なく押し入れを開けると、茶盆の蓋の上に、大小二つの折り鶴がそっと置かれているのが目にとまった。

同僚たちの話によると、玉音放送を聞いた正午すぎ、設計室に戻った中野は、力のない声で、「このまま生きているわけにもいかないだろう」とつぶやいていたという。

中野夫妻の遺体は、会社の寮に移された。もう灯火管制をしなくてもよくなったというのに、空襲によって、停電したままだった。ロウソクの灯が揺れる中、蚊と蚤の来襲に悩まされながら、一同は言葉少ない夜を明かした。

図面焼却とともに閉じた中島飛行機の歴史

翌日、疲労と寝不足に加え、名状しがたい緊張感と虚脱感が入り混じった複雑な思いで、飯野は利根川べりの前橋工場に出社した。疎開先のそこは、第一設計課長の渋谷巌と第二設計課長の飯野の二人が責任者として指揮していた。

工場に入るとまもなく、飛行機の轟音が聞こえてきた。

「なんだろう?」

とっさに飯野は屋上に駆け上がり、音のする方向に目をやった。田園風景の中にある前橋飛行場から、いままさに戦闘機が飛び立ち、工場のほうに向かって上昇カーブを描きつつあった。真っ黒の機体には、星のマークがくっきりと浮かび上がっていた。

「あれは米軍機だ！　もうやってきたのか――」

気持ちや体勢を切り換える猶予もなく、米軍は足下まできていたのである。たび重なる爆撃を受け、米軍機が上空を飛来したことは何度もあったが、地上にまで降り立ったことは一度もなかった。まさに敗戦の現実そのものであった。

大社長・中島知久平からの命令が届いたのは、八月十八日だった。

「すべての設計の原図、青図、設計資料など関係資料を、ただちに焼却処分しろ」

前橋工場の北側にある空地に大きな穴を掘り、まず二十ミリ機関砲など兵装の試作品を埋めた。次に別の穴で、飯野は渋谷、内田政太郎、百々義当らとともに、真夏の暑い日差しが照りつける中、倉庫から一機種につきひとかかえもある原紙のトレーシングペーパーの束を取り出してきて、青図面、資料などとともに次々に燃やしていた。ときおり、遠くから米軍機の爆音が聞こえてくることもあって、怪しまれないようにとあわてて火を消す場面もあった。

それにしても、膨大な量であった。とくに青図面などは厚手の紙のため、重ねたまま、折りたたんだまま投げ込んだのでは、なかなか燃えてくれない。そのため、面倒でも一枚一枚広げて燃すしかなかった。焼却作業は一週間近くにわたった。

設計者にとって、図面は命である。構想を練り、設計計算し、何度も描いては消し、修正しながら描き上げていく。延々と続く手描きの図面作成は、ときにうんざりするほど効率の悪い作業である。だが、燃えるときは一瞬でしかなかった。あまりにあっけなかった。

自らが設計した飛行機の図面を焼こうとするとき、苦労し、やっとの思いで描き上げ、作り上げた当時の苦労が鮮明に蘇ってくる。それだけに、広げたとき、ついつい見入ってしまい、投げ入れるテンポが遅くなってしまう。

中島飛行機が国産航空機の開発を開始してまもない昭和二年（一九二七）、世界の先端を走っていたフランスのニューポール社に技術指導を仰いだことがあった。そのとき招聘（しょうへい）した第一線のフランス人設計技師マリーが描いた九一式戦闘機の構造基礎設計図の原図が、飯野の目にとまった。彼には忘れられない、思い出深い図面であった。

「基礎設計図とはかくのごとく描くものなのだ」

昭和十一年（一九三六）に入社してまもないころ、機体設計課長の小山悌（やすし）がそういって飯野に示したのが、この図面だった。日本人技師の手による図面は、見映（みば）えよく、きれいには描かれているが、技術的な経験が十分に盛り込まれてはいなかった。それに比べ、マリーの図面には、一枚の組立図の要所要所に、技術的記述や製作のときに注意すべき事項が要領よく書き込まれていた。単に設計すればいいというのではなく、常に製作する側を念頭に置いた気配りが懇切になされていたのである。

小山自身、きびしいマリーのもとにあって、飛行機の設計とはどういうものか、図面はいかに描くべきかを、一から叩き込まれた技師であった。

昭和初頭に設計されたその図面は、外国を手本として出発した中島飛行機の歴史そのものを物語っていると同時に、のちに同社が外国の技術者による指導から離れ、自立していく足がかりとなったものでもあった。飯野はこの図面を手にしながら、胸の奥から込み上げてくるものを感じた。

——ここに中島の飛行機設計の歴史も終わるんだな。

こうして、中島飛行機陸軍機設計部の図面すべてが焼かれ、灰と化したのだった。

十五に分割された中島飛行機

大正六年（一九一七）、元海軍大尉の中島知久平は、群馬県尾島（おじま）町（現・太田市）前小屋の桑畑にあった養蚕小屋を仮設計室と定め、飛行機研究所を興した。日本初の本格的な民間による航空機製造会社・中島飛行機の、実にささやかなスタートであった。

その後、同社は陸海軍の航空戦力の拡大とともに発展し、「最盛期、日本航空機生産に占めるシェア（昭和十六～二十）は、機体二八パーセント（二位三菱一七パーセント）、発動機三一・三パーセント（一位三菱三五・六パーセント）であり、三菱重工業㈱とともに最大の生産量を占め、文字どおり業界を二分した」（『富士重工業三十年史』）。

中島飛行機が生み出した代表的な航空機は、九七式戦闘機（キ27）、一式戦闘機（キ43）「隼」、四式戦闘機（キ84）「疾風」、艦上偵察機「彩雲」、艦上攻撃機「天山」、日本初のジェット式局地戦闘機「橘花」など多数で、合計二万五千九百三十五機の機体と、四万六千七百二十六台のエンジンを製造した。昭和二十年（一九四五）四月当時、製作所数十二、工場数百二、敷地総面積三千五百三十一万平方メートル、総建物面積二百三十二万三千平方メートル、機械台数三万一千台、従業員数は二十五万人という超マンモス企業であった。

昭和二十年八月十七日、閣議決定により、敗戦処分命令が通達された。これを受けて同日、中島飛行機は定款を改定のうえ、社名を富士産業株式会社と変更した。主要な機体工場であった太田、小泉両製作所、太田飛行場はＧＨＱに接収された。そのため、接収工場のほか、爆撃により損壊の著しかった武蔵製作所など七十七工場を閉鎖した。

昭和二十一年（一九四六）一月二十日、ＧＨＱから、「日本航空機工場、兵器廠及び研究所の管理支配並びに保護維持に関する件」が発令された。その結果、富士産業は四十五工場が追加指定され、同年五月二十八日にはさらに四十工場が追加指定された。

非軍事化の徹底、民主化の確立――これがGHQの二大基本方針であった。そのため、昭和二十年九月二日に発表された指令第一号は、陸海軍の解体と同時に軍需生産の全面停止、軍需会社の徹底的解体であった。

同月二十二日に発表された指令第三号「降伏後における米国の初期の対日方針」によると、「日本の商業および生産上の大部分を支配してきた産業上及び金融上の一大コンビネーションの解体を促進する」、いわゆる財閥解体である。

そこで富士産業は全国の各工場を分割し、十五の第二会社の設立を基本とする計画案を提出し、政府およびGHQの原則的同意を得た。

二十一年七月二日、GHQは、「富士産業株式会社整理案に関する覚書」とともに、反トラスト・カルテル課長ヘンダーソンの談話を発表した。

「戦時中巨大な産業として存在した富士産業株式会社は今回の整理案によって十五に分割され、各々の工場が第二会社として独立することとなった。之は企業の民主化に一歩を進めたものである」

GHQが一企業の解体に関する「スペシャル・メモランダム」を発表したのは、あとにも先にも、富士産業に対してのみであった。GHQは占領政策の一環として、中島飛行機の解体を直接指揮したのである。三菱重工や川崎重工は、形式的にしろ、単に国内法による日本政府の手によって財閥解体が適用されたにすぎなかった。

中島飛行機の創立者であり、敗戦時も実質的な社長としての権限を握っていた中島知久平は、政友会の総裁であり、軍人出身者である。GHQの目に、軍部に強く結びついた政商と映ったのは無理ないことだった。

昭和二十七年（一九五二）四月九日、GHQによる「兵器、航空機の生産禁止令」が解除されると、待ちかねたとばかりに、航空機の機体、ジェットエンジンの開発、生産などが再開された。それに呼応するかのように、同年秋ごろから、十五社に分割された旧・中島飛行機に合併の機運が出てきた。

「元来、同一会社であったものがいくつもの小規模の会社に分散・独立していては、産業構造の変化に効果的に対処できない」（『富士重工業三十年史』）ということで、メーンバンク日本興業銀行の仲介のもと、富士工業、富士自動車工業、大宮富士工業、東京富士産業の四社が一つのテーブルにつき、合併に向けての問題点を煮つめることになった。その結果、昭和二十八年（一九五三）七月十二日、設立発起人総会を開催し、同十五日、創立総会を開いて、ここに富士重工業株式会社が誕生したのである。

ところで、現在、日本には三菱重工業、川崎重工業、石川島播磨重工業（現ＩＨＩ）、新明和工業（旧・川西航空機）といった航空工業を支える企業がある。中には合併など組織変更されたものもあるが、いずれも戦前から日本の代表的航空企業である。これら他社に対して、富士重工は戦前の中島飛行機をそのまま引き継いだ直系とはいいがたい面を持っていた。

三菱重工などが戦前から、航空部門だけでなく、総合重工業としてさまざまな民生品分野を手がけていたのに対し、中島飛行機は航空機生産だけの専門企業であり、全面的な軍需工場だったため、社内には引き継ぐべき民生部門もなく、解体と同時に技術者、労働者が広く他産業に四散してしまっていたからだ。

昭和五十九年（一九八四）七月に発刊された『富士重工業三十年史』の編纂を担当した郡島亮一（ぐんじまたかいち）（一九九五年当時、取締役）は次のように述べている。

「必ずしも富士重工が中島飛行機の直系というわけではないのですが、前史として、全体の十分の一に当たるほんの五十ページほどをなんとか書きました。それでも資料が全然なくて、大変に苦労しましたよ」

敗戦時における中島飛行機の関係資料の焼却は、それほど徹底をきわめていたのである。

謎の米本土爆撃機「富嶽」

後れていたエンジン部門

戦後四十年もたった昭和六十年（一九八五）七月、旧・中島飛行機の発動機部門の武蔵、荻窪製作所で働いていた人たちの集まりである「武荻会（むてきかい）」が中心となって、『中島飛行機エンジン史――若い技術者集団の活躍』を発刊した。

その巻頭序文の中で、当時九十二歳だった佐久間一郎は、次のように述べている。

「中島大尉は、さきのモーターボートのエンジンと今回のグノーム五十馬力に対する私の仕事ぶりを心に留め、大正六年中島飛行機設立に当たり参加を求めた。私はこれに応え、同社草創期の四人のうちの一人として入社した。（中略）中島飛行機は大正十三年、東京荻窪にエンジン工場の建設に着手し、私は荻窪工場勤務となり以来エンジン畑一筋に歩み続けた。私の壮年期は、中島二十八年の歴史と共に歩み、特にエンジンに関しては愛着も強く想い出も多い」

また当時、第一線で活躍し、日本の代表的な航空機を設計した二十代の若い技師たちのリーダー的存在だった新山春雄（元荻窪製作所補機部長）は、次のように記している。

「昭和五十三年ごろ、昔中島飛行機荻窪工場に勤務した人達の間から『中島飛行機エンジン史』を書き遺そうではないかとの声が挙がった。その後、元海軍監督官から『中島は機体もさることながら、エンジンも輝かしい歴史を重ねてきた。中島は他社開発のエンジンを製作した歴史がないのも日本では珍しい例である。今ここで記録にとどめておかねば永久にその機会を失うであろう』と強く激励された。（中略）終戦からすでに三十年余を経過、当時のことを懐かしく思い浮べることはできても、断片的な事柄ばかりである。それに最大の障害は、終戦直後荻窪製作所を中心としてエンジン関係の総ての図面、データ、記録などが焼却され失われてしまっていることである。いまさら始めてみても歴史としてまとめられるかどうか、誰もが危惧の念を抱いた」

執筆・編集責任者の一人で、主にエンジン設計を手がけた中川良一（元三鷹研究所試作次長・エンジン設計主任）は、あとがきに次のように記している。

「最近までこれらの記録は全くあるいはほとんど発表されなかった。航空機機体関係は内容が派手なのでよく公表される。特に世界に有名になった零戦についてはかなり記録が残っていることもあって、しばしば歴史なり物語として発表される。最近でも『零戦燃ゆ』として発表されているのであるが、読んでみてもほとんどが機体側の記録のみである」

戦時中の航空工業をあつかおうとするとき、中川も述べているように、エンジン側はどうしても地味になりがちである。エンジンだけをむき出しにして人前にさらしても、大空を自由自在に飛翔する勇姿はとても思い浮かんでこない。それはただの機械装置でしかなく、ダイナミズムも感じさせない。なんの芸も、演技もできないただの裏方的な存在にすぎないのである。

だが、戦前の航空工業を凝視するとき、この裏方的な技術の蓄積、経験のなさ、あるいは周辺工業の裾野の狭さが、航空工業全体の足を引っ張ったことは否めない事実である。太平洋戦争の末期まで、伝統的な「大艦巨砲主義」から抜け出すことができず、航空機の戦略的価値を先見的に見抜くことができなかったこと、それに比類して、エンジンの重要性がないがしろにされていたことは、これまで数多く語られてきたとおりである。

海軍航空技術廠でエンジンを専門としてきたこの道の権威、永野治（元技術中佐）は、次のように述べている。

「工業技術と云うものは、特にエンジンのような総合的な高度のものは育つのにひまのかかるものである。日本の航空工業は未熟のままで無理やりにふくらませられてしまった。それが所詮アメリカに対抗出来なかったのは当然であり、無謀な拡張は逆に基礎の崩壊をまねいたのである」（『航空技術の全貌』上）

一方、アメリカはエンジンの重要性を十分に認識していた。なにより、Ｂ29が日本本土の爆撃を開始したとき、真っ先に目標としたのがエンジン工場だったことがそれを物語っている。

「零戦」の主務設計者である堀越二郎は機体側の技術者として次のように述べている。

「戦闘機ほど発動機によってその性能を左右される機種はない、したがって発動機の性能は設計の初期の一番重要な仕事である」（『零戦』）

機体の生産は、労働集約的な手作業による人海戦術が基本である。それに対し、エンジンの製造では精密作業が主で、特殊な工作機械群を数多く必要とする。技術集約度が高く、エンジン工業を育て上げ、作り上げるには、長い時間と経験の蓄積が必要である。それだけに、エンジン工場を一度爆撃しておけば、そう簡単には修復ができない。

米軍には、時間をかけ、忍耐強く自国のエンジン工業を育ててきた経験があった。エンジンを叩けば、航空機は飛べなくなる――エンジン工場を爆撃することがもっとも効果的で、日本の航空戦力に決定的なダメージを与えられることを十分に知っていたのである。

「零戦」に搭載され、太平洋戦争の半ばまでは大活躍した「栄」20型、「大東亜決戦機」と呼ばれた「疾風」、あるいは「銀河」「彩雲」などの新鋭機に搭載された「誉（ほまれ）」

「大東亜決戦機」と呼ばれた戦闘機「疾風」

——中川良一はこの両エンジンの主任設計者であった。日本のエンジン史の新しい一ページを切り開き、後れていた日本のエンジン技術を世界的な水準にまで押し上げた立役者としてその名を知られている。

「私は自分が設計した『誉』の日記をつけていて膨大な記録があったが、全部焼いてしまった」

中川はそう述べているが、「誉」が登場したときのことを、永野治は次のように回顧している。

「此の計画は当時殆んど信ぜられない程の素晴らしさで、勿論何処の国にも之に匹敵する小型大馬力エンジンは見当たらず、之が出来れば他国の追随を許さぬ飛行機が出来る」（『航空技術の全貌』上）

『中島飛行機エンジン史』発刊当時、武荻会には二百五十人の会員がいた。年一回の総会には百人ほどが集まり、旧交を温めている。彼らこそが、戦前、日本の航空技術の最先端を担った技術者たちにほかならなかった。

戦前の航空機設計の技師は、工学系を希望する者のみならず、多くの若者たちの憧れの的だった。工学分野の最先端に位置していたのが航空技術であり、今後の時代を担い、軍事的にも重要な位置を占めてくることを、青少年たちは直感的に感じ取っていた。

航空機技術の後発国であった日本は、はるか先を走る欧米に〝追いつけ、追い越せ〟の勢いでひた走っていった。そして、戦闘機の機体については、一般に、「昭和十五年（一九四〇）ごろになってようやく世界の一線に肩を並べるようになった」といわれている。しかし、中島飛行機小泉製作所性能課長として「彩雲」など日本を代表する飛行機の基本設計を手がけていた空気力学の第一人者、内藤子生（やすお）は、次のように強調する。

「その他の爆撃機、偵察機などは欧米からはるかに後れていた。もちろん、エンジン、艤装（ぎそう）、潤滑、計器、電気系統などの補機類では、蓄積がなく、技術的には大きく後れをとっていた。量産技術になるとさらにはなはだしかった」

そのことは、日夜努力した当の技術者たち自身がもっともよく知っていた。

巨大爆撃機「富嶽」の構想

陸海軍から「エンジンは中島」といわれ、日本の航空エンジン技術をリードしていた彼らが発刊した『中島飛行機エンジン史』は、技術的実績の豊富さのわりには、資料的制約もあって、全体で二百六十五ページにとどまっている。しかし、その中で、彼らがわざわざ二つの章を割いて記述した航空機のエンジンがある。「歴史編」の「アメリカ本土爆撃機『富嶽』のエンジン――五千馬力への挑戦」、「史話編」の「『富嶽』のエンジン追記――計画に終ったアメリカの本土爆撃」。

ここに書かれた「富嶽」とは、昭和十七年（一九四二）秋、日本軍がそれまでの攻勢から守勢に転じようとする中で、勢いを増すアメリカ側の戦意を叩く目的から、中島知久平が構想した巨大爆撃機のことである。日露戦争の日本海海戦のとき、荒れる日本海上、ロジェストヴェンスキー提督率いるロシアのバルチック艦隊を眼前にして、東郷平八郎連合艦隊司令長官が戦闘開始の直前、旗艦・三笠に掲げた信号旗「Z」になぞらえて、「Z機」とも呼ばれた。

「皇国の興廃此の一戦に在り、各員一層奮励努力せよ」

このZには、形勢不利な緊急時、全員一丸となって起死回生を図ろうとする意味合いがこめられていた。

ここに書かれたZ機、すなわち「富嶽」とはなにか？

昭和十七年（一九四二）秋、ミッドウェー海戦、ガダルカナル島での敗北を契機に、日本軍がそれまでの攻勢から守勢に立たされようとしていた。欧米の新しい飛行機開発の情報に詳しい中島知久平は、二年後には戦線に投入されるだろうと予想したボーイング社のB29、あるいはそれを大幅に上まわるコンソリデーテッドB36巨大爆撃機が高々度から侵入してきて「日本は焦土と化すに違いない」との危機感を抱いた。そこで、勢いを増すアメリカの戦意を叩く目的から、巨大爆撃機の開発を構想した。それが「富嶽」である。

日本を飛び立ち、太平洋を無着陸で横断してアメリカ本土の軍事施設、軍需工場地帯、あるいはニューヨークを爆撃したのち、ドイツ占領下のフランスの基地に着陸する。航続距離一万七千キロ、エンジン六発、三万馬力、爆弾搭載量二十トン、最高時速六百八十キロ（七千メートル上空で）、常用高度一万メートル、主翼全幅六十五メートル、全備（総）重量百六十トン――主翼全幅で比較すると、ほぼ今日のジャンボジェット機に近い大きさである。

当時、試作段階にあった最大出力のエンジンが二千五百馬力、その二倍の出力を一気に狙うということは、技術的常識ではちょっと考えられない、無謀といっていいほどの計画である。昭和十九年（一九四四）五月に実戦配備された米軍B29の主翼全幅は四十三メートル、総重量四十五トンであったことから考えても、戦前日本の航空機技術では信じられないような壮大な構想の爆撃機が、実際に設計され、作られようとしたのである。

「日本は進んだアメリカの科学技術に負けた」「アメリカの国力、物量作戦に負けた」

とするのが、太平洋戦争に対する一般的認識である。結果的に見れば、身のほどを知らず、大国アメリカを相手に無謀な戦争を挑んで、敗れるべくして敗れたといえよう。

中島飛行機にあって、九七式戦闘機、「隼」「鍾馗（しょうき）」「富嶽」などを設計し、「技術的には対等のところまで近づき得たという自負心もあった」と述べる太田稔は、日米の技術力の差について次のように指摘している。

「戦後昭和二十八年から二十九年にかけて約六ヵ月間、私たちは防衛庁に採用された初等練習機T－34の技術導入のため、ライセンス契約相手方の米国ビーチ・クラフト（ビーチ・エアクラフト）社を訪れる。その際もっとも痛感したことは生産技術の相違である。戦後可成りの年月が経っているとはいえ、まさに雲泥の相違という驚きであった」（『飛翔の詩』）

そうした冷厳な歴史的現実を思い浮かべつつ、半世紀近く前の日本の航空機の技術水準を振り返ったとき、「アメリカ本土爆撃」という言葉からは、なにか虚しい響きが伝わってくる。しかも、表題からも明らかなように、それは未完に終わった。戦略をめぐる陸・海軍内での大議論、紆余曲折を経て、一部の試作機の部品がようやくできたところで中止になったのである。

中島飛行機の三鷹研究所でエンジンが、小泉製作所で機体が極秘裡に設計され、試作もはじまっていたが、軍の最高機密事項であり、直接従事した技術者と軍の上層部および開発責任者などのほんの一部の人たち以外には、まったく知られることがなかった。

機体関係の若手技師たちを指導した小山悌が全体のまとめ役兼機体設計の最高責任者となり、太田稔、渋谷巌、内藤子生らが直接担当した。初期段階では中川良一らも計画にかかわっている。

富士重工の社名の由来

それにしても、敗戦から四十年がたった時期に、彼らが初めて刊行した念願の『中島飛行機エンジン史』の貴重なページを、それも二つの章まで割いて、なぜ未完に終わった「富嶽」について記述したのだろうか。

「その編集方針は中川さんですよ」

そう指摘したのは、中川とともに武荻会の事務局責任者をつとめ、編集責任者（執筆者）でもあった水谷総太郎である。それに対し、中川はかすかな笑みを浮かべただけで、その意図についてはとくに語ろうとはしなかった。

「今まで過去のこと、特に航空機時代については、求められても一切書いたことはなかった。現役を離れた今日、はじめてご依頼に応じて書きしるした。私の経験したことは航空では、まさに日本の興亡とともにあった」として、中川が戦前、自らがかかわった航空機に関して初めて発表したのは、「航空機から自動車へ――内燃機関技術者の回想」と題する七ページほどの文章である。『機械学会誌』昭和五十七年（一九八二）二月号の求めに応じたもので、『中島飛行機エンジン史』発刊の三年前である。その中川が、なぜ未完でしかなかったアメリカ本土爆撃機に、かくもこだわったのであろうか。

平成元年（一九八九）十月一日、中島飛行機の機体関係の、主として宇都宮製作所や太田製作所に所属していた人たちで作っている宇都宮中島会が、中島飛行機時代の回想録『飛翔の詩』を刊行した。その中で、戦前、太田製作所設計部長で、宇都宮中島会会長である太田稔は述べている。

「当会は嘗て（かつ）の旧友を包含して、会を結成、消え去らんとする中島飛行機の現場の記録を残そうではないか！　と記録に挑戦しました。

いざ、仕事に掛かりますと重要な記録の殆ど（ほとん）は焼却または米軍に収容され、太田、小泉、宇都宮の各製作所とも殆どゼロに近い状態でありました」

それでも、わずかな会員の手持ちの資料と記憶をもとに、『飛翔の詩』と題する一冊をまとめ上げた。同書四百二十八ページの中には、九十人余の会員のさまざまな思い出や記録が記されている。その冒頭に、中島飛行機が開発した幾種類もある航空機の中から代表的なものとして、キ84（「疾風」）重戦闘機の写真と「富嶽」の外観予想

「富嶽」の外観予想図(小池繁夫・画)

図が掲載されている。「富嶽」には、次のようなキャプションが添えられている。

「四十数年たった今も(富士重工の航空機部門の)宇都宮工場に掲額されている富嶽の写真を見るにつけ知久平氏の心意気が伝わってくるような気がする」

『富士重工業三十年史』には次のような記述が見える。

「本社を東京・丸の内の(株)日本興業銀行内に置き、終戦に伴う事業整理とともに民需産業への転換を目指した。社名に日本のシンボルである『富士』の名を冠したのは、かねがね中島知久平が富嶽を愛した意向を酌んだものであった」

富士重工業の社名は、単に日本のシンボルとしての富士山からとったのではなく、直接的には、中島知久平が最後に抱いた壮大な構想の爆撃機「富嶽」に由来しているというのである。

いずれにせよ、「幻の米本土爆撃機」ともいわれる「富嶽」は、敗戦から四十六年が経過した現在もなお謎に包まれている。

アメリカをも上まわるスケールの構想

「富嶽」計画は、「旧日本軍用機研究者たちの最大の目標の一つ」といわれながらも、担当したほんの一部の技術者以外は知られることなく、敗戦後の時が流れていった。関係者が固く口を閉ざしたのも当然で、占領軍であるアメリカの本土を爆撃する計画をひそかに進めていたなどと公表できるはずがなかった。

小山の下で陸軍設計部の部長をつとめ、「隼」や「呑竜」、キ84、そして「富嶽」も担当した西村節朗は敗戦のときのことを次のように語った。

「終戦直後、中島にきていた陸軍航空本部参謀の布袋中佐から、『「富嶽」の資料が占領軍に見つかると、戦犯になるぞ。あんなもの焼いてしまえ』と警告されました」

そのため、西村は個人的に所持していた「富嶽」関係の資料はすべて焼却処分したという。そのほかの技師たちもほぼ同様だった。

日本が無条件降伏した一九四五年八月十五日、トルーマン米大統領は、ドイツが降伏したときにルーズベルト大統領が行なったのと同様、日本についても、対日戦略爆撃の効果を調査するための命令を下し、米陸軍省と海軍省に対し報告書の提出を求めた。さっそく東京に本部を設置し、全国各地に移動支部を置いて、大々的な調査を開始した。調査団の人数は、文官三百人、現役将校三百五十人、召集者五百人という大がかりなものだった。

戦前は企画院や商工省で経済分析などを行ない、戦後は政府の統計委員会にあって、この報告書の一部を訳した正木千冬は、『日本戦争経済の崩壊――戦略爆撃の日本戦争経済に及ぼせる諸効果』の中に、次のように記している。

「(占領軍)総司令部は全機能をあげて協力したのであるから、実に史上空前の大調査団といっていいであろう。その調査ぶりは凡そ綿密、周到、迅速をきわめたものであって、応接する日本側の諸官庁、産業団体は要求せられる資料の作製に全く忙殺された。当時本調査団の来朝の真意も十分明らかでなく、若干の恐怖心も手伝ったので滑稽な行き違いを生じたことも稀ではなかった。日本側より提出した資料は複本をとったり整理をする暇のないほどに督促は急であり、かつぼう大な分量に上った」

戦時中に航空機開発に従事した企業の主だった技術者、軍関係者などは、GHQからの事情聴取を受けた。さらに米本国からわざわざ来日した航空機の専門家からも、たずさわった兵器開発の経過や技術的内容について、話を聞かれた。そうした内容も含め、百八冊にのぼる『米国戦略爆撃調査団報告書』が提出された。

しかし、この厖大なレポートの中に、「富嶽」に関する記述は一行もない。航空関係、軍需品（日本の軍事工業、海軍兵器、陸軍兵器など）の章にも、なにひとつ出てこない。実際には完成されず、試作に取りかかったところで中止となったため、ＧＨＱはそれほど重要視しなかったのであろうか。それとも、Ｂ29を大幅に上まわる巨人機など、日本の航空技術でできるはずはない、あるいは、劣勢になってきた日本の単なる願望の域を出ないものと見たのか、それは定かではない。

戦後、「富嶽」の存在については、航空関係者の間でもささやかれ、諸説が流布されていた。「ひそかに米本土を叩く野心的な大計画が進められていた」という話は、敗戦国日本の軍用機研究家にとっては、なんとも興味をそそられるセンセーショナルな響きを帯びている。

「零戦」だ、「隼」だと、誇らしさと郷愁とを入り混じらせながら、日本の航空機の優秀さを強調したところで、結局は、アメリカが総力戦体制をとり、全力を傾けてきたとき、完膚（かんぷ）なきまでに打ちのめされてしまった――これが現実である。日本をはるかに上まわるアメリカの巨大な物量と、科学技術の力によって、ねじ伏せられてしまったのである。

そうした否定しようのない敗戦の現実を味わいつつ戦後を迎えたとき、それまで片思いのように抱き、魅了してやまなかった日本の航空機（工業）に対する誇りをどこに向けていいのか——そのもって行きどころのないことに気づき、従来とは違った物差しで探しまわってたどり着いた対象の一つが「零戦」である。しかし、これも結局は馬力にものをいわせるグラマン製Ｆ６Ｆ「ヘルキャット」などに押され、無残にも次々と撃墜されていった結末については、柳田邦男の『零戦燃ゆ——渾身篇』に克明に描かれているとおりである。

航空工業後発国であった日本が到達した戦闘機の設計思想は、徹底的に軽量化を追求することであった。防弾は犠牲にし、もっぱら攻撃性を優先させた設計思想の極限の果てに作り上げられたのが、旋回性能、空戦性抜群の「零戦」であった。そして、小兵が華麗な技を尽くして巨人に挑み、健闘して、結局は傷つき敗れ去っていく。そこには、日本人の一種独特な〝滅びの美学〟すら見出すことができる。

しかし、そうした設計思想も、突きつめれば、スタート時におけるアメリカと日本との技術水準の違いからきていたのは明白である。言い換えれば、技術的蓄積に時間のかかる航空エンジン分野が後れていたがゆえに、それは日本が選択せざるをえなかった道でもあった。たとえエンジンの馬力が少なくても、徹底した軽量化を図ることによって弱点をカバーし、性能、空戦性において相手より優る戦闘機を作り上げざるをえなかったのである。戦前の日本の航空機のほとんどは、そうした設計思想で開発されていた。

ところが、「富嶽」は違っている。その構想、規模において、アメリカに匹敵する、というよりむしろ上まわっているのである。もっとも、実現させるにはあまりにも多くの技術的、資源的、制度的な問題が山積みになっていた。はじめから実現不可能な、荒唐無稽な構想といえないこともない。事実、軍部筋からは、そうした意見が百出していた。

それでも、「零戦」などのように、最初から日本が置かれた制約のもとで極限を目指すという悲壮ともいえる設計思想ではなく、日本人技術者の常識をはるかに超えた、アメリカをも上まわる、とてつもないスケールの構想であったことに興味をそそられずにはいられない。

旧中島飛行機の技術者たちがいまなお抱き続ける「富嶽」に対する特別の思い――彼らは、米本土爆撃という目的はともかく、当時の日本の航空機企業にもアメリカを上まわる規模の航空機製作の構想があり、その実現に向けて作業を進めていたという事実があったことを強調したかったに違いない。

見えてこない「富嶽」の全体像

ところで、「富嶽」には二つの要素が混在している。一つは、アメリカの爆撃機を上まわる航空機開発の計画があったこと、第二は、米本土を爆撃する戦略上の目的があったことである。

日本の航空機製造会社が、単なる一般的な戦力として、それまでの規模をはるかに上まわる巨大爆撃機を開発することと、それが米本土を爆撃する手段として開発されようとしたこととは、その持つ意味が違ってこよう。しかも、この爆撃機が、中国本土やソ連などを爆撃する目的で計画されていたのではなく、標的がアメリカ本土であったがゆえに、特別の響きを持っているのではなかろうか。

中島知久平の目指す目的は、明らかに後者であった。「米国本土を爆撃する手段として、絶対に巨大爆撃機が必要である」と説き、その実現に彼は邁進(まいしん)したのである。

そして、このことが、戦後、関係者らが、占領軍の手前、一様に口を閉ざさざるをえなかった最大の理由である。第二次大戦に関する数多くの著作をもつ豊田穣は、「『富嶽』については、戦後さまざまな風説がつきまとっている」(『飛行機王・中島知久平』)と述べているが、それも、関係者らが口を閉ざしたことに起因している。

当時の技術者が、「富嶽」についてようやく語りだしたのは、日米講和条約が施行され、航空工業再開が決定した昭和二十七年(一九五二)五月から数年たったころである。口火を切ったのは、「富嶽」に関する記録係を担当していた元中島飛行機小泉製作所設計部長付き兼本社技術課長の中村勝治だった。有馬寛のペンネームで、『航空情報』昭和三十年（一九五五）八月号に、「夢と消えた米本土攻略計画」と題する短文を寄稿したのである。それは、次のような書き出しではじまっている。

「戦後十年、日本の航空工業が、どうやら復活してきたとはいうものの、年産百機そこそこのジェット機予算を得るために、内閣が、国会そっちのけで対米折衝をやらなければならないようなすがたを見ている読者諸君にとっては、ここに述べられる計画が、いささかスケールが違うので、何か誇大妄想狂のたわ言でも聞くように感じるかもしれない」

同じ号に、「謎の巨人機『富嶽』」と題する入江俊哉の文章も掲載されている。

「いやしくも、旧日本軍用機を語るもので、その名を知らぬものはなくしかも誰一人その真の姿を知らない機体――それは巨人機『富嶽』であろう。日本航空界最後の努力をかたむけた六発巨人機として、そのアウトラインだけでもさぐり出したいものだというのは、旧日本軍用機研究者たちの、最大の目標の一つであるのに、そのすべての努力にもかかわらず戦後十年、ついにその一般図すら発見されない。（中略）関係者の某技師は、今までの数多い富嶽関係の記事を一括して、『群盲、象をなでる』と評した。（中略）巨人機富嶽に関して、これほど当を得た批評はない。富嶽の出発点は、別項『米本土攻略計画』で有馬氏によって初めて真相が明らかにされた」とはいえ、その「有馬氏」の文章も、断片的な情報に基づいたほんの概要を記したものでしかなく、たった五ページである。入江の記述は三ページ。

その後もいろいろな書き手が「富嶽」に挑んだが、ほんの少し前進したにすぎなかった。それから二十数年たった昭和五十四年（一九七九）十二月八日、「真珠湾攻撃」から三十八年目にあたり、日本テレビが特集番組「さらば空中戦艦・富嶽——幻のアメリカ本土大空襲」を放映した。

放映に先だち、当時の関係者らをスタジオに集めて、短い座談会が収録された。その席で全員一致した意見は、参加者の一人が洩らした次の言葉に集約されている。「当時関係した主だったわれわれ技術屋が集まっても、なぜ『富嶽』に関しては全体が見えてこないのだろうか。その他の機種ではこんなことはないのだが」

そのとき集まったのは、機体関係六人、エンジン関係三人で、いずれも「富嶽」計画を中心的に担った技術者たちである。その彼ら自身が、なぜ「よくわからない」との感想を洩らすのだろうか。

試作にかかった段階で中止になったという事情もあるが、もっとも大きな要因は、そもそもこの計画が、中島飛行機の創設者・中島知久平個人の独断的構想から生まれたものだったからにほかならない。

第一章

中島知久平と中島飛行機

東条英機への直接談判

通常、陸・海軍の航空機開発計画は、原則として軍からの発案によってスタートする。もちろん、要求計画の仕様決定にあたっては、航空機メーカーの意見も聞き、必要に応じて採用されたりもするが、基本的には、軍の上からの要求に基づいて行なわれる。ところが、「富嶽」はまったく違っていた。

航空機生産では三菱と勢力を二分していた中島飛行機の実質的な社長であり、昭和十二年（一九三七）六月に成立した第一次近衛内閣の鉄道大臣をつとめ、のちには政友会の総裁にもなった中島知久平が発案し、提案した計画である。

軍部の否定的な姿勢に抗して、計画の半ばすぎまでは、中島飛行機が独自に計画を進行させた。中島知久平は何度も東条英機や軍首脳部を説得し、計画を採用するようにと、一人で粘り強くはたらきかけていたといわれる。むろん、そうした政府や軍上層で議論されたことについては、当時の中島飛行機の技術者たちが関与できる立場にはなかったから、中島が東条に直接はたらきかけていたことを裏づける記録は、これまで見つかっていなかった。

平成二年（一九九〇）八月十五日、東大出版会から「幻の新資料発掘」として『東条内閣総理大臣機密記録――東条英機大将言行録』が発刊された。歴史学者たちが久しく待望していた書である。六百ページ近くにのぼる「内閣総理大臣秘書官たち、主として海軍出身の鹿岡円平によって作成された東条総理大臣の日時を追っての行動記録である」。

日本の命運を決するもっとも重要な昭和十六年（一九四一）十一月七日から十九年（一九四四）七月二十九日までの、「戦中の第一級の資料」とされる記録の中に、次のような記述がある。

「昭和十八年四月二十三日（金）一六・二五―一八・一〇　中島知久平氏来訪要談（大型飛行機の用法及建造に付）」

「昭和十九年五月十六日（火）一七・〇〇―一七・五〇　中島知久平氏来訪要談（大型機試作に関する件）」

時期からして、前者は、中島知久平が「富嶽」の計画を直接東条英機に説明し、軍部として採用するよう強くはたらきかけたときの記録であると推察できる。内閣総理大臣であり、陸軍大臣も兼ねる東条英機に中島知久平が直接談判したことは、これまで軍部の人間によって伝えられてはいた。しかし、明確な記録として発表されたのはこれが最初であるといえよう。

こうした背景を踏まえ、米本土爆撃を目指す手段としての「富嶽」について明らかにしようとするとき、少なくとも次のことを知る必要がある。

一つは、この構想を発案し、強力に押し進めようとした中島知久平個人の基本的なものの考え方、姿勢、あるいは当時の状況認識がどうであったか。次に、日本が置かれていた当時の時代状況。そしていま一つ、この計画に実際に取り組んだ中島飛行機の歴史およびその中で開発に携わった技術者たちの姿。

鷲（わし）の研究をする

中島知久平に関する著作は、戦前から何冊も出版されている。ことに政治家になった昭和五年（一九三〇）以降は、小冊子なども含めると、十冊近くにのぼっている。しかし、中島知久平ほどその評価が両極端に分かれる例も珍しい。

彼はいつもその時代におさまりきらず、はるか先へと超え出てしまっていた。常人にははかり知れない言動ゆえに、周囲に波紋と軋轢（あつれき）を生じさせてもいた。

明治十七年（一八八四）一月十一日、中島知久平は群馬県の東上毛のほぼ中心に位置する新田郡尾島町押切の農家の長男として生まれた。北に赤城、榛名の山々が連なるそこは、利根川の中流域にあたり、昔、大洪水に押し切られたことから、その地名が生まれたという。知久平が生まれたころ、村は百戸足らずの農家ばかりだった。父・粂吉は、周辺の町村十三ヵ所からなる町の町長をしたこともあった。

数学が優秀であった知久平は、十二歳のとき、軍人であった隣家の正田満にかわいがられ、正田が帰省するたびに軍隊の話を聞かされて強い影響を受けていた。十六歳の春、両親の反対を押し切って出奔(しゅっぽん)、東京に正田を訪ね、陸軍士官学校に入学する意志を伝えた。少ない手持ちの金で、研数学館、正則英語学校に通い、耐乏生活を続けながら勉学に励んだ結果、二年四ヵ月後の明治三十五年（一九〇二）十月、中学校卒業検定試験（専検）に合格した。

中島知久平

そして、翌明治三十六年（一九〇三）十月、父の希望もあり、東京築地の海軍大学校で行なわれた海軍機関学校を受験して合格、中島は念願の軍人への道を歩むことになった。

その年の十二月十七日、アメリカ東海岸北部の砂丘で、ウィルバー、オービルのライト兄弟が人類初の動力飛行に成功し、新しい飛行機時代の幕開けを迎えた。かねてから高まりを見せていた発動機を搭載した飛行機に対する取り組みは、ライト兄弟のアメリカよりむしろヨーロッパを中心に広がりを見せていった。各地でさかんに賞金レースが行なわれ、より長時間、より遠くへ飛ばすことを目指して、命知らずの〝飛行機野郎〟たちが次々に挑戦を続けた。

そんな時代の足音が海の向こうから伝わってくるようになった明治四十年（一九〇七）四月二十五日、第十五期生として海軍機関学校を卒業した中島知久平は、海軍機関少尉候補生として、巡洋艦「明石」「常磐」に乗り込むことになった。そこでの実務訓練を経て、同年十二月から明治四十二年（一九〇九）三月末まで「石見（いわみ）」の乗艦を命ぜられ、同年四月十六日、機関少尉に任官された。

質素な生活を当然のこととして送ってきた中島には、これといった道楽もなかった。機関学校卒業が間近に迫ったころ、生まれて初めて小説なるものを読み、「面白いものだ」との感想を残している。機関学校でもとくに目立つ存在ではなく、口数の少ないほうだった。酒も煙草もたしなまず、田舎出身者に特有の朴訥（ぼくとつ）な性格であった。反面、未知なるものへの好奇心は旺盛で、溢れ出る情熱と、ものごとに向かうときの真面目さ、一途さのあまり、たえず人の一歩先をまっしぐらに突き進んでしまうことがしばしばだった。

「常磐」乗務の同期生だった浅井保治（元海軍大佐）は、当時の中島知久平について次のように語っている。

「艦隊が編隊で航行する時は、各艦隊の間隔を一定の距離に保つ必要があるのであるが、そのためには二番艦以下の各艦は、機関部にある機械の回転数を増減して、定められた間隔を保つようにしなければならなかった。しかもこの回転数の増減は頻繁に行なわれるのが常なので（先頭の艦の行動に従って後の艦が動くから）機関部の当直士官は、夫々の部署に付き切りになる必要があった。

中島は、このような人的不経済と不便とを除くため日夜研究を重ねていたのであるが、遂に機械の回転数を自動的に調整する機構を考案したのであった。（中略）とにかく、われわれは彼の研究心の旺盛なことと、頭脳の優秀なことに対して常に敬意を表していた」（『巨人中島知久平』）

「石見」に乗務したころ、中島が手にしたドイツの雑誌に、飛行機に関する記事が出ていた。好奇心旺盛な中島がそれを見逃すはずもなく、以来、彼は飛行機の研究をはじめるようになった。中島の上官だった岸田東次郎（元海軍少将）は、当時のことを次のように述べている。

「中島は毎日のように時間外外出の許可願いに来るので不審を抱き、ある時、どうしてそう毎日外出するのかと理由を尋ねてみた。すると、彼は『佐世保の下士官集会所で飼ってある鷲を調べているので』」（前掲書）と答えた。岸田は、予想もしていなかった返答に呆れると同時に、「こ奴は頭がどうかしているのではないか」と思ったという。中島は続けていった。

「近着の独逸の雑誌を読んで、飛行機についての認識を深めましたので、私も飛行機についていろいろ勉強してみる気になりました。それで、鷲の研究をしてみるのも何かの参考になるかと思いましたから」（前掲書）

一九〇八年二月、欧米では、主流だった複葉機にかわって、アントワネット式の単葉機があらわれ、続いて十月にはブレリオ式単葉機が登場した。その見慣れぬ形は人々の注目を集め、飛行機熱はさらに高まりを見せた。とりわけ、ウィルバー・ライトがフランスの飛行機愛好家たちの招きで渡仏したことが、そうした機運をなおいっそう盛り上げることになった。

同年八月二十一日には、ウィルバー・ライトがオーブルで一時間三十五分の飛行記録を作り、実力のほどを証明して見せた。続いて十二月十八日には、二時間二十分二十三秒で七十七マイルを飛行し、その年の世界記録を作った。

とはいっても、極東に位置する日本には、まだ複葉機すら輸入されてはいなかった。岸田の認識も、「外国にある飛行機だって、われわれはおもちゃに毛が生えたぐらいにしか思っていなかった」という程度のもので、だからこそ岸田は中島に対して、「そのようなものを研究する暇があるなら本来の任務に直接関係のあることを勉強したらどうか」と忠告したのである。

そのとき、中島はちょっと笑って見せたあと、真面目な口調でいった。

「飛行機はだんだん進歩して、将来は必ず実用に供せられるようになると思います。限りなき人間の欲望がそうさせずにはおきません。私は、趣味や面白半分に研究しようと云うのではなく、国防上重要だと思うからやるのであります。私が考えますには、日本人は身が軽くて敏捷だから、飛行機乗りになるのに最も適していると思っています。それで、将来飛行機が発達して、海戦にも役立つようになれば、日本にとって有利兵器となるばかりでなく、貧乏な日本の国民が助かります」（前掲書）

さらに、飛行機が軍艦を作るよりはるかに安くてすむことを強調した。岸田は内心驚きながらも、当時、飛行機が重要な兵器になるなどとは、とても考えられなかった。

「君は少尉になったばかりなのに生意気なことを言う奴だ。君の言っていることは、最高の海軍政策だ。そのような重大な問題は、偉い人が決定すべきことで、君等の関係すべき筋合いではない」

岸田は、そこまでいえば相手も引き下がるだろうと思ったが、中島は負けじと、きっぱりといいきった。

「私は、飛行機は立派な兵器になると信じて疑いません」

いぶかしげに見る周囲の視線など気にもせず、相変わらず飛行機について熱心に研究を進める中島の姿勢に、やがて岸田も感心するようになり、最後には、「おおいに飛行機の研究をやりたまえ」といって励ましたという。これが縁で、岸田の晩年まで、二人の親交は続いた。

任務そっちのけでフランス航空界見聞

飛行機に関しては、欧米の動きから取り残されていた日本であったが、明治四十二年（一九〇九）七月三十一日になってようやく、陸海軍大臣の監督下に「臨時軍用気球研究会」（東京・中野）が創設された。

「臨時軍用気球研究会は軍事の要求に適する遊動気球及飛行機を設計試験し其操縦法及之に関する諸設備を定め又気球及飛行機と地上との通信法を研究するを目的とす」

会長には髭の名物男、長岡外史陸軍中将が就任し、陸海軍のブレーンに加え、学会から田中館愛橘（理学博士）、井口在屋（工学博士）、中央気象台技師・中村精男（理学博士）などが参加した。

こうして、日本でもやっと航空機への取り組みがはじまりかけた明治四十三年（一九一〇）三月、中島知久平は「生駒」乗船を命じられた。いつも海外から入ってくる雑誌などに掲載されている飛行機の記事を熱心に集め、研究に余念のなかった中島にとって、ここで願ってもないチャンスが訪れる。同年五月六日、イギリスのジョージ五世即位の記念行事の一環として開催される日英博覧会に、日本から「生駒」が派遣されることに決まったのである。

明治三十五年（一九〇二）一月三十日に締結された日英同盟に基づく両国の親善の意味を兼ねての出席であることから、与えられた任務は比較的楽なものであった。欧米に行く機会などめったになかった当時としては、たまたま「生駒」に勤務していて幸運に恵まれた中島を、同僚たちは羨んだ。ところが当の本人は、イギリスにも博覧会にも関心がなかった。日本を出航し、「生駒」が地中海にさしかかったところで、中島は意を決して上官に願い出た。

「わがままを申して恐縮ですが、私はこの機会にフランスの飛行界を視察したいと思いますので、本艦がマルセーユに寄港の際、そこから上陸させていただきたいのですが」

記念行事出席とはいえ、国を代表しての任務であり、軍の命令である。個人的理由で自由行動が許されるはずがない。それは中島もじゅうじゅう承知の上での申し出であった。彼は上官に対し、飛行機に関してはフランスが世界でもっとも進んでいること、今後飛行機の重要性がますます高まってくることなどを熱っぽく説いた。

その上官とて勝手に命令変更を下せる立場ではなかったが、乗員が一人くらい欠けても支障が出るような任務でもなかった。それに、遊びのためというわけでもないし、日ごろの中島の姿勢からして、理解できないこともなかった。結局、中島の行動を黙認する形で、下船を許すことになった。

「生駒」は四十日後、復路で再びマルセーユに寄港する予定になっていた。念願かなった中島はマルセーユで下船するや、ただちにパリに向かった。日本大使館、海軍の仏駐在武官その他の人々を訪ね、フランスの航空界を見てまわるための情報を仕入れ、日程を立てた。

フランスでは、二ヵ月半後の七月三日から十日まで、第二回国際飛行大会が開催される予定になっており、各地の飛行場や工場で、飛行実験などがさかんに行なわれていた。新聞や雑誌の写真を通して想像し、思い描いていた姿とは違って、実際に見る飛行機は、思い入れが強かっただけに、やはり感動的であった。

中島は各地の飛行場をまわって飛行実験を見学するだけでなく、評判が高まっていたエンプタにあるアンリー・ファルマンの学校、アントワネット社、ブレリオ社の機体工場、アンザニー社のエンジン工場などを、強行日程で精力的にまわった。初めての外国体験だっただけに、あらゆるものがもの珍しく、見るもの聞くものすべてが驚きであった。同時に、日本よりはるかに進んだフランスの工業力を、嫌というほど見せつけられることにもなった。

上官との約束どおり、無事にマルセーユから再乗船し、帰国した中島は、それまでにもまして、飛行機研究に取り憑かれていった。

飛行機の軍事的有効性にいち早く着目

中島がフランスを見聞していた同じころ、やはりフランスの飛行界に学んでいたもう一人の日本人がいた。前年に発足した臨時軍用気球研究会から派遣された同委員会の徳川好敏工兵大尉である。ドイツに派遣された同委員の日野熊蔵大尉とともに、飛行操縦術を学ぶことと、飛行機の購入の任務を帯びていた。

二人は同年十月二十五日に帰国、その成果を披露するため、十二月十四日から代々木の練兵場で飛行実験を行なうことになった。日本で初めて飛行機が飛ぶとあって、新聞、雑誌はもちろん、もの珍しさに大勢の見物人が押しかけた。期待してつめかけた人々が見守る中、初日の実験では、うまく地上を離れなかった。そんな日々が何日か続いた。何度やっても、せいぜいジャンプ程度。気の長いヒマ人たちも、さすがにしびれを切らしたらしく、見物人の数も徐々に減ってきた十九日になって、二人はやっと公式飛行に成功した。

徳川が乗るアンリー・ファルマン機は、高度四十メートルで練兵場を二周、飛行距離約三千メートル、飛行時間は四分間だった。日野はグラーデ機に乗り、高度二十メートル、七百メートルの距離を一分二十秒で飛んだ。日本初の飛行に、新聞は号外を発行するほどの熱狂ぶりであった。

日本の航空史上、記念すべきこの年の十二月一日、中島は第九艦隊乗組を命じられ、水雷艇四隻からなる艦隊の一隻の機関長に任官された。そんなある日、中島の予言めいた言葉が、またまた同僚たちを驚かせることになる。

「近き将来に飛行機から魚形水雷を投下して、軍艦を撃沈する時代が来る」

徳川らの飛行でもわかるように、まだ飛ぶことだけで精いっぱいの時代である。とても兵器としての将来性など云々できる段階ではなかった。それだけに、同僚たちからは、「またも知久平の大言壮語!」と受け取られた。

軍部が臨時軍用気球研究会を発足させたとはいっても、本当の意味で研究会の域を出ず、飛行機への関心はきわめて低かった。欧米では、わずかな先見的戦術家が、飛行機の軍事的価値に注目しつつあった。欧米に駐在していた武官たちが帰国し、海外では飛行機の取り組みがさかんなことを報告、日本でもただちに本格的に取り組むべきだとの意見書を出したりしたが、ほとんどは顧(かえり)みられることがなかった。

そんな認識であった海軍の首脳が飛行機に関心をもちはじめたのは、海外で行なわれた二つの軍事的実験がきっかけだったといわれている。一つは、一九一〇年(明治四十三年)四月、米カーチス・ライト社が行なった模擬爆弾を使って地上の目標に投下する実験。もう一つは、その翌年にイタリアで行なわれた、飛行機から魚雷を投下する実験である。まさしく、中島の予言どおりであった。

いよいよ飛行機の道へ

明治四十四年（一九一一）三月、かねてから設営中だった臨時軍用気球研究会の飛行場が、埼玉県所沢に完成した。こうして徐々にではあれ日本の飛行界も進展していく中、艦艇に乗船し、十年一日のごとく、ただ海上を航行するのは、中島にとって悶々（もんもん）とする毎日だった。

「機関科の士官は、いかに有能でも、大将にはなれないばかりでなく、司令官になることもできない」「海軍にいてもつまらない」「船に乗っているのはバカバカしい」

そんな言葉を同僚たちに洩らすようになり、やがて、海軍大学の選科学生の道を選び、飛行機の勉強をしようと決意するにいたった。もう一度学生に戻って、一年間、専門の勉学を深めようというのである。かつて「石見」に乗船していたときの上官、岸田に依頼し、艦政本部第四部の機関大佐の紹介を得て、選科学生になることができた。専攻はもちろん飛行機である。

もともと海軍内に飛行機の選科などあるはずもなく、教えられる教官もいなかった。艦政本部長と教育本部との間で行なわれた協議では、「飛行機なんておもちゃのようなもので、まだ陸軍に属するものか、海軍に直属するものかもはっきりしていないが、まあ、話の種につくっておこう」という程度のものだったという。

明治四十四年（一九一一）七月二十六日、海軍大学の選科学生として入学したとき、中島は二十七歳だった。彼以前にすでに二人が、飛行科の選科学生になっていた。相原四郎中尉と小浜方彦中尉である。臨時軍用気球研究会が発足する直前に、軍令部の第二班長・山屋他人大佐の希望で選科に入学していたものである。

選科学生になった中島は、臨時軍用気球研究会の御用掛を命ぜられ、所沢の飛行場に毎月数回通うようになった。臨時軍用気球研究会と飛行機の勉強との両方をこなした一年間は、あっという間に過ぎ去った。

中島が卒業を四日後に控えた明治四十五年（一九一二）六月二十六日、日本海軍初の飛行機に関する機関として「海軍航空技術研究委員会」が発足、当然のこととして、中島は委員を命ぜられた。

委員会の構成は、海軍省軍務局、軍令部、海軍大学、鎮守府、艦政本部などの代表からなっており、合計十九名であった。

委員会設置が決まったきっかけは、アメリカから来日したアット・ウォーターの水上飛行機の実演であった。米カーチス飛行学校出身の若き飛行士アット・ウォーターは、グレン・H・カーチスの依頼で世界をまわり、カーチス式飛行機の宣伝マンを引き受けていたのである。

五月十一日の招待飛行には、伏見宮博義王、斎藤実（さいとうまこと）海軍大臣、伊集院五郎（いじゅういんごろう）軍令部長、瓜生外吉（うりゅうそときち）司令官、財部彪（たからべたけし）海軍次官など軍首脳がずらりと顔をそろえた。アット・ウォーターの心憎いまでのショウマンシップに富んだ演出に、軍首脳はすっかり魅了され、まさに百聞は一見にしかずであった。その上、水上機であったことで、よけいに海軍の関心をひくことになった。

海軍航空技術委員会は、軍首脳の理解もあって、これまでになく急ピッチで体制を整備していった。横須賀に事務所を構え、横須賀軍港内の長浦湾の追浜（おっぱま）に飛行場を造成して、格納庫、滑走台を設置した。飛行術を研究する最低限必要な設備は整い、あとは飛行機を購入するばかりになった。

まず、梅北兼彦、小浜方彦の両大尉がフランスにおもむき、モーリス・ファルマン式水上飛行機の購入と操縦術の習得を行なうことになった。一方、中島は同年七月三日、河野三吉、山田忠治両大尉とともに、横浜を出帆してアメリカに向かった。

河野と山田の使命はカーチス式飛行機の操縦法を習得することであり、中島だけは飛行機の製作および整備技術を習得するよう命じられていた。

ニューヨークに到着した中島は、ナイアガラの滝に近いハモンズポートのカーチス飛行機工場に向かった。そこで、当初の目的どおり、飛行機製作と整備に関して学んだ。九月になると、近くのケウカ湖畔にあるカーチス飛行学校で、ダックという飛行士からカーチス水上機の飛行術を学んだ。さらに、西海岸のサンディエゴに向かい、そこでカーチス式陸上機の操縦術をも習得、米飛行クラブ所定の試験にもパスして、同クラブから飛行士のライセンスを取得したのである。

初めてのアメリカ旅行でありながら、広大な大陸を舞台に目いっぱい動きまわった四ヵ月がまたたくまに過ぎて、十二月十五日、中島は意気揚々と帰国した。

ところが、中島が操縦術を学んだことが、海軍内で問題になった。操縦術の修得は河野と山田に与えられた任務であり、中島は任務を逸脱しているというのである。ところが、その件を上官から詰問された中島は、平然として答えたものである。

「飛行機の製作・整備に関する技術を十分に身につけるには、飛行機を実際に飛ばす技術をも修得しておく必要があると気がついたので、滞在費をできるだけ節約し、そのために要する費用を捻出して短期の飛行教習を受け、その要領を会得してきましたが、そのために製作・整備のほうを怠るようなことはしませんでした。いや、こっちのほうもできるだけ欲張って学んできたつもりです。したがって、私は使命を広く解釈して、よりよく果たしてきたのであって、命令に違反したとは思っていません。この問題は、要するに命令を幅広く解釈するか否かによって、その是非が判定されるものと考えられます」

明快な答弁で切り抜けた中島であったが、自らの目指すところに一人で突っ走ってしまう性癖は、ここでも抑えることはできなかったようだ。すでにこのころから、彼は規則や命令の枠内でしか行動できない海軍の窮屈さを痛感し、かつ、自分がそうした組織にそぐわない人間になってきていることを認識しはじめていた。

退役を決意

大正二年（一九一三）五月十九日、中島知久平は横須賀鎮守府海軍工廠造兵部員を命じられ、田浦にある造兵部に赴任した。そこに飛行機の造修工場を新設して主任になるとともに、海軍航空技術研究委員会の委員も兼ねることになった。

それからしばらくして、第二期の操縦練習生、和田秀穂中尉、難波暉雄中尉、多田永昌機関大尉、花島孝一大尉、庄司健吉機関大尉の五人が加わった。のちに少将、中将クラスとなって海軍航空の中枢を占めるようになる人材ばかりである。これで、第一期生と合わせて合計九名となった。しかし、手持ちの飛行機は、ファルマン、カーチス機が二機ずつだけ、それも故障が多く、常時飛べるのは一、二機程度でしかなかった。

そこで、カーチス機を見本に、見よう見真似で製作することになり、飛行機工場長として、中島のアメリカでの実習の成果が問われることになった。もっとも、当時の飛行機の構造は単純で、初めての経験にもかかわらず、中島はわずか二ヵ月ほどで完成させてしまった。これが、日本海軍製の第一号機である。

　大正三年（一九一四）一月二十一日、中島は造兵監督官に任命され、フランスへの出張を命じられて同月二十四日に出発した。海軍が発注ずみの飛行機および発動機の製作、監督を兼ねた航空界の視察が目的であった。

　第一次世界大戦の勃発により、中島が予定を切り上げ帰国したのは、九月四日だった。この年、日本も参戦し、ドイツの軍事基地となっていた中国の青島（チンタオ）に初めて海軍の飛行機を出動させた。何度も往復し、そのたびごとに練習生たちが空から手で爆弾を落として爆撃するといった、なんとものどかな風景であった。これが日本初の飛行機による爆撃である。

　さて、帰国した中島は、まず海軍で試作したルノー式百馬力エンジンを装備したファルマン式飛行機の改造型を手がけた。続いて、彼が独自に考案したベンツ百馬力を装備した中島式複葉トラクター機の試作、カーチス式九十馬力を装備した大型ファルマン機などをたて続けに製作し、飛行機製作だけでなく、独自の飛行機設計にも手を染めるようになった。その後、双発水上機や攻撃機なども手がけるようになった。

　当時、海軍内では、飛行機は偵察機が一般的だった。

「偵察機一点張りは時代に後れている。今日は、攻撃機に力を入れなければならない時であり、とくにわが海軍としては、雷撃機の研究に金と力とを惜しみなく注がなければならない」

そんなふうに、中島が自信たっぷりに、しかも独善的に断言するため、周囲の反感を買い、白眼視されることもしばしばあった。

大正五年（一九一六）秋、中島にまたもヨーロッパ飛行界視察の命令が出された。これで三度目である。前回は第一次大戦勃発のため短期間で切り上げざるをえなかったし、誰よりも海外の航空機事情の視察を強く望んでいた中島であったが、このときは健康がすぐれないことを理由に辞退している。そのころすでに、海軍を去る決意をほぼ固めていたからである。ほどなくして、中島は航空隊司令の山内四郎大佐に、現役を退きたいと申し出、取りなしを依頼している。その唐突な申し出に、山内は慰留した。

「君は優等卒業であり、海軍の人材として前途を嘱目（しょくもく）されているのだから、やめてはいけない。自重しておれば、将来は中将にもなれる身であることを考えて、翻意（ほんい）したまえ」

しかし、中島の決心は変わることはなかった。

当時、海軍内では大艦巨砲主義が支配的で、近い将来、飛行機が兵器として重要性を帯びてくることなど、海軍上層部のほとんどが考えもしなかった。飛行機自体が発達しておらず、まだ海のものとも山のものとも知れていなかったのだから、無理もなかった。むしろ、中島の見通しのほうが、はるか先を行きすぎていたというべきであろう。

中島飛行機の旗揚げ

飛行機研究所設立

とかく形式主義、官僚主義が色濃い軍隊内にあって、煩雑（はんざつ）な手続きは、飛行機を製作する上で効率が悪く、たえず先を見て全力疾走している中島知久平にとってはなんとも窮屈で、もはやおさまることのできない組織となっていた。さらには、急速に進歩している欧米の飛行界を知るにつけ、中島の思いははるか前方にしかなかった。思い立ったらただちに実行に移してしまう中島は、翌大正六年（一九一七）になると、もう飛行機会社設立に向けた動きを開始していた。

まずは人材集めである。彼が最初に白羽の矢を立てたのは、横須賀海軍工廠造機部の工手であった栗原甚吾である。栗原は大正四年（一九一五）三月、東北帝国大学工学専門部機械科を卒業したのち、横須賀海軍工廠の造機部に入った。造機部の一隅に、当時、日本で唯一の飛行機エンジンの製作場があり、山下機関大尉の担当のもと、十五名ほどの工員が、ルノー式空冷七十馬力、百馬力の試作に取り組んでいた。就職するときの希望で、栗原はこの職場に入れてもらった。

仕事の関係上、栗原は追浜航空隊や田浦造兵部にある飛行機工場に行くこともしばしばあり、そこで、当時飛行機工場長をしていた中島と知り合いになったのである。

大正六年二月の寒い夜のことである。人目を忍ぶようにして下宿にやってきた栗原に対し、中島は自分が描く新しい計画について、胸中を打ち明けた。

「飛行機の製作は、外国の例から見ても、民間でやらなければ絶対に発展しない。自分は民間に出て飛行機工場をつくりたいのだ」（『日本民間航空史話』栗原甚吾「中島飛行機創業の頃の思い出」）

中島は、突然、熱っぽい調子で語りだし、すでに作成ずみであった工場の設計図面を、栗原の前に広げて見せた。本館を中心に、道路の左右には機体工場と発動機工場を配置していた。若い栗原は当初面食らったが、中島の情熱に異様な感激を覚えたという。

「自分は現役中でまだ表向きにはできないが、もし会社を旗揚げしたら仲間に加わらないか」

中島の誘いに、栗原は躊躇（ちゅうちょ）することなく確約した。

「自分も、ぜひ参加させてください」

こうして中島は水面下での動きをはじめていたのだが、一方の海軍では、航空機製作の代表人物を失うのは大きな痛手であった。そこで、彼がやめるにあたっては、いくつかの問題も生じ、少なからず誤解も受けたが、ともあれこうして、六月一日、中島は自らの決意どおり、ほぼ十年を過ごした海軍を去ることになったのである。

海軍をやめるにあたっては、待命を申しつけられることになっており、自由に活動できるのは、半年の猶予期間を経たのちである。そこで中島は、とりあえず目立たないようにこぢんまりと、飛行機の設計だけをはじめることにした。まず、故郷の押切から二キロほどの尾島町前小屋にある岡田権平の養蚕小屋を借り受け、事務所とすることにした。ところが、図面を専門に担当する人間がいない。中島は再び栗原に連絡した。

「製図のできる人間を四名ほど探してほしい」

田浦の造兵部で図面を描いていた奥井定次郎がすでに参画を合意しており、この年の九月に加わることになった。栗原はさらに、「横須賀海軍工廠の発動機製図でもっとも将来を嘱望されていた若手の佐久間一郎」を説き落とした。続いて、盛岡の工業学校出身の佐々木源蔵、陸軍砲兵工廠出身の石川輝次も説得し、十月に群馬に送り込んだ。

栗原はそのときのころを振り返り、次のように書いている。
「海軍航空の第一人者であり、将来の中将を予約されていた英才であっただけに海軍側もなかなか手放そうとしなかったが、同時に輝かしい軍人としての未来をぷっつり切り放して、海軍現役を退いた中島さんの気持を想像して、私たちは複雑な思いであった」（前掲書）
その栗原自身は、彼らより少し遅れて、同年十二月に正式に加わることになった。実は、彼はすでに十月初めに海軍工廠を辞し、いったん知人の経営する内国製薬会社に籍だけを置いて、給料は中島からもらい、創業に尽力していたのである。海軍をやめてただちに中島のもとに走ったのでは組織的計画ととられ、海軍内で問題にならないとも限らない。それでは将来の海軍との関係において都合が悪いと判断し、慎重を期したのである。
佐久間一郎は、明治四十年（一九〇七）三月、大津尋常小学校高等科を卒業し、翌四十一年（一九〇八）十一月、横須賀海軍工廠造機部に見習工として入廠した。親子三代にわたる工廠勤めである。のちに、働きながら十キロの道を横須賀豊島実業補習学校に通った。向上心が人一倍強かった佐久間の仕事に対する熱意も、周囲の注目するところであった。日露戦争後、ロシア艦隊からの戦利品であるモーターボートのエンジン修理を、なんの手本もなくやり遂げ、「発動機に詳しい男」と呼ばれるようになった。

明治四十五年（一九一二）春、佐久間一郎のところに一台の焼きついたエンジンと、そのスケッチが持ち込まれた。フランスのファルマン機のグノーム式ロータリーエンジン（五十馬力）である。これの分解を命じられたのだ。

彼が中心になって、さっそくそれを分解、材質も調べ上げて、設計担当が作った製造見取図に基づき、修理すべきクランクシャフト、シリンダーなどの主要部品を作り、試運転にこぎつけた。

戦後になって、元海軍機関少将・花島孝一が「日本の発動機の歴史」を書き残そうとして調査したところ、国産エンジンの第一号が五十馬力のグノーム式ロータリーエンジンであり、明治四十五年秋ごろに完成していることが判明した。いうまでもなく、佐久間らが手がけたものであり、それが日本で最初につくられた航空機用エンジンだったわけである。

それより以前、佐久間は造機部の大貫竜造機関少佐の使いで、造兵部部員であった中島知久平のところに通ったことがあった。そのころ佐久間は二十歳そこそこの職工である。片や中島は海軍で将来を嘱望されていた機関大尉、飛行機製作工場の工場長であり、二人はほんの顔見知り程度の間柄でしかなかった。

大貫機関少佐の後任となっていた小浜方彦少佐が本省の艦政本部第五部に戻ること

になった大正五年（一九一六）二月、佐久間も引っ張られて、東京に出ることになった。第五部での佐久間の仕事は、スイス製ディーゼルエンジンを潜航艇に搭載するための装備図面を作成することであった。結婚したばかりの佐久間は、この機会に東京工科学校本科の夜間部に通うことにした。

大正六年（一九一七）三月に同校を卒業、その夏、海軍工廠からの呼び出しで横須賀に引き上げ、造機部製図に復帰した。すでに造機部機械工場の一隅に、前述したように日本で唯一の航空用発動機製作工場が設けられ、ルノー式空冷五十馬力、百馬力の試作がはじまっていて、活気を呈していた。そこに、栗原もいたのである。

大正六年八月、栗原から「中島の飛行機研究所にこないか」と誘われた佐久間は、即答を避け、父親に相談した。すると、父親は息子に次のようにいいわたした。

「中島さんのような偉い人に見込まれたのは幸せなことだ。貧乏はなんとかして切り抜けるから、お前は行け」

意気さかんな「退職の辞」

半年の待命期間が終わった同年十二月一日、中島は晴れて正式にスタートするにあたり、「退職の辞」と題する挨拶状を軍関係者や知人に送付した。それは憂国の情あふれる、内外に向けた決意文、あるいは宣言文といった内容であった。

「究竟するに我が対手国は欧米の富強にして我が帝国は貧小をもって偉大なる富力に対す。故に富力を傾注し得る戦策によりて抗せんか、勝敗の決既に瞭かにして危険之れより大なるはなし。然るに現時、海国々防の主幹として各国家が負担を惜しまず、其の張勢に努力しつつある大艦戦策は実に無限に富力を吸収するものにして、所詮富力戦策に外ならず、是れにして永続せられんか、皇国の前途は慄然、寒心に堪えざるなり。惟うに外敵に対し、皇国安泰の途は富力を傾注し得ざる新兵器を基礎とする戦策発見の一つあるのみ。而して現代に於て此の理想に副う所のものは実に飛行機にして、之が発展によりては能く現行戦策を根底より覆し、小資をもって国家を泰山の安きに置くことを得べし。

夫れ金剛級戦艦一隻の費を以てせば、優に三千の飛行機を製作し得べく、一艦隊の費を以てせば能く数万台を得べし。仮に飛行機相互の間隔を最小限五百米となすも、五万台の単縦陣は一万五千哩の長きに達す。この地球の直径も尚八千哩に過ぎざるの事実に想到せば、人類の能力及び現代の通信機関を以てしては斯かる多数の飛行機隊を同時に指揮操作し得べしとは思われず、況や一局地に限らるべき戦線に使用し得べき両軍の飛行機数は自然大ならざる制限の下に立たざるべからず。即ち飛行機に集注し得る資力には大ならざる限度あり、この点に於て国防上の強弱には貧富の差なき得るべし。而して三千の飛行機は特殊兵器『魚雷』を携行することにより其の力遥かに

金剛に優れり。斯くの如く飛行機発達の如何は国家の存亡を支配す。（中略）
斯く帝国の飛行機工業は今や官営を以て欧米先進の民営に対す。既に根本に於て大なる間隔あり。今にして民営を企立し、之が根因を改めずんば竟（つい）に国家の運命を如何にかせん。（中略）
今や、海軍を退くに当たり、多年の厚誼を懐い、胸中感慨禁じ難きものあり。然しながら目標は一貫国防の安成にありて、野に下ると雖（いえど）も官に在ると真の意義に於て何等変る所なし。（後略）」

いかにも中島らしく天下国家を大上段に論じた、気負いと気概を込めた「退職の辞」である。

このあと、中島の動きは一挙に活発化し、十二月二十一日、前小屋の仮事務所から太田に移転、子育ての神として崇められ、町民から愛されている「呑竜様（どんりゅうさま）」のそばに工場を設け、「呑竜工場」とした。とはいっても、資金に乏しく、新しく建設したわけではない。「呑竜様」の境内に博物館と称する空き家があった。東京から米穀取引用の不用建物を移築したものといわれ、少なくとも外見は堂々とした、延べ二百坪ほどの洋式建物であった。そこを譲り受け、正門の石柱に「飛行機研究所」の看板を掲げて、なんとか形だけは整えることができたのである。

実をいうと、中島の飛行機研究所は、日本で二番目に設立された民間飛行機会社で

飛行機研究所呑竜工場（大正７年）

ある。耳鼻咽喉科の専門医であった岸一太医学博士が、大正二年（一九一三）ごろから徐々に飛行機に手を染め、大正六年五月に赤羽飛行機製作所の起工式を行なっていたのである。本格的スタートは同年十二月一日で、帝国ホテルで盛大な披露宴を催し、開所式も挙行された。こうして七十五万円の資金を調達して華々しくスタートした赤羽飛行機製作所ではあったが、三年後の大正十年（一九二一）二月には早くも経営不振におちいり、工場閉鎖を余儀なくされた。

それに比べ、資金はわずかな退官賜金と借入金合わせて二万数千円でしかなかった中島の会社は、飛行機を作るというのに、わずか八十坪ほどの建物に、十人足らずの陣容にすぎなかった。機械といえば、コンクリートの土間に、十馬力のモーターのかんな機、帯鋸、丸鋸、旋盤、ボール盤がそれぞれ一台ずつあるだけだった。そんな状態だったため、高価な種々の機械設備が不可欠なエンジン製作はひとまずおいて、手作業が主な機体製作だけを先に手がけることにした。

当時の太田町にはボルト一本すら売る店がなかったため、シャフトや軸受けを入手するのにも、わざわざ東京まで買い出しにいかなければならなかった。利用する東武電車の三等客車に、飛行機用の細長いシャフトやパイプを持ち込むものだから、改札口の職員や、車内の車掌から文句をいわれることもしばしばだった。

「上がらないぞい、中島飛行機」

年が明けると、かねてから手がけていたトラクター式複葉二人乗りの中島式一型と二型の設計・製図が開始された。製図は、佐久間と奥井が数人の助手を使って担当した。

続いて、百坪ほどの木造平屋建ての部品工場が隣接して建てられた。主任は栗原であった。ところが、内国製薬会社から連れてきた工員の大西と大工の小谷の二人だけではなんとも手が出ないので、町の大工やブリキ屋を勧誘した。「新入者で一番困ったことは、今までカネ尺使用者にインチやミリから教えていくことであった」（『日本民間航空史話』）と栗原は述べている。それでも、工員たちの作業も少しずつ進みだし、三月の卒業生を募集した。
また見習工を十人ほど採用しようと、所長の指示で付近の高等小学校をまわり、三月の卒業生を募集した。

栗原はまず、学校の先生たちを相手に、自分たちが作っている飛行機がどんなものなのか説明したが、彼らは飛行機など見たこともなく、それこそ雲をつかむような話で、まるで相手にしてくれない。栗原のこの努力は失敗に終わった。

紀元節の二月十一日を期して、部品作製の作業をはじめることになった。この日、中島が最初にかんな機を回し、プロペラに使うクルミの板材を削りはじめた。ところが、機械が千回転ほどで威勢よく削りくずを飛ばしだした瞬間だった。中島は「アッ」と叫んで右の指を握った。機械に指先を切られたのだ。栗原があわてて人力車を呼んできて、中島を町の病院に運び込んだ。傷は意外と深く、中指、薬指、小指の関節から爪にかけて肉がそぎ取られ、半分ぐらい骨が白く露出していた。

大けがにもかかわらず、中島は笑顔で医者にいった。

「先生、僕はまだ結婚前だから、指先がなくては嫁をもらうのに差し支える。どうか切断だけはやめてください」

「切断すればすぐ治るが……とにかく、なんとかやってみましょう」

手当てをしてもらって、工場に戻ってきた中島は、製図室の六畳敷きの居間に臥し、ときどき発熱しながらも、栗原らに仕事の指示を与えた。そのときのことを、栗原は次のように回想している。

「なにしろ、所長なしでは飛行機の製作が一歩も進まないのだから、全快の待遠しさというものは大へんだった」（前掲書）

中島のけがは一ヵ月半ほどで全治したが、小指と薬指は爪がなくなり、短くなってしまった。そんな思わぬハプニングもあったが、さらに組立工場も新設され、なんとか飛行機を製作する上で最低限の形が整った。

独立後、最初に中島が手がけた飛行機は、海軍で手慣れていた水上機ではなく、陸上機であった。彼がなぜ陸上機からはじめたかについては、それなりの理由があった。説得されたにもかかわらず海軍を飛び出した中島は、海軍の首脳からは決して好意的には見られていなかったばかりか、その行動ゆえに異端視すらされていた。だから、海軍からの買い上げは期待できないと勝手に判断し、飛行機導入に熱心な陸軍に照準を定めていた。その上、中島のうしろ盾になった陸軍少将・井上幾太郎の存在も大きかった。飛行界草創期からの中心人物であり、陸軍の飛行機に関して強い影響力を持っていた井上の理解と強力なバックアップが中島を力づけ、まずは陸軍機からの出発となったのである。なお、大正八年（一九一九）四月、井上は初代の陸軍航空本部長に就任する。

大正七年（一九一八）四月一日には、東京帝国大学の付属機関として航空研究所（航研）が設けられることになった。中島は、自社の飛行機研究所と名が似ていて紛らわしいため、社名を中島飛行機製作所に変更した。

このようにして、飛行機製作会社を育てようとする陸軍のバックアップも得て順調なスタートを切ったかに見えた中島飛行機だったが、早くも危機が訪れる。資金投資し、創業時のパトロンだった石川家が事業の失敗から財産整理を余儀なくされ、中島飛行機から手を引かざるをえなくなったのである。この整理を引き受けたのが、関西財界の有力者、川西清兵衛だった。川西は日本毛織社長以外にも、いくつもの会社の重役に名を連ねる大物実力者だった。

目先のきく川西が、飛行機の将来性に着目したのは当然かもしれない。石川にかわって、中島飛行機へのテコ入れを申し入れた。財政的に行きづまりを見せていた中島にとって、異存のあろうはずはない。大正七年五月、両者の提携によって法人組織とし、名称も合資会社・日本飛行機製作所と改めた。

資本金七十五万円、川西の希望で本社を東京市日本橋区上槙町二十番地（現・中央区）に置いた。所長の座には中島がそのまま座ったが、川西の本拠である神戸から、代理として次男の川西竜三と数人の腹心が太田に送り込まれてきた。

同年七月末、中島式一型機が完成し、これにオールスコットの百二十馬力エンジンを搭載し、八月一日、利根川の河川敷にある中島飛行機の尾島飛行場で、初の試験飛行が行なわれた。

しかし、同機は中島らの期待を裏切り、佐藤要蔵が操縦する一型機は離陸まもなく墜落した。二号機は陸軍から派遣された岡楢之助騎兵大尉が試みたが、数分飛行しただけで、着陸のとき利根川の堤防に突き当たって破損してしまった。

この後、改造して九月に再試験が行なわれ、このときは十七分間の飛行に成功した。もっとも、その後の飛行テストでは、なお墜落などを繰り返し、もの珍しさに飛行場に集まってきた地元の住民から、「飛ばない飛行機」とバカにされた。そればかりか、第一次大戦の消費景気でインフレが加速する中で、「札はだぶつく、お米は上がる、なんでも上がる、上がらないぞい、中島飛行機」とはやされた。

エンジン工場の完成

続いて中島式四型機が製作され、試験結果も良好だったため、これに部分的な改良を加えて五型とした。陸軍航空本部から二十機（機体単価一万一千円）の注文を受けた同機は、中島飛行機初の出世作となった。

陸軍からの大量注文によって勢いづいた中島は、積極経営を目指そうとするが、資本家としての川西と、技術者である中島とは、経営方針においてなにかと意見を異にするようになる。どちらが経営の主導権を握るかをめぐって争いが続き、ついに大正八年（一九一九）十二月二十六日、両者は提携を解消することになった。

このとき川西側から派遣され、事務総長の役にあった坂東舜一は、『日本民間航空史話』の中の「川西航空とともに」で、次のように回想している。

「日本毛織会社を独力で創設し、堅実経営策をもって声望も高まり、円熟の境地にあった関西財界の雄川西清兵衛氏と、理想家肌であった中島知久平との取組みは、協調上若干の無理ならうらみがあった。しかしこれは日本の航空機製作の揺籃期として、やむを得ない地揺らぎでもあった」

この後、川西は独自に飛行機会社川西航空機株式会社を発足させた。一方、中島も中島飛行機製作所に社名を戻して再スタートした。やがて三井物産との提携が成立し、資金的な問題のなくなった中島飛行機は、陸軍の強力なバックアップもあって、着実に発展していった。

陸軍からは大正九年（一九二〇）度分として中島式五型七十機の大量発注を受け、海軍からも初受注として横廠式ロ号甲型制式機三十機を獲得した。これで事業もいよいよ本格化し、この年、中島は二人の弟、喜代一、乙未平（きみへい）を入所させ、経営に参画させた。

喜代一は東京商船学校を卒業し、海軍予備少尉となって日本汽船会社の船長をしているとき、兄から招きを受けた。乙未平は東北帝大工学部機械科を卒業して三菱造船所内燃機製作所に入社した。在学中、兄から学費の援助を受けていた乙未平は、すでに兄のもとで働くことを決意しており、その前に大三菱を経験していたほうがなにかと勉強になるとの兄のアドバイスで、あえて他社に入社していたのである。

受注量も順調に増え続け、設備の拡張と合わせて、人の増員も図った。大正十年（一九二一）になると、陸・海軍から合計百三十機もの大量受注があった。その中でとくに注目すべきは、大正六年十月、陸軍から初めて、フランスから輸入したニューポール式二四型を三十機も受注したことである。

日本の陸軍は、それまでフランス製ファルマン機が中心であったが、当時、世界でもっとも進んでいたフランス陸軍は、主としてニューポール式を採用していた。その影響を受け、日本の陸軍にもニューポール式時代が到来したのである。このとき、ライバルの赤羽飛行機は、ファルマン式一辺倒であったため、時代の流れに対応できず、倒産にいたる。

中島飛行機は、三井物産のバックアップもあって、転換を図ることに成功した。中島は弟の乙未平をパリに常駐させ、飛行機先進国フランスの航空技術の輸入、情報の収集にあたらせた。乙未平のパリ滞在は実に六年におよんだ。

陸・海軍の飛行機の発注量がしだいに増加したことで、陸軍は大正十年四月、三菱

大正12年、ニューポール29C－1をモデルに、中島飛行機が開発した甲式四型戦闘機

内燃機製造、川崎造船所飛行機部にも飛行機を作らせる方針を決定した。両社は翌月から本格的な飛行機作りに着手した。機体では後れをとっていた三菱、川崎だが、エンジンでは中島より一日の長があった。ちなみに、もっとも早くエンジン生産を手がけたのは東京瓦斯電気（のちの日立航空機）で、二番目が川崎造船所、三番目が三菱内燃機、そして四番目が中島飛行機である。

中島飛行機は大正十一年（一九二二）五月、中島商事を創設して、飛行機製作所を側面から強化するとともに、大正十二年（一九二三）三月、航空機用エンジンの工場の建設に着手した。東京府豊多摩郡井荻町上井草（現在の東京・杉並区）の畑地に、一万二千五百四十平方メートル（三千八百坪、のちに四万二千九百平方メートルに拡張）の用地を確保、そこに千八百十五平方メートル（五百五十坪）のエンジン工場（中島飛行機製作所東京工場）が完成したのは、大正十三年（一九二四）秋だった。工場長に中島喜代一、支配人に佐久間一郎が就任した。群馬県太田のほうは中島飛行機製作所太田工場となり、工場長に中島乙未平、支配人に浜田雄彦が就任した。

三菱と双璧をなす

設計オールマイティ思想

大正十三年、機体とエンジンの両方を生産する総合的飛行機会社としての体制を整えた中島飛行機は、従業員数三百人ほどになったこの年、初めての学卒者、しかも航空学科出身の吉田孝雄を迎え入れた。東京帝国大学航空学科（第二回卒）からの民間会社就職第一号である。着任の日、東武鉄道で太田に到着したところ、駅前には会社幹部一同がずらりと並んで出迎え、太田の住民が提灯行列、旗行列で歓迎したくらいで、そのときのことはいまでも語りぐさになっている。

入社の翌月には早くも佐久間一郎のあとをうけて製図工長を任ぜられた吉田は、『日本民間航空史話』に「中島飛行機の発展」と題する当時の回想録を寄せている。

まわりから、「航空科出身なら、飛行機のことはなんでも知ってるだろう」と思われ、最初はやや面食らいながらも、しだいに中島飛行機の空気になじんでいった。そのころ陣頭指揮をしていた中島知久平は、一人で工場の設計室の隣りに泊まり込み、朝から晩までラシャの詰め襟服を着て、工場内のあちこちを指示してまわっていた。

吉田らが設計室で残業していると、夕食後、中島が和服に着替えた姿でやってきては、従業員たちになにかと声をかけていた。吉田はそんな中島の姿を強く印象に残しており、回想録に「それほど氏は事業の中に自分の生活のすべてを打込んでおられたのである」と書いている。

吉田は、中島の飛行機製作に対する考え方を端的に示す例として、次のように紹介している。

「設計製図に重点をおき、強い権限と責任とをもたせる方針をとっていた。製図はもちろんのこと、材料部品の計画から、コストの算出までも製図工場の仕事であった。製作現場の中にまで、製図工場の指示は強い力を持っていた。このような設計オールマイティ思想というものは終戦近くまで中島（特に機体側）の中に流れており、いわゆる学校出はほとんどすべて設計部門に採用された。所長は若い技術者にどしどし仕事を任せ、責任と誇りとをもたせる主義だった。ただ一つ、所長の認印のない図面だけは、絶対に現場に出図することを許さなかった。図面にはすべて自分で目を通した。

若い者に仕事は任せるが、最終責任だけは自分がとるという意味にうけとれた」

こうした考え方は、中島飛行機に流れる基本姿勢として、技術者にも受け継がれていった。中島飛行機機体のOB会のまとめ役である神戸精三郎は、中島の基本姿勢について、次のように述べている。

「技術優先」「企業内教育制度」「特に設計者は『将来の事業発展の基礎である』という見地から重視され、設計技術者の採用と教育については、多大の犠牲を無視して飛行機の優秀設計に尽瘁（じんすい）した」（『飛翔の詩』）

神戸は事務部門であったことから、かえって中島の設計技術者重視の考え方がよく見えていたのであろう。

中島飛行機の給料は高いことで有名だったが、ちなみに、大学卒業者が比較的多く入社するようになった昭和十三年（一九三八）ごろ、事務系学卒者は入社して書記補の資格が与えられ、初任給が七十円だった。これに対し、技術系学卒者は技師補の資格が与えられて八十円から八十五円だった。資格の上では書記補と技師補は同格だったが、給料的には二ランクの差がついていた。さらに、日本で唯一の航空学科（東大）の学卒は九十五円であった。

戦後、かつて陸・海軍で航空機技術の研究にたずさわっていた技術者たちが広く産業分野に散っていき、数少ない工学系のエリートとして企業で重要な地位を占めるようになるが、彼らに共通していたのがやはり技術優先の姿勢であった。裏を返せば、性能第一主義とする軍事技術の環境で育ってきた技術者たちは、どうしてもコストや経済性を二の次にする傾向が強かったのである。ことに草創期の軍事技術者は、コストの問題以前に、「とにかく欧米と同じものをまず作り上げられなければ、ものごとは一歩も進まない」とする地点から出発していた。

日本飛行機製作所の経営方針をめぐる中島と川西との抗争・訣別も、資本家であり、経済性を重要視する川西と、海軍出身で日本の航空機技術の最先端に立っていた技術者・中島との基本姿勢の違いが表面化した結果ともいえる。

政治家への道

大正末期になると、世界の飛行機技術は飛躍的に進歩し、その波は日本にも押し寄せて、新たな時代を迎えようとしていた。新しい葡萄酒には、新しい革袋が必要とされる。吉田孝雄が入社して二年後の大正十五年（一九二六）、今度は東北帝国大学出身の小山悌が入社してきた。小山は、中島飛行機を代表する設計技師として、あるいは中島がもっとも信頼する技師長として、太平洋戦争が終了する昭和二十年（一九四五）夏まで、主に陸軍の機体部門を引っ張っていくことになる。

こうして新しい世代も入社し、生産体制も経営基盤も確立して、経営的にも中島の弟や幹部たちに任せられるようになった。そんな昭和五年（一九三〇）二月二十日、中島は第十七回総選挙に群馬県第一区から立候補し、当選を果たす。時に中島知久平四十六歳であった。

海軍におさまりきらず、民間の飛行機会社を興し、そして、今度は政界に進出して、代議士として日本の国政に一石を投じようとするのである。

中島は日ごろから幹部たちに対し、「軍の航空予算を獲得できなければ、日本の航空機工業の発展はありえない」あるいは「日本が現在とっている大艦巨砲主義ではだめだ。おれが政治的なこともやらなきゃいかん」が口癖だった。だから佐久間らは、中島から政界入りの決意を聞かされても、それほど驚きはしなかった。もちろん、政治家となったあとでも、中島飛行機の重要な基本的経営方針については引き続き彼が決定し、絶対的な権限をもって進めていたことには変わりはない。

設計部の大黒柱

太平洋戦争終了までの二十年間、日本の航空機技術は急速なる発展を遂げた。その間、小山悌は文字通り中島飛行機設計部の大黒柱として、陸軍向けの重要な試作飛行機のほとんどを手がけた。まさに技術一筋の人であった。

中島飛行機が発展するにつれ、学卒の優秀な技術者が次々と入社してくるようになったが、設計部門のリーダーとして、小山は実際の飛行機設計の業務を通して、彼らを実践的に育て上げていく役割をも担っていた。小山の指導を受けて育った中の一人、飯野優は次のように振り返っている。

「中島知久平社長の薫陶を忠実に受け継ぎ、とにかく図面にはきびしい人でした。私が設計課長をしていたころ、部下たちが描いた細部設計図が私のところにくると、課長として私なりに細かく点検をして小山技師長の承認を求めにいくのですが、小山さんは部品図にいたるまで細かく目を通されるのです。私も教えられるところが多かった。承認される図面には、梅の花を山に見立て、その中に小の字を入れて小山という署名をされました」

その小山も、入社して二年目に中島飛行機にやってきたフランス・ニューポール社の第一線で活躍していた機体設計技師マリーのきびしい指導のもとで、世界の先端的設計技術を学び、徹底的に鍛えられたのである。

小山は仙台二高を卒業したのち、大正十一年（一九二二）四月、東北帝国大学工学部機械科に入学した。そのころ東北帝大には、金属材料の本多光太郎、電気通信学科の八木秀次、理論物理の石原純、愛知敬一など名だたる教授陣が顔を連ね、優秀な学生を輩出していた。

小山は、とくに航空に興味を抱いていたわけではなかったが、機械工学の分野だけに限定せず、理学部や数学、電気科の教室へもしばしば足を運んでいた。そのときに聞きかじったことが、あとから振り返れば、総合的な技術を結集した航空機を設計する上で大いに役立った。それだけでなく、彼はテニスにも熱中し、文科系への関心も強かった。中でも大学でフランス語を習得したことが、のちに重要な意味をもってくる。

そんな彼が選んだ卒業設計は、エンジンであった。馬力を向上したサムルソン・エンジンの改良型の設計を行なった。フランス語で書かれたモーターに関するド・ビエの分厚い原書『モトール』をひもときながら、まとめたものである。担任教授の宮城音五郎の勧めで、大正十四年（一九二五）に卒業したあと、助手として研究室に残った。そのときの彼の月給は八十五円という、当時としてはかなりの高給であったという。

ちょうどそのころ、相対性理論を発表して世界にその名を知られていたアインシュタインが来日、仙台にもしばらく滞在して、東北帝大理学部で講義をした。ぼさぼさ頭の白髪、人なつっこい大きな目をしたアインシュタインの風貌に身近に接して、小山はいたく感激した。

大学に残った自らの幸運を感謝したが、そんな日々も長くは続かず、八ヵ月で幕を閉じることになる。同年十二月、徴兵検査で甲種合格となった彼は、東京・中野の陸軍電信隊に入隊することになった。大学の技術系卒業者の中から予備将校を養成する一年志願兵の道を選んだのである。

とくに軍人として身を立てる意志もなかった彼は、予備士官へと向かうコースの試験では「のんびりやって落第した」。彼は、日曜日の外出ごとに、叔父が経営するグラインダー工場に入りびたっていた。

海軍を少佐で退官していた小山の叔父は、かつて海軍の機関学校時代に中島知久平と同期生だった。同じく退官した中島は、すでに群馬県で飛行機の生産を開始し、軌道に乗せつつあった。誰も挑戦したことのない未知の分野へと果敢に挑む中島を、羨望の思いも込めながら、叔父は小山に対して口癖のように、「中島は偉いやつだ。必ずあいつは大物になる。お前も一度、中島に会ってみろ」といって聞かせていた。

そんなあるとき、小山は叔父に連れられて、東京・有楽町の中島飛行機の事務所に、中島知久平を訪ねることになった。いつものように紺の詰め襟を身にまとい、小柄ながらも自信に満ちた物腰の中島は、久しぶりに再会したかつての同僚に、熱っぽい口調で最近の航空界を取り巻く状況を語り聞かせ、持論である「将来、飛行機がどれほど大事であるか」を強調した。そして、一緒にきていた若い小山に向かっていった。

「どうだ、中島にこないか」

中島の飛行機に寄せる情熱的な姿勢については、すでに叔父から聞かされており、漠然とながら心ひかれるものがあったが、飛行機についてはとくに知識も関心もなかった。せいぜい以前に見た曲芸飛行に興味を持っていた程度で、一般の人のそれとなんら変わりなかった。だが、初めて中島に接し、直接声かけられた「この言葉が私（小山）を飛行機に結びつけた」（「技師長の見た〝隼〟誕生の秘話」）。

よし、除隊したら中島に入ろう——小山は、自分でも不思議に思えるほど簡単に決めていた。

機械工学出が木材の検査役

小山が除隊して一ヵ月後の大正十五年（一九二六）十二月二十五日、雪が降りしきるその日、小山は群馬県の太田工場に向かう列車の中で、恩師・宮城教授のことに思いをめぐらせていた。なにかと目をかけてもらい、後継にと期待してくれている宮城に、彼はまだ中島飛行機入りのことを知らせていなかった。

その当時、ろくに名も知られていない田舎の会社だった「中島飛行機など、ほとんど誰も相手にしてくれなかったころだから、多少、私にも不安がつきまとった」（前掲書）。

教授に話せば、反対されるに決まっている——そう思い込んでいたからである。当時はまだ工学系の人間でも、飛行機に対してはその程度の認識でしかなかった。

それとは別に、小山には家庭の事情もあった。なにかにつけて生真面目で律儀（りちぎ）な小山は、大学卒業後ただちに奨学金の返済をはじめていた。また、長男として三人の弟妹の面倒もみる必要があった。そんな彼にとって、助手の二倍近くあった中島飛行機の技師の給料は、正直いって魅力だった。

小山が太田駅に到着したときには、すでにあたりは暗くなりかけていた。おまけに、雪は激しさを増し、積雪は三十センチを超していた。詳しい道順も知らず、駅付近で人に尋ねて工場の方向に向かったものの、人家もほとんどない田舎道には街灯もなく、動くに動けず、「ええい、めんどうだ」と、急遽、太田駅に引き返した。旅館は大戸をおろしていたため、その日は諦めて、再び列車にゆられて東京に戻ったところで、号外で大正天皇の崩御(ほうぎょ)を知った。

日本全土が喪(も)に服することもあって、小山が一番電車で再び太田に向かったのは、二日おいたあとだった。朝の日射しを反射させる一面の雪景色は、彼の目をなごませてくれた。とりわけ、上越山系の景観はみごとであった。

駅から工場まで徒歩で二十分ほどの道のりは、畑中で障害物もなく、凍りついた雪面を吹き抜けるからっ風が身を切るように冷たかった。これは、どえらいところにきてしまったぞ――不安とあいまって、そんな気持ちに襲われた。

しかし、工場にたどり着いた小山を、中島は温かく迎えた。ちょうど給料日であったため、思いがけず、彼は初めての給料を手渡された。暮れも押し迫った十二月二十八日のことであった。

年が明けて小山は宮城教授に辞表を提出したところ、ひどく怒られた。あとで聞かされたことだが、「兵隊から帰ったらやってもらうことがあった」と教授は洩らしたという。そのあと、小山はまず太田に住まいを探し、春日神社宮司宅の奥座敷に下宿することにした。近くに佐久間一郎の実弟・次郎の家があり、招かれては夕食をご馳走になったりした。

小山が最初に配属されたのは検査部だった。そのころ生産されていたニューポール機の機体には、まだ木材が多く使われていた。機械工学出身であった彼は、まさか木材の検査をさせられるとは思ってもみなかった。

当時、設計部、製造部と合わせて三つの部門しかなく、なんでも担当する検査部には、それとは別に、完成機のテストをしたりする仕事もあった。そのころの飛行機作りについて、栗原甚吾は次のように述べている。

「初期の飛行機はもちろん木製機であったから、主材料はケヤキ、ヒノキ、クルミ、ベニヤ板などの木材であった。（中略）ケヤキは胴体の框として、親骨になるもっとも大切な材料であったが、断面仕上り四〇×五〇ミリぐらいで、長さ五メートルぐらいの全部にわたって柾目（まさめ）が通っていなければならないので入手が大へんであった。上州にはケヤキの原木がたくさんあったが、飛行機用の適材を探すとなると容易でない。

持ち込まれた原木を、熟練した木挽に入念に木取りをさせた。たまには鏡台や簞笥用として最高価値をもつタマモクが現われたりすると、飛行機には使えないのでがっかりしたり、半面また喜んだりしたものである。ケヤキ框の前端を、胴体の曲面なりに曲げる加工は難しかった。麻縄を巻きつけ、手製の釜で煮るような原始的な方法を用いながら曲げたのである。ヒノキも主翼の桁や翼間支柱に使用した重要材の一つ。深川の木場から、良質の尾州桧の丸太を買ってきて、手挽きで、目切れやヤニツボなどがないかと吟味しながら製材をした」(『日本民間航空史話』「中島飛行機創業の頃の思い出」)

大学では機械工学を学び、エンジンやモーターを勉強してきた小山にとっては、ほとんど木工細工のような機体作りにはいささか面食らった。かといって、ないがしろにはできなかった。なにしろ高価な材料になると、目が飛び出るほどの値段で、たとえば一尺の角材が取れる原木一本が八十円もした。工場建設の坪単価が三十円、工場長の月給が四十五円といった時代である。

検査部で一年ほど過ごした小山は、表面的ながら、飛行機作りがどんなものかをひととおり知ったところで設計部門に移った。

競争試作時代の幕開け

各社競って外国人技術者を招聘

第一次世界大戦において、兵器、戦力としての飛行機の役割が注目を浴びたが、その後の技術的発展によって、さらにその傾向を強めることになった。日本の陸・海軍も、いよいよ本格的に飛行機製作に乗り出しはじめた。

それまでは手っ取り早く外国から完成機を買ってきたり、外国メーカーが設計した飛行機の製造権を買って製作するというやり方だったが、いつまでもそんなことをしていたのでは、日本の飛行機技術は育たない――以前からそのことが懸念されていた。国防にかかわる重要兵器を外国の設計に依存しているのでは、自国の使い方に合った飛行機が得られないばかりか、有事の際には、技術導入した相手国に首根っこを押えられるおそれも出てくる。

こうして設計段階から自国で開発できる体制が求められるほどに、兵器としての飛行機が重要性を増してきていたのである。

昭和二年（一九二七）、陸軍は国産機の発注に際して、中島、三菱、川崎、石川島の四社に対し、初めての競争試作の方式を導入した。互いに競わせることによって民間企業の技術水準をより高め、ひいては日本全体の航空工業を発展させていこうという目論見（もくろみ）からである。日本の軍部も、発注形態だけは欧米先進国と同様の方式を採用するにいたったのである。大正後期までの、中島知久平や佐久間一郎、栗原甚吾ら創設メンバーが外国機を手本に見よう見真似で試作機を作り上げてきた時代も過ぎ去ろうとしていた。

飛行機の受注をめぐっては、国内メーカーの競争もしだいに激しくなりつつあったが、競争試作にはまた別の意味もあった。当時の実情を知る発注側の元航空本部技術部長（中将）の絵野沢静一は、内実を次のように説明している。

「軍は、これら会社を育成培養しているとはいうものの、十分な予算がなくこれら落第会社の試作経費まで賄（まかな）うことは出来ない。したがって一度審査に不合格となればこの会社は大きな欠損を生じ、死活問題となるので、（中略）機種選定にまつわるいろいろの批判や噂話（メンツ）は、戦後にも絶えたことはない」（『陸軍航空の鎮魂』）

各社とも、面子と今後の飛躍のためにも初めての競争試作に負けるわけにはいかないと、並々ならぬ意欲を燃やした。とはいっても、どの企業も、自社開発できるほどの技術も経験も持ち合わせてはいなかった。そこで各社は競うようにして航空機先進国の技術者を招聘し、設計してもらうという方法を選んだ。

海外では航空機が急速な発展をし、もはや創設時の意気込みだけでは対応できなくなっていた。中島飛行機は、それまでのライセンス生産のつながりから、名機29C1型を設計したニューポール社のマリー設計技師とロバン助手を招聘し、これに大和田繁次郎、小山悌を助手として配置するという熱の入れようであった。当時、航空機技術は、アメリカよりもヨーロッパのほうが進んでおり、どちらかというと、海軍はイギリスと、陸軍はフランスとのつながりが深かった。

昭和二年四月、六年間にわたってフランスに滞在していた中島の弟・乙未平が、マリーとロバンを連れて帰国した。一方、三菱は、大正十年（一九二一）から来日していたイギリスのハーバード・スミスにかわって、大正十四年（一九二五）にドイツのアレキサンダー・バウマンを招き、その下に主務者として仲田信四郎を、さらには、のちに「零戦」の設計主務者として名高い若き日の堀越二郎、それに田中治郎を配した。

川崎は大正十三年（一九二四）、ドイツのドルニエ社からリヒャルト・フォークトを呼び、その下に主務者に東条寿、土井武夫を置いた。石川島は大正十五年（一九二六）、ドイツからグスターブ・ラッハマンを呼んだが、試作審査の段階で早々と手を引いてしまった。他社に比べ、経験も力も不足していたからである。

この当時の事情を土井武夫は次のように述べている。

「フォークト博士は、ドイツを出発する前にドルニエ博士およびイリエス商会（川崎とドルニエ社との間の契約をまとめた）とかなり突っ込んだ点まで話し合った。博士としては川崎はドルニエ社の飛行機をライセンスによって製作するだけでなく、最終的には川崎自身で飛行機を設計製作することを望んでおり、その飛行機にはドルニエの構造様式を採用することになるであろうと確信していた。それでドルニエ博士に対してフォークト博士の次の質問にはっきり答えてくれるように要求した。もしフォークト博士が日本人とともに新しい構造様式の飛行機を設計したときには、ドルニエ社としては異議を唱えないだろうかと、しかしドルニエ博士の返事はきわめて生ぬるいものであった。博士としては、日本でこのような要求を受けた場合に断わることはできないからできる限り引き延ばすようにしようと考えた」（『飛行機設計50年の回想』）

初めての試みである外人技師による設計開発では、各社とも風俗習慣の違いからくる行き違いや思わぬ問題も発生したが、それよりはるかに日本の航空工業界の得るところが大きかった。このとき外国人技師をサポートした日本人技師たちはいずれも、その後の日本の航空工業を背負って立つことになる第一人者ばかりである。

小山が大学時代にマスターしていたフランス語が、ここで大いに役立ってくる。彼の仕事は単なる設計助手にとどまらず、日本に慣れないマリーらの生活全般の面倒を見ることも多かった。とくに二十六歳のロバンとは年齢も近く、友人同士の付き合いをした。小山はまだ設計のいろはも知らなかったが、マリーが描いた図面のフランス語の翻訳、試作に向けた材料の手配、工場との連絡・打ち合わせなど、多忙をきわめた。そうした雑用を通して、小山はマリーの目指す設計がどんなものであるかを自然に体得していったのである。

事故続発の飛行審査

各社とも、風俗習慣、ものの考え方が違う外国人技師の指導による慣れない設計作業で問題を発生させたが、加えて、航空工業を支える周辺技術も未熟であったため、設計技師の要求する水準のものがなかなかできず、それが試作機にもあらわれて、各社の試作試験では墜落事故が相次いだ。

陸軍航空本部で飛行機の試作、審査を担当していた航空審査部員の甘粕（あまかす）三郎（元技術少佐）はそのころの実情を次のように述べている。

「大正十四年五月技術部が出来て試作の審査に当ることになったが、各社とも工作技術が未熟な上に風洞実験、荷重試験なども満足に行なえず、飛行審査中に空中分解、水平錐揉（きりも）み、空中火災などの事故が再々起こった。

昭和五年（航空本部）技術部は『飛行審査規定』及びその他の規格基準等を作った。飛行の条件、科目、実施法等を定め、又機種により区々まちまちだった座席回り諸装

NC型試作戦闘機

置の配置、寸法及び諸計器の配置、配列などを統一規制したのである」(前掲書)

当時は、なにか具体的な問題が起こって初めて必要に迫られ、規格、基準などを整備していくといった状態だった。

中島飛行機が完成させた試作機(社内呼称NC)は、空冷エンジン搭載、ニューポール機の伝統を引き継ぐパラソル型単葉機で、胴体は当時の最新技術である全金属モノコック構造を採用していた。川崎は液冷エンジン搭載のいかにもドイツ的ないかつい機体だった。それに対し、三菱の「隼」二型と呼ばれる試作機は、液冷エンジン搭載の高翼パラソル型だった。それぞれの国あるいは所属していたメーカーのスタイルを引き継いだ三者三様の特徴をもっていた。

外人技師による設計とはいえ、航空機開発の道はそう甘くなかった。各社が完成させた試作機のうち、最初の強度試験の、荷重試験の段階で川崎が脱落した。そして昭和三年（一九二八）六月、残る中島、三菱の試作機の飛行試験が、陸軍所沢飛行場で行なわれた。

地上で実施された強度試験には両者ともにパスしたが、飛行試験では明暗が二つに分かれた。強度的に負担のかかる急降下試験で、三菱の試作機が空中分解してしまったのである（幸いパイロットはパラシュートで脱出して一命をとりとめた）。

残った中島製の試作機は、さらに過酷な試験のために立川飛行場に移され、曲芸飛行まがいのきりもみ飛行テストなどが行なわれたが、これらの試験にも耐えた。ところが、昭和四年（一九二九）夏の三重県明野（あけの）での試験飛行のときには、空中分解を起こしてしまった。

小山は事故機を調べ上げ、原因が主翼支柱の強度不足にあるのではないかと考えて、その旨、マリーに報告した。ところが、自らの設計に絶対の自信と誇りをもっている「強情な人だった」マリーは、それを頑として認めようとはせず、「分解のはずがない。パイロットの故意による失敗だ」として、設計変更を受けつけなかった。

試作機の審査をめぐっては、紛糾した。三菱側は、やはり空中分解したのだから中島製も失格だと主張した。一方、中島は、航空本部員と中島飛行機関係者との連絡会議の席上、大見栄を切った。

「中島の技術力で必ず要求どおりのものを完成させてお目にかけますので、ぜひこのまま試作を続けさせていただきたい。万が一にも、不成功に終わったときは、工場を閉鎖する覚悟です」

審査の結果、結局のところ中島機も失格となり、陸軍内でも「現在の日本の飛行機技術では、国産は無理ではないか」との意見が強まった。こうして、「時期尚早」と結論づけられるかに見えたところで、周囲の否定的意見を押さえて井上幾太郎航空本部長が次のような結論を下した。

「空中分解は審査終了後に起こったものである。だから、事故調査と対策を徹底して行なえば、これまでの方針どおり試作を継続させることは、いっこうにさしつかえない」

独力で開発した「九一式戦闘機」

一方、三菱はアメリカのカーチス・ライト社と技術提携をし、米陸軍の戦闘機として評価の高かったカーチス・ライト社P6「ホーク」複葉型戦闘機を購入する手はずを整えていた。しかし、のちに「ホーク」はパイロット・ミスから不時着し、大破して評価を下げることになった。

中島飛行機は中島知久平の指示によって、昭和五年（一九三〇）三月、乙未平がイギリス・ブリストル社の戦闘機「ブルドッグ」の製造権を買い取り、主任設計技師で

九一式戦闘機

あるフリーズと助手のダンを伴って帰国した。小山は彼らについて「ブルドッグ」の国産化に向けた材料規格の変更などを行なったが、それほど目新しい内容を含んだ飛行機ではなかった。

その一方で、小山は大和田繁次郎とともに、外人技師に頼ることなく独力で先のNC試作機の改良を行ない、昭和六年（一九三一）十二月にようやく陸軍に認められ、「九一式戦闘機」と命名されて制式採用されることになった。当時、審査する側にあった元陸軍航空本部技術部長の絵野沢静一は、次のように述べている。

「八八式偵察機を試作するころからわが国でもこれら各社による過当競争を避けるため、競争試作の方式を採ることになった。

しかしその効果には疑問があった。戦闘機の競争試作において、中島製が断然優秀で、九一式戦闘機として採用された。（中略）

（メーカー側は）何とか理屈をつけて軍の行政当局に懇願する。軍も又、新企業培養との見地から、これを受け入れてやらねばならず、ここに行政上の妥協が生れて来るのである」（『陸軍航空の鎮魂』）

小山にとって、独自に改良したNC機の採用は大きな喜びであり、自信にもつながった。これが、日本の飛行機メーカーが外人技師から自立し、国産の時代へと向かう第一歩になったのである。

小山は、終戦まで次々と新しい航空機の設計をこなし、世に送り出し、中島飛行機の機体設計のまとめ役として活躍した。昭和十四年（一九三九）五月十一日に満蒙国境で起こったノモンハン事件や、日中戦争のときに出動して大戦果をあげたことで知られる「九七戦闘機」、国民的アイドルになった「隼」戦闘機、陸軍最強の戦闘機といわれた「疾風」ほか、戦闘機、爆撃機などは、いずれも小山が主任設計者として手がけたものである。

昭和七年（一九三二）ごろから、西村節朗、松村健一、太田稔、糸川英夫、渋谷巌、内藤子生、飯野優、青木邦彦ら優秀な学卒の技術者が中島飛行機の機体部門に入社したが、彼らはその後独り立ちし、日本の代表的な航空機を次々と設計し、戦後になっても、日本の航空工業、自動車工業、ロケット開発、車両工業などを主導して、発展に導いていている。いずれも、小山のきびしい指導を受けて育った人たちである。

飛行機設計から林業技師へ

戦後、「零戦」が世界に誇る代表的戦闘機として、設計者・堀越二郎とともにもてはやされ、本にもさかんに取り上げられているのに対し、戦前の航空工業界にあって、堀越と並び称され、多大な貢献を果たした小山の名は、あまり聞かれることはない。平成二年（一九九〇）三月に発刊された『日本航空技術学術史』（丸善刊）は、日本の航空技術研究を網羅したものだが、小山の部下たちは何人も登場するのに、当の本人の名はまったく見当たらない。それには、次のような事情があった。

昭和二十年（一九四五）四月一日、軍部は緊急措置要綱によって、航空機の生産を陸軍と海軍を統合した組織で行なうよう改めた。それまで陸・海軍が別々の組織でやっていたため、ともすれば、相互に足の引っ張り合いになっていた。しかし、資材、工作機械、熟練工などの逼迫（ひっぱく）により、もはや双方が面子を張り合っている余裕はなかった。そこで、両者を統合した組織で、航空機の効率的な増産体制を敷こうとしたのである。

それに先だつ三月二日、「航空機事業の国営に関する件」が閣議決定され、それによって中島飛行機は国営化第一号の軍需省第一軍需工廠の指定を受けた。政府の生産工場として国営化されることになったのである。その際、第一軍需工廠創設委員会での意見聴取に対し、中島飛行機側は次の三項目を主張した。

(1) 工場内における軍人色の一掃。
(2) 会社の社長・工場長に経営に関する一切の権限を持たせること。
(3) 熟練工員の召集免除と応召者の即時召集解除。

技術の合理性や工場の実情を無視した軍の無用な口出しが、かえって生産を混乱におとしいれ、効率の低下を招くことをいやというほど経験していたからである。このとき、本部の一部の部長を除き、人事は事実上、「株式会社のときの形態のままとする」という中島側の主張がほぼ認められた。

三鷹研究所長の職にあった小山は、ここで第二十一製造廠長となって、岩手の疎開先である黒沢尻に移った。これにより、彼は自動的に軍需省軍需官、つまり政府の役人になった。同時に、それまでの実績から、中島飛行機の取締役に名を連ねることになった。四十三歳、同社の中でもっとも若い重役だった。

そして、そのことのゆえに、小山は戦後、公職追放の処分を受けることになり、疎開先の岩手県水沢で林業機械の研究試作に専念するようになった。敗戦により、半生を賭けた航空機の研究は禁止となった。

「私は飛行機設計に道をえらんだことをひそかに自負するほど本当の飛行機バカであるらしい。それもまったく偶然にえらんだ道なのである。道楽ここにきわまれりというべきか」(「技師長の見た〝隼〟誕生の秘話」)。

今後どうやって生きていけばいいかと思いあぐねていたときに思い浮かんだのが、「国破れて山河在り。城春にして草木深し……」という杜甫の漢詩「春望」だった。そうだ、国は荒れても、国土の七〇パーセントを占める山林は残っている——そう思いなおして、水沢に根を下ろすことにしたのである。

富美夫人は当時をこう語る。

「営林署の仕事で全国を走りまわり、指導したりして、二、三ヵ月も自宅をあけることがありました」

また、小山に同行して疎開し、やはり同じ仕事に専念した青木邦弘は、当時を振り返りながらこう述べる。

「なにしろ、日本のチベットと呼ばれてましたからね、岩手県は林業のほかにはなにもないのです」

小山は岩手に林業機械化協会を作り、副会長に就任していたが、戦後は岩手富士産業の取締役に就任、持ち前の機械好き、研究熱心さから、チェーンソー（電動鋸）を独力で考案し、特許を取得、権利は惜し気もなく営林署に帰属させてしまった。いかにも小山らしいお上に対する姿勢は、終戦後も変わることがなかった。

昭和二十七年（一九五二）、五十歳のときにようやく追放が解除になったが、東京に引き上げたのは昭和三十二年（一九五七）、五十五歳のときだった。この年、なんの準備もなく林業技術士の国家試験を受けて、みごとに合格した。六十歳を迎えたとき、「自分の能力をもう一度試してみよう」と東大農学部に論文を提出、昭和三十七年（一九六二）三月、東大から農学博士号を授与された。

戦前は、気が進まないながらも、軍人との酒の付き合いをこなしていたが、戦後は、横柄な営林署の役人との付き合いを極端に嫌い、気に食わなければいっさい口もきかないといった調子だったので、仕事上の不利益をこうむることもあった。

「われわれの設計した飛行機で、亡くなった方もたくさんあることを思うと、いまさらキ27がよかったとかキ84がどうだったと書く気にはなれません」（『疾風』）

彼自身がそう述べているように、戦後はほとんど自らを語ることがなかった。

中島製キ27が次期戦闘機九七式に

話を戻そう。陸軍から四年後、海軍でもあとを追うようにして、競争試作を導入した。しかも、設計者もすべて日本人の手によることが条件とされた。

陸軍が九一戦闘機の制式採用を決めたのに続き、昭和七年（一九三二）四月には、海軍が九〇艦上戦闘機の採用を決めた。九〇艦戦は、それまで三式艦戦として使われていたアメリカ・ボーイング社のＦ２ＢとＦ４Ｂ艦戦を参考にしたものであった。

もっとも生産機数の多い戦闘機が陸・海軍で採用されたことから、中島飛行機の経営は順風満帆、繁忙をきわめた。そのため、呑竜工場が手狭になり、昭和九年（一九三四）十一月一日、太田に巨大な新工場を建設、本社および機体工場のほとんどを収容することになった。

そうした状況下、昭和七年に、海軍は九〇艦戦にかわる新しい七試艦戦を、さらに昭和九年には単座戦闘機を、それぞれ三菱と中島飛行機に競争試作するよう命じた。海軍では、昭和七年から、自立化計画をスタートさせ、国産技術の育成強化の方針を掲げ、力を注ぎはじめていた。

三菱では九一戦で設計陣に加わった堀越二郎を設計主務者に据えた。中島と違って、目立った受注がなかっただけに、その意気込みには凄じいものがあった。一方、中島飛行機の設計主務者は、いうまでもなく小山である。

さらに昭和九年、陸軍は中島飛行機と川崎の両社に対し、新戦闘機の競争試作を命じた。川崎の設計主務者は九一戦の土井武夫であった。中島の小山は将来機種の研究を兼ねて、新しい低翼単葉戦闘機の研究に力を注いでいた。

この三機種とも、中島飛行機は競争試作で負けてしまったが、注文量からして、経営的にはゆとりを持っていた。ちなみに、三菱の七試艦戦は、あとに続く「零戦」への第一ステップである。陸・海軍が次々と新機種開発の方針を打ち出したこのころ、日本の航空機技術は世界の水準に猛追しようとしていた。

昭和十年末、陸軍は次期戦闘機を計画、中島、三菱、川崎の三社に試作命令を出した。軍の要求性能も一段と高まり、もはやこれまでの技術では対応できず、大きな飛躍が要求されていた。

昭和十一年（一九三六）七月一日、小山がかねてから将来の戦闘機にと研究を進めていた社内呼称PE実験機を完成させた。片持式低翼単葉機で、エンジン部と胴体、主翼などを一体にした、見るからにスマートな機体だった。さっそく社内のパイロットにより、尾島飛行場で初飛行が行なわれた。利根川の上空での実験飛行を終えて戻ってきたパイロットが、興奮した面持ちで小山にいった。

「小山さん、これはものになりますよ」

その言葉に、小山はほっとすると同時に、改めてこれまでの自信を確認していた。中島が試作する機には、すでに「キ27」という名称が与えられていた。当然、PE機で得た技術とデータが生かされることになる。小山を設計主務者に、昭和九年に東大機械工学科を卒業した太田稔、同十年に東大航空学科を卒業してまもない糸川英夫が加わった。糸川は戦後、東大生産技術研究所でロケット開発に先進的に取り組んだ、この分野での日本のパイオニア的存在である。

太田は、PE機を技術的に洗練させ、七試艦戦として三菱、川崎と競うには、次の方法しかなかったと強調する。

「三菱は日本最初の完全片持支持の低翼単葉戦闘機として、昭和十一年以来海軍の九六艦上機を完成している。今回の試作は中島、三菱ともに使用発動機は同じハ－1乙。三菱機に勝つためには如何にしてこれより軽く作り、翼面荷重、馬力荷重を有利にできるか。勝利のカギは重量軽減にあり、これに成功する以外には道がないという信念に燃えて、これを設計の基本方針とする」（『飛翔の歌』）

そんなおり、設計室に中島知久平がひょっこり顔を出した。

「徹底的に重量軽減をやっています。空中分解か、しからずんば圧勝です」

血気にはやる若い太田は、中島に向かって半分冗談交りにいった。実際、彼らの「悲願」は「機体自重千キログラム、三菱機より百キログラム軽く作る」ことだった。そして、太田が自らに課した基本方針は、「些細な軽減も見逃すな」「重量については徹底的にケチになれ」「塵も積れば山となる」であった。成否のカギは、このあまりにも当然のことをいかに徹底するかにあった。

世界でも戦闘機の設計思想が論議され、「軽戦闘機か、それとも重戦闘機か」と話題をまいているときであった。火器を強力にし、速度を重要視した重戦闘機に対し、小山が選んだのは、格闘性能を最優先するため、極限まで軽量化を追求した軽戦闘機であった。

三菱が取り組んでいたのは、前年に完成し高い評価を受けていた海軍用の九六艦戦に手を加え、陸軍の要求に沿えるようにした、いわば改造機のキ33であった。中島飛行機が九一戦のときにとった手法と同じである。

川崎は、中島飛行機から遅れること一ヵ月、キ28を完成させた。三菱と中島飛行機が同じハ1乙空冷エンジン六百八十馬力を搭載していたのに対し、川崎は液冷倒立V型十二気筒ハ8八百馬力であった。エンジンだけを比較すると、川崎が百二十馬力上まわり、重量も百キログラム重かった。川崎の土井は当時、日本では少数派であった重戦闘機をあえて選択して、三菱と中島に対抗しようとしていたのである。

十一月にそれぞれ完成した第一号機に引き続き、二号機も陸軍に引き渡し、翌年春まで、陸軍航空技術研究所で飛行テストが実施された。その結果、高度四千メートルでの最高速度はキ27が時速四百六十八キロ、キ28が時速四百八十五キロ、キ33が時速四百六十八キロであった。上昇力においても、キ28が重戦闘機の強みを生かし、もっともよかったが、陸軍がもっとも重要視していた旋回半径、旋回時間では、軽戦闘機の特性を生かし、キ27がもっとも優れていた。キ28は液冷の弱点でもある故障の多さにも災いされて、陸軍の印象が悪かった。

結局、昭和十二年（一九三七）十二月、陸軍は、性能でキ33をわずかに上まわり、しかもパイロットの好みに合致し、操縦感覚の評判がよかったキ27を「九七式戦闘機」として制式採用した。

九七式戦闘機（キ27乙）

おりから激しさを増す日中戦争で、あるいは昭和十四年（一九三九）五月に満蒙国境近くで起こったノモンハン事件で大活躍するのである。
こうして完成した九七戦を、自ら設計した太田は、当時を振り返りながら、「小山悌技師の指導、指揮、総括のもとに、私も学校を出てから終戦までの十年余、寝食を忘れた青年時代の情熱を燃やしたものである」（前掲書）
と述べるとともに、九七戦については、「中島においては、創立以来二十年を経て、模倣時代を脱し、独自の設計により一応は世界に誇る軽戦闘機ともてはやされる九七戦を誕生させた」との評価を下している。
それだけでなく、「九七戦のこの構造方式は、その後の中島戦闘機群のすべてに適用されたことはもちろん、他社もこれに倣（なら）うことになる。

現在のジェット戦闘機も基本的にはこの方式である」とも述べている。九七戦で小山が採用したテーパ形状の主翼は、前縁（翼幅の前側二五パーセント）が根元から翼端まで直線をしており、うしろの縁はわずかな前進角（後退角の反対）のついたテーパ形状となっている。この形状は、飛行中の翼面の空気の流れを翼端から翼の根元に引き寄せることになり、結果として、パイロットがもっとも恐れる失速を防ぐことになる。

軍用機の花形である軽戦闘機に造詣の深い小山は、当たり前のことであるが、「失速させない」「振動を発生させない」飛行機を設計することを基本思想とし、「経験の浅い技術者から見れば異常と思えるほど細心の注意を払っていた」（前掲書）。

また、常に戦訓から学ぶことをことさら重要視し、いつも「操縦する側、パイロットになった気持ちで設計する」ことを若い技術者たちに強調し、数々の新しいアイディアを出し続けていた。

九七戦は昭和十八年（一九四三）まで生産され続け、合計三千三百九十機にのぼった。日本を代表する陸軍の戦闘機であるとともに、一時代を画した戦闘機でもあった。

呑気な面接試験

そのころには、中島飛行機に優秀な学卒が年に数人ずつ入社するようになり、小山や太田などを補佐するようになった。機体部門には、昭和十一年（一九三六）四月、東北帝大機械工学科を卒業した飯野優、東京帝大卒の山田為治が、翌年四月、東京帝大航空学科卒業の渋谷巌と内藤子生の二人が入社している。

そのころ、中島飛行機の機体設計の組織は陸軍と海軍とに分かれていた。海軍関係は東大卒者が多く、陸軍機は不思議と東北大卒者が多かった。

渋谷は、中島飛行機入社のいきさつを、次のように振り返っている。

まず卒業の前年六月、同じ東大航空学科の二年先輩にあたる糸川英夫が大学にやってきて、渋谷にいった。

「お前がまだ就職先を決めていなくて、中島に入ってもいいという意志があるのなら、入社できることになっているからな」

独断的に渋谷の中島入りを決めてしまったかのような口ぶりだった。しかし、実際のところ、中島飛行機は翌年の学卒者を何人採用するかはまだ決めていなかった。

当時、東大航空学科には、一学年に九人前後の学生しかいなかったし、渋谷はとくに航空が好きだから専攻したというわけでもなかった。

「航空学科はむずかしいが、お前なら試験を受けりゃ入れるだろう。受けてみろ」

教師からそういわれ、本人も「数学的なものは好きだったし、航空は数学をたくさん使うだろう。それに、むずかしいというなら、受けてみようと思った」。そのころ就職は売り手市場だったこともあってか、渋谷のほうも、「なんとかなるだろう」と、あまり真剣には考えてはいなかった。三菱や川崎ならば関西に行かねばならないが、中島なら東京ないし関東に勤務できる――そんなことも、動機の一つになっていたというから、呑気な話である。

中島知久平から「一度会ってみたい」という連絡があり、十月ごろ、同じ航空学科の同級生・内藤子生と連れだって、有楽町の本社に出かけていった。内藤は数学が得意で大阪帝国大学に入り数学科の学生となったが、途中で気が変わり、どうしても航空をやりたくなって、東大の航空学科に入りなおしたという変わり種である。

それはいまでいう会社訪問、顔合わせを兼ねた面接試験のようなものであったというが、中島と少し一般的な話などをしたあと、

「会社にはいつから行けばいいのでしょうか」

「いつからでも、気が向いたらくればいいさ」

そんないい加減なやり取りだけで、二人の就職が決まった。

渋谷は、大学三年になってからはほとんど授業に出ておらず、卒業論文「薄板構造の挫屈論」も八月には書き終えていた。だから、半分遊んでいたが、図書館にだけは熱心に通っていた。

「大学の図書館に行って、建築関係も含めて、七、八十点保管されている挫屈関係の論文のほとんどに目を通したが、もうそれ以上はない。だからやることがなくなって

しまった」

やがて卒業となり、内藤といつから会社に行くか相談した結果、

「四月はじめごろになると金がなくなって、具合が悪くなるだろうから、それから行くか」

そして、予想どおり金がなくなったので、二人は四月八日に初出社した。

設計部の人々

東武伊勢崎線の太田駅で下車、両側に桑畑などが広がる道を、渋谷と内藤の二人は、太田製作所に向かって歩いた。三年半ほど前、昭和九年(一九三四)十一月に完成した鉄骨構造の新太田工場は、活気に満ちていた。

工場とは別に、製作所の正面にタイル張りの本館があり、その三階に陸・海軍機の設計部の部屋があった。本館東側の階段を上り、設計室の東側の入口から入るとすぐ右側に図面を保管する一角があった。そこは創業時のメンバーである古株の奥井貞次郎が監督し、チョビ髭(ひげ)をはやした面倒見のいい秋山兵一郎(元海軍兵曹長)がいて、庶務の仕事をしていた。設計部で作成された図面は、この場所に保管され、カウンターで貸し出して持ち出すことになっていた。軍の仕事であるため、図面の借用はうるさかった。

設計室に入ると、すぐ左の南側が海軍機設計部の「親方」たちの席になっていた。三竹忍、明川清、福田安男、井上真六、松村健一、中村勝治といった管理職が並んでいた。

部屋を中に入って中ほどを過ぎると、右側に陸軍機設計部の「親方」たちの席がある。ここには、小山悌、森重信、西村節朗、松田敏郎、太田稔、青木邦弘、一丸哲夫、内田政太郎、百々義当などがいた。

技師たちの間では、たとえ上司であろうと課長とか部長などをつけて呼ばず、ニックネームか、「さん」づけで呼ぶのが常だった。中村勝治は次のように述べている。

「中島に入って驚いたのは、佐久間さんを『いっちゃん』、山本（良造）さんを『良さん』と紹介する。僕だって『かっちん』と呼ばれた。中村さんなんて言われるとだれのことかと思う。上も下もそうでした」（『中島知久平抄録』）

なにしろ大社長さえ、彼らは「知久平さん」と呼んでいたのである。ちなみに、内藤子生は「コンブ」、渋谷巌は「巌コル」、糸川英夫は「糸さん」と呼ばれていた。

このほか、技師たちが設計したあとを引き受けて図面化する製図手の古手である遠藤安男、河村仁衛門、古館清一、古参の竹内清重は制式機を担当していた。そのころの様子を飯野優は次のように書いている。

「糸川英夫さんが昭和九年に入社し、空力設計を担当しておられ、この様なそうそうたる剛の人達が論談風発して居られた。特に海軍設計首脳には東大航空工学科を出られた俊才が揃って居り、何れも血の気が多く、個性味溢れる豪傑揃いで、時には武勇伝もあった模様であった」（『飛翔の詩』）

事実、設計室の中で口論がエスカレートし、取っ組み合いの喧嘩が演じられることもあった。同じ設計部でも、旧制工業高校を卒業した製図手と、学卒の技師とは身分（役職）がはっきりと分かれており、前者は一つの課に数十人いた。いずれも図面のスペシャリストで、まだ年若い技師たちを側面からサポートしていた。

たとえば飯野が入社してすぐ所属した機体の脚油圧設計班には、古参の荒木三郎や下河春吉といった昭和八年に旧制工業高校を出た製図手もいた。入社したばかりで設計の実務などなにもわからないころから、飯野は設計班長として、ベテランの製図手が描いた図面に承認印を押す役目を果たさなければならなかった。

そのころ、キ19爆撃機の試作の基本構想が固まり、技術を導入したDC2型機の引込脚型式に多少変更を加えただけの、ほとんどコピーともいえる図面を、図面手の河村がさっさと描いて持ってきた。

「承認印をお願いします」

飯野は内容もよく理解できないまま、捺印（なついん）して次々と出図していた。そんなある日、藤森生産部長から電話がかかってきた。まだ駆け出しの上、当時は電話で話すこと自体、あまり経験がなかったし、しかも生産部長からだというのですっかり上がってしまい、応対はしどろもどろだった。

「お前が印を押した図面では、キ19の脚のクロモリ（クロム・モリブデン）鋼管溶接の枠の電弧溶接の溶接棒がクロモリと指定してあるが、クロモリの共鑞で溶接ができるのかッ。よく勉強しろ！」

えらい剣幕の雷が落ちた。飯野は中身もよく理解できていなかったため、冷や汗をかきながらひたすら「ご勘弁を」と電話ごしに平身低頭するしかなかった。

生産部長が入社早々の新入班長にヤキを入れるといったことが当時はよくあった。とくに藤森は親分肌の熱血漢で知られ、工場では部下を大声で叱り飛ばしていた。こうした人間が、現場には少なからずいたのである。

設計部内にも、計画図や各部分の図面をなんなく引いてしまう古株がいていばっていた。大学を出たばかりで、仕事がまだよくわかっていない技師たちは、彼らのご機嫌をとっておかないと仕事ができないし、覚えられない。ボーナスが出ると、技師たちは彼らによく連れ出され、おごらされたものである。

そんな新米技師たちが、一、二年もすると設計責任者の役を与えられたりして、のんびりしている間もないまま、戦力として本格的な設計をこなすようになっていく。

当時のエリートであった技師たちもさまざまだった。たとえば、仙台高工出身で、陸軍機設計部の大和田繁次郎部長は、色白の顔にニキビ跡のあばた面だったが、長身で髪はオールバックにきちっと整え、身体ぴったりの黒スーツに白のワイシャツ、黒の蝶ネクタイ、さっそうと歩く姿は見るからにダンディそのものであった。昼休みになると、本館玄関に敷きつめられた大理石の上で、タップ靴で軽やかなステップを踏む姿が見受けられた。

本館の周囲をおおう緑地では、糸川ら設計部の技師たちがゴルフのスイング論議を楽しんでいる姿も見られた。とくに糸川と小山が談論する姿はよく見受けられた。格闘空中戦（ドッグファイト）に造詣が深い小山は、身体をねじり、手のひらをひっくり返したりしながら旋回の真似をし、パイロットの意のままの舵の利く様子や機体運動について、若い糸川に少しでも多く伝授しようと、熱心に説明していた。

また、技師たちの中には釣師が何人もいた。彼らが住む足利は田舎町で、遊ぶところがなにもない。そこで、日曜日ともなると、ストレス解消とばかり、小山を先頭に、太田、百々、青木、飯野らはしばしば連れだって利根川上流の渓谷に分け入り、ヤマメやイワナ釣りに熱中した。

性能限界状態での苦闘

ところで、九七戦で陸軍の評価をいっそう高めた中島飛行機は、昭和十二年（一九三七）十二月、指名で新型戦闘機の試作命令を受けた。担当は小山課長以下太田、糸川、青木、百々らで、九七戦とほぼ同じ技術陣で臨んだ。

当初はキ43と呼ばれたが、陸軍に制式採用されてのちは「隼」と呼ばれるようになり、「加藤隼戦闘隊」の活躍で国民的な人気を博することになる。

だが、制式採用になるまでは、茨の道であった。九七戦の性能があまりにもよかっただけに大きすぎる期待をかけられ、それを上まわる性能を出さなければならず、設計陣は何年にもわたる苦労の連続だった。

すでに軽戦闘機の設計は限界近くまで達していた。だから、キ43の約半年後の五月十九日に計画要求書案が出された海軍の軽戦闘機十二試艦戦（のちの「零戦」）を設計する三菱の堀越二郎らの苦労も並大抵ではなかった。小さな馬力のエンジンでありながら、高性能を要求される軽戦闘機のため、設計者が取りうる選択の余地は少なく、結局のところ、外国がとても真似のできないほど徹底した軽量化を大前提にした極限設計を行なうしかなかったからだ。

日本軍の戦闘機は、この「隼」や「零戦」を境として、それまで日本の主流であった軽戦闘機から、重戦闘機へと方向転換していくことになる。その意味で、過渡期となったこのころの戦闘機の設計者たちは、これまでとは違った苦闘の道を歩むことになる。

第二章

戦争と航空機

エンジン国産化に向けて

航空エンジンのむずかしさ

エンジンは航空機の心臓である。どの国でもそうだが、航空機の性能アップ、そして非常時の増産にあたっては、いつもエンジンがネックになっていた。パネルやパイプのプレス板金加工、リベット打ち、溶接作業などが主体の機体生産は、組立作業を主体とした手仕事的な工程が多い。効率性を計算に入れなければ、比較的小規模の工場でも生産は可能である。

それに比べ、精密さが要求されるエンジンは、高価で特殊な工作機械を幾種類もそろえる必要がある。しかも、これらの精密機械を使いこなすためには、長年の経験をもった熟練工が必要となる。だからこそ中島知久平も、最初は機体の製作から出発し、七年経過したのち、東京瓦斯電気工業、川崎造船所、三菱などよりも遅れてやっとエンジン製作をスタートさせたのである。

大手のエンジンメーカーは、いずれも航空機以外の重機械工業製品をすでに手がけており、長年の経験と実績があったため、航空機用エンジンの生産に転用できる機械設備だけでなく、熟練工をも持っており、進出しやすかったのである。

日本の航空機技術の発展過程をみても、エンジンがいつも機体のあとを追いかけていくといった状態だった。機体生産に新規参入しようとするメーカーは次々と生まれても、エンジン生産はどこも不用意には手を出さなかった。

太平洋戦争当時、機体製造メーカーは、陸・海軍の航空廠のほか、十七社あった。そのうち中島、三菱の機体二社で全体の四五・九パーセントを占めていた。それに対し、エンジン製造企業は十社で、そのうち中島、三菱の二社が占める割合は六六・九パーセントと、機体よりもはるかに高率となっている。しかも、エンジンメーカーの場合、自社開発ではなく、この二社が開発したエンジンの委託生産を引き受けて生産だけを行なっていた企業が少なくない。戦前は、中島飛行機と三菱の二大エンジンメーカーが互いに競い合い、市場をほぼ独占していたのである。

そうした状況は、アメリカでも同様であった。日米開戦の年、『フォーリン・ポリシー・リポート』誌の一九四一年（昭和十六年）二月十五日号に発表されたJ・C・ディワイルド、G・モンスンの調査「アメリカの防衛経済」は、次のように指摘している。

「エンジンはこれまで航空機の製作におけるもっとも重大な結滞部位であったが、今後も当分解消されそうにない。国防計画が一九四〇年の夏の初めに着手されたとき、エンジン工場はすでに生産能力の九〇パーセントで仕事を行なっていたが、機体の生産はまだかなりの増産の余地があった。新たに製造設備の追加措置が図られたにもかかわらず、エンジン製造業は依然として追いついていない落伍状態である。（中略）もっとも重要な問題は、戦闘機用に必要な千馬力以上のエンジン生産量を増加させることである」

また海軍次官で、航空担当を長くつとめたデーヴィッド・S・インガルスは、一九三四年（昭和九年）二月十日のニューヨーク・タイムズ紙で次のように語っている。

「すべての困難はエンジンにあり、これが異種の部門であることについては、理由がある。その理由とは、エンジン部門に独占が存在していることであり、われわれがそれをどうすることもできなかったことである」

一九二〇年代から日米開戦の直前まで、アメリカの航空エンジンを独占していたのは、プラット・アンド・ホイットニー（P&W）と、カーチス・ライトの二社だった。両社とも日本のメーカー、中島飛行機、三菱重工とライセンス契約を結んで、技術供与していた。

一九二六年（大正十五年）以来、米陸軍の購入契約の九二パーセントが、競争入札によらずに決定されていた（米海軍もほぼ同様の九一・三パーセント）。そのため、両社の軍用エンジンは事実上独占価格になり、利益率は一般の航空機製造業の平均の八倍以上にものぼる極端な高値となって、膨大な利益をあげていた。

議会はこの利益率の高さを問題にし、その対策として、新規参入するメーカーを育てようとした。ところが、エンジン開発・生産の困難さ、競争力の問題から、どこも二の足を踏んで、議会の思惑(おもわく)どおりには進まなかった。しかし、日米開戦となり、絶対量を増やす必要から、政府の要請によって他のメーカーにも委託されることになったのである。

では、日本の航空エンジン生産はどうであったか。

海軍で一貫して航空機用エンジンに取り組んできた元技術中佐・永野治は、『航空技術の全貌』上巻に寄せた「日本の発動機技術発達の概観」の中で、次のように述べている。

「大正初期の我が航空の揺籃(ようらん)期にはエンジンはフランスに依存して其の製造技術の手ほどきを受け、つづいてイギリス、ドイツの技術導入が行われて模倣機の手習時代が続いたが、一九三〇年前後から自家設計の国産機の試作に成功し、(中略)此の頃アメリカの航空工業がめざましい発展を遂げて欧州を凌ぐようになって来たので、技術導入のポイントをアメリカに切り換え、一九三五年頃からは其の効果があらわれはじめ」た。

外国製のライセンス生産から

先にも述べたように、大正十三年（一九二四）二月、中島飛行機は東京府豊多摩郡井荻町上井草（現・杉並区）の畑地を買収して東京工場を建設した。設備された工作機械は百九十台、従業員数は八十名でスタートし、実際にエンジンの生産を開始したのは、大正十四年（一九二五）の秋からである。

中島知久平自身は、創業の当初からエンジン製作を企図していた。創業時には、海軍時代にエンジンを専門としていた栗原甚吾や佐久間一郎といった有力メンバーがいたが、それでもなおかつ着手を遅らせたのは、いくら精力的な中島知久平といえども、機体、エンジンの両方を同時スタートさせるのは資金面および技術面において至難の技であることをよく心得ていたからであろう。

昭和十年（一九三五）ごろまでの中島飛行機のエンジン生産は、機体と同様、外国の物真似や技術の導入を主体としていた。

機体設計のためにニューポール社のマリーとロバンを招請したのと同様に、エンジン部門でも、大正十四年六月、当時世界で評価の高かったフランス・ローレン社の技師モローが、ドモンジョ、ルゴックという二名の技術者を伴って中島飛行機にやってきた。前年五月にローレン社から製造権を買ったW型４５０の生産指導のためである。

続いて十二月三十一日、イギリス・ブリストル航空会社製空冷星型九気筒「ジュピター」のライセンス生産に踏み切った。

一方、翌大正十五年（一九二六）三月、東京工場長の中島喜代一は、二人の技師を伴って欧米航空工業の視察に出かけた。エンジン生産をスタートさせるにあたり、広く世界の実情を把握しておくのが目的だった。途中、一行はブリストル社に立ち寄って「ジュピター」の図面、治工具類を受け取り、二人の技師が日本に持ち帰って、生産準備を整えた。

それでもおぼつかないため、昭和二年（一九二七）六月、ブリストル社から生産指導のためバーゴイン技師らを迎え入れ、中島飛行機初の空冷星型エンジン「ジュピター」6型の試作を開始した。

当時、偉才ロイ・フェッデンによって設計された「ジュピター」は一世を風靡（ふうび）し、欧州七ヵ国でライセンス生産されていた。徹底的な軽量化設計がなされ、すみずみまで行き届いた部品の仕上り状態に、中島飛行機の技術者たちは目をみはりながらも、バーゴインらの生産指導を通して一つ一つ学び取っていった。

気位が高く、厳格なバーゴインは、典型的なイギリス紳士で、帝国ホテルを宿舎とし、井草の東京工場まで電車で通っていた。まだ田園風景がそここに残る東京工場と最寄りの西荻窪駅との間にタクワン屋があって、周囲にぬかみその臭いを放っていた。日本人にはなんともないタクワンの臭いも、バーゴインには我慢がならなかった。

この臭いを徹底的に嫌った彼は、電車を一つ手前の駅で降りて、わざわざ大まわりして通うほどだった。それ以前に来日したローレン社のモローが、工場近くの民家に下宿し、畑の臭気など気にもせず、日本の風土になじんでいたのとは対照的であった。予定の滞在期間を終え、バーゴインらは昭和三年（一九二八）六月に帰国した。

当時、中島飛行機が行なった外国製エンジンのライセンス契約は次のとおりである。

(1) ローレン社（仏）製W型四百五十馬力（大正十三年五月）
(2) ブリストル社（英）製「ジュピター」（昭和元年十二月三十一日）
(3) ローレン社（仏）製500（九百馬力）水冷（昭和三年三月十六日）
(4) ファルマン社（仏）製減速装置（昭和四年七月十二日）
(5) P&W社（米）製「ワスプ」C型、「ホーネット」A型（昭和四年十二月十一日）
(6) ブリストル社（英）製「マーキュリー」（昭和五年五月二日）
(7) カーチス・ライト社（米）製「サイクロン」R1820F（昭和九年四月五日）
(8) グノーム・ローン社（仏）製「ミストラル・マジョール」K14（昭和十年一月一日）

昭和の初めごろまで、日本の各航空エンジンメーカーはどこも外国の優秀なエンジンを買い入れ、分解し、スケッチして、真似て作ることからはじめていた。いまなら特許権侵害になるところだが、極東の片隅にある後進国日本は、欧米諸国からそれほど注目されてもいなかったため、特別に問題とされることもなかった。

この手法は、エンジンを覚え、それに慣れ親しむといった意味で、新入技術者の教育も兼ね、手ごろな仕事であった。スケッチするためには、製品の細部まで自分の目で観察し、理解する必要がある。こうしたことを通じて、構造、寸法、精度など、おのずと覚えることになる。

ところが、単に書き写すだけの物真似でしかないとも思えるこの作業を、学卒の新入技術者はバカにし、敬遠する傾向があった。大正十五年（一九二六）、東北帝大を卒業して入社した永瀬中也と中島知久平との間で、こんなやり取りがあった。

「ローレン社のエンジンのスケッチをやりたまえ」

「スケッチ作業は学生のときにずいぶんやってきましたから、会社に入ってまでしなくてもいいと思いますが」

「君は髭が濃いので、毎朝ひげを剃るとき、鏡に自分の顔を映すだろう？」

「はい」

「それなら紙に自分の顔を描いてみたまえ。毎日見ている顔だけれど、なかなか描けまい。スケッチも同じで、作業して初めて製品の特徴がわかるものなんだ」

中島にそう指摘されて、永瀬は「なるほど」とは思ったが、黙って引き下がるのも癪なので、重ねて反論した。

「所長、鏡というのはだめです。右と左を反対に映しますから」

たとえ新入技術者であっても、上司に対して自由にものをいう――中島飛行機ならではの気風も伝わってくるが、その一方で、当時の日本の航空エンジンメーカーがいかに外国製エンジン一辺倒であったかを物語るエピソードでもある。

国産エンジン「寿」の誕生

そんな日本のエンジン工業も、昭和五年（一九三〇）に東京瓦斯電気工業が「神風」「天風」を完成させたことから、国産開発に勢いをつけた。

中島飛行機は、ブリストル社からの技術導入に続いて、昭和四年（一九二九）十二月、プラット・アンド・ホイットニー社製「ワスプ」C型の製造権を購入した。そして、第五番目のエンジン「ＮＡＨ」（社内の呼び名）の設計にとりかかった。それ以前に次々と失敗を重ねてきていたため、もはや軍が要求する期限まで余裕がなく、設計から試作完成まで半年間というきびしいスケジュールだった。しかも、今度こそ失敗は許されない。

そうした場合、常套手段として、「堅実主義、簡明主義を貫かざるを得ない。またローレン、ジュピターのライセンス生産で修得した、生産技術力の範囲内で手の届く設計としたのである」（『中島飛行機エンジン史』）。早い話が、「ワスプ」「ジュピター」という二つの外国製エンジンのいいところだけを拝借して、折衷型のエンジンを作ったのである。このエンジンは、「ジュピター」の「ジュ」を借りて、「寿」と命名された。

設計段階では常に理論的明確さが要求されるが、中島飛行機には、「あとで修正の利かない重要寸度を決める場合でも、案外〝一割り増し〟とか〝足して二で割る〟方式の経験則による素早い決定が時として行なわれた。これは中島の〝理屈より前進〟を尊んだ風習の表われでもあった」（前掲書）。

中島飛行機には、創業のころから、トップから号令のかかった仕事には全員が夢中になって取り組む職人気質があり、「あの部品は一晩でおれが作った」とか、「二日連続で徹夜して作った」などと、互いに自慢しあう光景もよく見られたという。

そんな具合にして、「NAH」の試作第一号機は予定どおり、昭和五年（一九三〇）六月に組み立てが完了した。夏には耐久運転審査も終わり、秋には九〇水上偵察機（水偵）に装備されて飛行実験が行なわれるほどの順調さだった。

設計者たち自身も驚くほどトントン拍子に進み、「寿」1型、「寿」2型として、昭和六年（一九三一）十二月二十二日には、海軍の制式兵器に採用されることになった。量産型第一号は、翌七年（一九三二）三月三十日の年度ぎりぎりになんとか海軍に納入することができた。

「寿」1型の完成により、中島飛行機は自信をつけたが、エンジン製作はそれほど簡単なものではなかった。日ごろから洗練された外国製エンジンを見慣れている海軍の関係者は、「寿」を「百姓エンジン」と呼んだ。頑丈で頼りにはなるが、どことなく垢抜(あかぬ)けしないゴツゴツしたぎごちなさがあったからである。エンジン製作に手を染めてわずか五、六年、それも外国の二種類のエンジンを折衷したエンジンでは、致し方のないところだった。

それでも「寿」は貴重な国産エンジンということで、その後、パワーアップや改良が続けられ、3型、5型、40型、41型などが作られたが、これらの中には、5型のように重量が重くなりすぎた失敗作もあった。

「寿」シリーズは、九〇艦上戦闘機(艦戦)、九〇水偵、九六艦戦などに搭載され、昭和十八年(一九四三)までに、陸・海軍合わせて七千台以上も生産された。

「金星」と「光」の競い合い

そのころ海軍の広工廠では、イギリスのローレン四百五十馬力から脱皮して、九〇式六百馬力、同八百馬力、九一式五百馬力、六百馬力といった新鋭機を生み出していた。山本五十六(いそろく)らの航空機国産化を強力に押し進めようとする方針に応えた意欲的な取り組みだった。

一方、「三菱では当時既に十五年の古い歴史もさっぱり光彩を放たず、時代遅れのヒスパノ・エンジンの生産に沈淪しているかのように見えた」（『航空技術の全貌』上）といわれているが、実際のところ、同社はヒスパノ社、アームストロング社からの技術の導入によって、力を養っていたのである。それが証拠に、昭和四年（一九二九）に十四シリンダーの空冷エンジンA1を製作し、当時としてはこのクラスで世界最高の一千馬力を出して、「エンジンの三菱ここにあり」と内外に示した。

勢いづく三菱は、引き続き昭和七年（一九三二）、同じ十四シリンダー空冷のA4型を完成させ、さらに二年後には、これらを「金星」1型、2型と命名して、海軍に採用された。のち、カーチス・ライト社の「サイクロン」エンジンやグノーム・ローン社14Kの設計を取り入れ、これにヒスパノ社から学んだナトリウム冷却弁を採用して「金星」を一新させ、同3型を完成させた。

要するに、三菱の深尾淳が世界の代表的なエンジンを輸入し、それらのいいところを徹底的に学び取り、総合して作り上げたのが「金星」だったのである。

中島飛行機も負けてはいなかった。

昭和九年（一九三四）に佐久間らが渡米し、カーチス・ライト社から「サイクロン」R１８２０Fの製造権を購入、図面を手に入れた。「サイクロンR－１８２０F丸写しのライセンス生産は行わず、既存の『寿3型』を本格的にサイクロン化する作業に入り、１６０×１８０のサイクロンを作り上げた」（『中島飛行機エンジン史』）のが

「光」である。

「金星」より軽量設計だった「光」系エンジンは、海軍の九五艦上戦闘機、九六艦上攻撃機、九六艦上爆撃機、九七艦攻1号、陸軍の九三双発軽爆撃機、九四偵察機、九七司令偵察機などに搭載された。

それは昭和十五年（一九四〇）までに二千百台が生産された。その結果、三式戦闘機に搭載された「ジュピター」以来、「寿」「光」と続く九シリンダー空冷エンジンを製作したことによって、中島飛行機は海軍戦闘機用エンジンのほとんどを独占するまでにいたったのである。

その後、三菱は「金星」にさらに改良を加えて中島飛行機に迫るが、このようにして二社が互いに競い合い、より高い性能のエンジンを目指して力を注いでいたそのころが、日本のエンジン技術の飛躍の時期であると同時に、自立に向けた基盤固めの時期でもあった。

カーチス・ライト社への技術者派遣

中島と三菱との競争が激しくなる一方、軍からの要求も、より高度になっていった。そこで、中島飛行機はさらなる飛躍を狙って、当時、世界的に評価の高かったエンジン、「サイクロン」R１８２０Fを製作したアメリカのカーチス・ライト社からの技術導入を図ったわけだが、「サイクロンの契約の場合は、ライト社から技術者を招いて生産技術の指導を受けたものではなく、中島から技術者をライト社に派遣し、現地での実際研修を通して技術を修得したところに特徴があった」（前掲書）。

昭和九年四月五日に締結されたライト社とのライセンス契約書には次のように書かれている。

「サイクロンR－1820Fの製作、組立、取扱を見学し、技術を修得するため五人以内の技術者または職場代表者をライト社に受入れる」（前掲書より）

この条項は、中島側が強く希望して盛り込まれることになったものである。それまでは相手会社から外国人技術者を招請して、こまごまとしたところまで丁寧に指導してもらっていた。そこまで指導を仰がないと、生産にこぎつけることができなかったのである。

それに対し、日本側から技術者を派遣して行なう技術修得では、自分たちが必要とする技術を、自主的な判断で学んでくることができる。どれだけのことを修得できるかは、派遣された技術者の能力と意欲にかかっている。

それとは別のメリットもあった。単に製造権を買ったエンジンに関する技術や製造方法だけを学ぶのではなく、カーチス・ライト社が世界に誇る最新鋭の生産設備、工場組織、生産管理形態などを実際に目にすることができるという点だ。しだいに力をつけてきた日本の航空エンジン企業も、近い将来に予想される大量生産時代に対応するための工場作りに向けた、総合的な技術の修得が必要だった。

そうした目的とは別に、中島飛行機の社内事情もあった。

「中島から技術者派遣の契約は中島の希望で成立したもので、当時中島は荻窪製作所(東京工場)にライト社の関係者を受け入れたくない事情があったものと考えている」(前掲書)

これ以前、海軍が掲げた自立化計画は昭和七年(一九三二)ころから本格化するが、昭和十年(一九三五)ごろともなると、航空機各社はそれまで、欧米各社からの技術導入でつちかった技術を基礎に、独自国産が結実しはじめる。

やがては、昭和十年代前半に完成する九七戦や「零戦」などの、日本独自の高性能機を生み出すことになる。

中島飛行機でも、こうした趨勢(すうせい)に対応するため、昭和八年(一九三三)ごろから、学卒の技術者を多く採用しはじめ、設計部門に重点配置して強化を図った。こうした自立化に向けた動きを欧米メーカーに察知されたくないこともあって、エンジン設計部のある荻窪製作所には、ライト社の関係者を受け入れない方針とした。

それはともかく、カーチス・ライト社におもむいての技術習得には、東京工場支配人の佐久間一郎が自ら渡米して、ことにあたることになった。それと、もう一つ、ダ

ダグラスDC2型機

グラス社から購入した輸送機ＤＣ２型を一機、引き取る仕事もあった。佐久間に随行したのは、荻窪製作所の武内武夫鋳物工場長、それに、前年、東北帝大金属工学科を海軍の選科学生として卒業したばかりの海軍航空廠発動機部の工手・清岡鐘一、同発動機部組長の胡谷東一の三名だった。日米関係が悪化していない時期とはいえ、米航空（軍需）工業の中核を担うエンジン工場への日本帝国海軍の技術関係者の立ち入りは許可されない可能性が十分あった。そのため、あとの二人は身分を偽り、中島飛行機の社員になりすまして渡米したのである。以下、加藤勇著『佐久間一郎伝』によって、経過をたどってみよう。

昭和九年五月十七日、横浜を豪華客船・秩父丸の一等船客として船出し、太平洋航路でハワイに寄港したのち、二十日間を要してサンフランシスコに到着した。佐久間にとっては、十四年前に上海に行ったとき以来の外国旅行だった。

サンフランシスコから列車に乗り、最初の目的地であるダグラス社の工場があるロサンゼルスに向かった。到着した駅には、以前、日本にきたことのあるバートランディアス操縦士が出迎えていた。しばらく車にゆられ、ダグラス社の工場に到着した。隣接した飛行場に、中島飛行機が購入したDC2型機がすでに翼を休めていた。

旅の疲れも見せず、一行はさっそくDC2に乗り込み、ダグラス側の検査員とともに試験飛行することになった。中央の通路を挟んで、両側二列のシートが並んでいるこの双発機は、エンジン音を響かせながら滑らかに滑走し、離陸した。

二千メートルの高度で水平飛行に移り、片方のエンジンを停止させて垂直板を調節し、直線飛行を試みた。昇降テストのほか、さまざまなテスト飛行を行なったが、結果は上々だった。

佐久間は、日本の技術よりはるかに優れている輸送機の素晴らしさもさることながら、上空から見下ろすアメリカの巨大さに感心していた。飛び立った飛行場の広さ、とまっている飛行機の数の多さ、走る自動車の数の多さ……。彼を驚かせたのは、それだけではなかった。機内に装備されたラジオビーコンによって電波を受信し、その発信地の方向に向かって飛べば、航路を間違うことはないという。

ダグラス社にくるときに乗せてもらった自動車の中に音楽が流れていた。佐久間が尋ねると、自動車にラジオがセットされていて、走りながら電波を受信しているのだという。その当時、日本にはまだカーラジオがなかった。それにすら驚いていたのだから、機内のラジオビーコンに驚嘆させられたのは当然だろう。

そのころ、ちょうどサンフランシスコのゴールデンゲートブリッジが建設中だった。長さ千二百八十メートルの大吊り橋が、ひと抱え以上もある太いスチールワイヤーで吊られ、それをたった二本の巨大な支柱で支えている。そんな方式の橋など、日本ではお目にかかったこともなかった。

ところで、バートランディアスの妻は、元ハリウッドの女優だった。ビバリーヒルズにあるバートランディアスの自宅からは、ロサンゼルスが一望できた。佐久間らはバートランディアス夫人の案内で、ハリウッドの映画スタジオを見学させてもらった。ちょうど崖の上から本物の自動車を落下させるシーンを撮影中だった。

「たかが映画を撮るのに、本物の自動車を壊してしまうとは、アメリカはなんとぜいたくな国なんだろう」

そうしたことの中に、佐久間はアメリカの経済力の巨大さを思い知らされた。

ただ、当時、アメリカは一九二九年（昭和四年）の世界恐慌以来の不景気にあえいでおり、前年、大統領に就任したフランクリン・ルーズベルトがニューディール政策によって公共事業を積極的に進め、四百万の失業者に職を与え、国全体を活気づかせようとしていた。それでもアメリカは、佐久間らの目には、日本とは比べものにならないくらい豊かな国に映った。

ニューヨークに向かう途中で立ち寄ったグランドキャニオン、ナイアガラの滝では、アメリカ大陸の自然の雄大さに感嘆し、開催中であったシカゴ万国博覧会では、日本よりはるかに先を行っている世界の科学技術の現状にも驚かされた。

この渡米の第一目的になっていたカーチス・ライト社のエンジン工場は、ニューヨークからバスで南へ約五時間、ニュージャージー州パターソンにあった。技術者三人はこぢんまりとしたアレキサンドリア・ホテルを宿としてカーチス・ライト社の工場に通い、それぞれに分かれて実習、「サイクロン」エンジンに関する技術の習得に努めることになった。

工場に案内された清岡はまず、その規模の大きさに驚かされた。なにしろ、鋳物工場をひとつとっても、日本の十倍くらいの広さがあったし、生産台数は日本の二、三十倍もあった。工場周辺に広がる駐車場には、数多くの通勤用の車が並んでおり、そんな光景など、日本のどこでもお目にかかったことがなかったからである。生産ラインは流れ作業による量産体制が敷かれ、品質が一定であり、マニュアルに基づく作業手順がきちんと定められていて、清岡のように経験の浅いものにもわかりやすく整備されていた。

「わからないこと、知りたいことがあればなんでも聞いてくれ」

先方の担当者は好意的で、予想していたよりはるかに開放的だった。しかし、清岡は日米のあまりの格差に、しばしば考え込んでしまったという。

一方、武内は鋳造機械の購入を主な目的としていた。機械メーカーをまわって、片っ端から買い込んだ。帰国したあと、カーチス・ライト社の工場を模範にした荻窪エンジン工場の作り替えを予定していたからである。

佐久間はニューヨークに滞在し、カーチス・ライト社には、必要に応じて出向くことにした。

最高級ホテルに居を構え

ところで、彼らがカーチス・ライト社に到着したころは、アメリカの航空機企業が外国との関係にこれまでになく神経をつかっていた時期である。中でもカーチス・ライト社はきびしい状況にあった。というのも、佐久間らがアメリカに到着した翌日の一九三四年（昭和九年）五月二十八日、長い論争の末、米議会が「一定の状態のもとで、合衆国における兵器あるいは軍需品の販売を禁止する共同決議案」を通過させていたからである。

かねてから米国民の批判が高まっていた米航空機企業による外国への軍需品の輸出に対して、なんらかの制限措置を講ずるべきだとの声を反映したものである。議案が可決された日、カーチス・ライトを構成する三社と二人の役員が、この決議に基づき、中立通商禁止を犯したというカドで刑に服することが決定したのである。

こうしたアメリカ側の複雑な事情の中で、佐久間は、技師や工員らと違って、世の中の動きをもっと広く見聞し、見識を深める必要があった。

カーチス・ライト社とのライセンス契約は三井物産を通して行なわれていたため、ニューヨークに着くと佐久間はさっそく、挨拶のために三井物産ニューヨーク支店を訪れた。世界一高いエンパイヤ・ステート・ビルの三階に一室を構える三井物産ニューヨーク支店には、のちに国鉄総裁にもなった名物男・石田礼助がいた。

石田は、満州・大連（現・中国東北部旅大）での大豆買い付けに手腕を発揮し、その実績が買われて、昭和五年（一九三〇）からニューヨーク支店長をつとめるようになっていた。三井物産は機械や金物、雑貨などの取引をしていたが、中でも日本の生糸輸出の三分の一、アメリカの錫輸入の二六パーセントをあつかっていた。

戦争を挟んで四十五年間、三井物産ニューヨーク支店につとめたR・I・デュハルメは、その間に仕えた十四人の支店長の中で、石田は「もっとも強い男だった」と称し、次のように回想している。

「朝、ミスター・イシダが来ると、全員たち上がらんばかりのふんい気でした。ミスター・イシダは何か明らかに不満があっても、大声出したりしない。怒りを内に溜めていて、なぐりはしないけど、こちらはなぐられた感じがした」（城山三郎『粗にして野だが卑ではない』）

佐久間がオフィスに入って挨拶をすると、石田はいきなり、ひどい剣幕でまくしたてた。

「アメリカのやつらは人をバカにしている。けしからん！」

「なぜ、そんなに腹を立てているのですか」

「体の具合が少し悪いので医者に行ったら、目の玉が飛び出るほど金を取られたんだ」

体はいたって丈夫、豪放な人間で知られた石田は、ほとんど医者にかかったことがなかった。だから、アメリカの医者が金持ちの患者からは多額の治療代を請求することを、身をもって体験してはいなかったのである。

佐久間は次に、日本海軍のニューヨーク駐在武官事務所に、旧知の間柄だった所長の桜井忠武大佐を訪ねた。

「おい、佐久間、アメリカをよく見たか。ざまあ見やがれ。日本がこんなに後れたのは、お前たちが悪いんだぞ」

桜井はからかうような口調で佐久間を挑発した。おりしもニューヨーク沖で行なわれた米海軍の観艦式に参加した軍艦が、ハドソン河に数十隻も停泊していた。桜井は彼らの進んだ装備をいやというほど見せつけられたばかりだった。桜井がもっとも注目したのは、航空母艦だった。レキシントン、サラトガ級の空母や戦艦には、いずれもカタパルト（飛行機の発射台）が装備されていて、飛行機が積まれていた。佐久間の顔を見てついぼやきが出てしまったのも無理はなかった。

佐久間も負けじとやり返した。

「中島知久平社長は、昔からことあるごとに、『大艦巨砲主義は時代遅れだ』と訴え続けてきた。それを受け入れなかったのは君たち海軍のほうじゃないか」

「まあ、そう怒るな、怒るな。それより、中島の重役さんなのだから、くれぐれも安宿なんかには泊まるなよ」

アメリカでは、極東の島国である日本は文明国とは考えられておらず、さげすむ風潮が強かった。移民した日本人も、アメリカ人から好意的な目で見られてはいなかった。桜井の忠告にしたがって、佐久間はニューヨークの中心街にあるマッカルピン・ホテルに宿をとった。一泊七ドル。ちょっとしたホテルでも一泊一・五ドルから二・五ドル程度だったことからすれば、最高級の部類だったといえよう。

テイラー・システムとフォード・システム

アメリカ滞在での佐久間の最大の収穫は、日本にはまだほとんど導入されていない新しい生産管理・工場管理方式を、自分の目で確認することができたことだった。

そのころ、機体を作っていた太田工場で大幅な拡張工事が進められており、完成すれば東洋一の規模といわれていた。機体工場が拡張されれば、当然、搭載するエンジンの生産量も大幅に引き上げる必要が出てくる。その意味でも、カーチス・ライト社の生産管理方式は、佐久間の目を奪った。

これを中島飛行機に導入すれば、生産は飛躍的に向上する——彼は合理的な生産方式、管理方式の見学と情報入手につとめた。なにしろ、当時の日本ではなお、優秀な職人をたくさん育てることで生産性を高め、品質のよいものを製作するといった、個人の腕に頼る考え方が支配的だった。

佐久間が第一に注目したのは、「猛烈に創造的な技師」といわれたフレデリック・W・テイラーが考案したテイラー・システムと呼ばれる生産管理方式だった。それは「出来高払いによる賃金制度」とも呼ばれていた。一八九〇年代ごろから導入されはじめ、飛躍的に生産性が向上することから、機械工業だけでなく、さまざまな業種にも普及していた。

作業動作を細かく細分化し、一つ一つの動作に費やす時間を計測する。それに基づき、標準時間を設定して基準賃金を設定する。短い時間で多くの仕事をこなせばこなすほど、その分だけ基準賃金を上まわる多くの報酬が得られる。この制度の導入によって、労働者は勤労意欲をかきたてられ、アメリカの生産性は飛躍的に上昇したのである。

日本では「科学的管理法」と呼ばれたが、欧米とは労働に対する意識、工場組織あるいは管理方式の違いなどから、日本の一部の企業で導入されるようになったのは、戦後になってからである。

さらにもう一つの収穫は、フォード・システムによる工場の流れ作業が普及していることを、目のあたりにしたことだった。カーチス・ライト社では、テイラー・システムとフォード・システムがミックスされた形で採り入れられ、エンジン生産が行なわれ、中島飛行機とは比べものにならないほどの短時間で、しかも整然と計画的に生産が行なわれていた。これには佐久間も舌を巻いた。なにしろ、そのころのカーチス・ライト社の航空用エンジンは年産数千台、それに対し、中島飛行機のそれは年産四百二十台（昭和九年）でしかなかった。

「機体製作には流れ作業にならない部分もあるが、かなりは適用できる。しかし、エンジンはそれ以上に適用できるはずだ。第一、カーチス・ライト社では実際に行なっているではないか」

佐久間は、新しいものを見るたびに、中島飛行機にはどのような形で適用するかに思いをめぐらせた。帰国後のことを考えると、夜も寝られないこともしばしばだった。

彼はカーチス・ライト社の工場見学だけでは満足できず、フォード・システムの本場、デトロイトの自動車工場にも足をのばした。そこで彼が目にしたものは、カーチス・ライト社よりもはるかに大規模な流れ作業の生産ラインだった。短時間に次々と生産される自動車の数に驚かされるとともに、原価管理をはじめ、生産のすみずみまで管理され、標準化、専業化された合理的なベルトコンベアのラインに、ただただ感心するばかりだった。

彼はすっかりこの新しい生産管理方式のとりこになっていた。ニューヨークにくる途中で一度見たシカゴ万博に再び足を運び、今度は丹念に見入った。自動車の組立生産方式や、日本では量産がむずかしいとされていた鍛造の新しい方式である型鍛造などは、とくに熱心に見学した。

こうして七ヵ月にわたるアメリカ滞在で、精力的に各地をまわった佐久間も、いよいよ日本に帰る日がやってきた。ほかの三人は研修を終え、すでに帰国していた。カーチス・ライト社では、佐久間のためにゴルドン副社長が送別会を開いてくれた。

英語が達者でなかった佐久間は、その席で感謝の挨拶をした。

「お礼にふさわしい、いい言葉があったら英語でいいたいのですが、知らないので残念です」

この率直な言葉に、ゴルドン副社長はいった。

「それは違う。君が日本からきたので、私のほうが日本語で接待すべきなのだ。しかし、私は不幸にして日本語を知らない。真実は言葉ではない」

相手の気持ちを配慮するその言葉に、佐久間は感動した。

カーチス・ライト社に別れを告げた佐久間は、ニューヨークを飛び立ち、ロサンゼルスに向かった。夜の十一時ごろ、経由地のカンザスシティに着陸したとき、若い娘たちが飛行機に押しかけてきた。

「なんだろう、こんな遅くに」

周囲を見まわし、乗客の中に映画スターがいることがわかった。娘たちは先を競って、そのスターにサインを求めて殺到していたのである。人垣の合間から見えたのは、佐久間もよく知っていたゲーリー・クーパーだった。これもまた、アメリカを象徴する一つの光景であった。

戦時体制への傾斜

強まる陸軍の力

昭和九年（一九三四）九月二十日、佐久間一郎は七ヵ月にわたるアメリカ旅行を終えて横浜港に到着した。

この年は、内外の情勢が大きく変化しつつあった。

八月十九日、ドイツではヒトラーが大統領と首相の職を兼ね、総統に就任していた。一方、アジアでは、中国の権益をめぐる日米間の対立が表面化し、緊張がしだいに高まりを見せていた。

日本国内の政局も安定さを欠き、とくに満州をめぐって、陸軍の横暴な行動が目立つようになっていた。そうした状況を反映して、思想統制、弾圧がきびしさを増し、社会状況も左右の対立が一段と激しさを増しつつあった。

産業の分野では、中島飛行機のライバルである三菱グループの動きが活発化していた。この年の四月、三菱造船が三菱重工業と改称し、さらに六月には三菱航空機と合併した。満州国への大規模な進出がいっそうさかんになるにおよび、軍部からの発注量の増加を見越して、総合重工業としての体制強化を図っていた。

帰国した佐久間はさっそく、アメリカでつぶさに見聞してきたフォード・システム、テイラー・システムの東京工場への導入を計画した。

「日本は技術においても生産の規模においても、あまりにも米国に劣っている。これを導入しなければ米国に対抗できないことは明らかだ」

彼の主張は、陸軍関係者にとっては、あまりにも冒険であり飛躍しすぎると映った。

「佐久間はアメリカにかぶれて帰ってきた」

東京工場の陸軍の監督官は、強硬に反対した。海軍も多少の危惧(きぐ)を抱いていた。彼らは、流れ作業の導入が労働強化につながり、ひいては、全国各地で頻発している同盟罷業(ひぎょう)（ストライキ）を誘発するおそれがあると見たのである。

前年八月、三菱航空機名古屋製作所で、臨時工の無手当解雇に端を発した労働争議が勃発し、一週間以上にわたって労使双方が対立した。そのほか、東京市電、大蔵映画、武蔵野鉄道、大阪鉄工所など全国の九百四十二組合（三十八万四千六百十三人）で争議があり、同盟罷業の件数も五百二十五件（三万五千八百八十人が参加）にのぼり、小作人組合の争議も戦前最高の四千八百十件に達した。

また、海軍の兵器を製作している大阪機械製作所で発生した争議は、争議団九百人が二ヵ月間にわたって高野山に立てこもり、その模様が新聞に大々的に報道された。

佐久間が帰国した九月にも、東京市電が赤字解消のために行なった一万人余の首切りに対し、同盟罷業が十二日間にわたって行なわれ、東京市の機能がマヒ状態におちいった。

「佐久間の流れ作業導入案は、あまりにも慎重さを欠いた楽観的な見方すぎる」との批判の背景には、そうした時代状況もあったのである。

一方、佐久間の考え方は、渡米中にカーチス・ライト社でも起こったストライキに対する労使の対応の模様からして、「同盟罷業はそれほど恐れることはない。労使双方の話し合いで解決が可能である」というものだった。

もっとも、意見の食い違いは、流れ作業のことだけではなく、東京工場の開設のときからくすぶっていた事情もあった。軍からの注文が売り上げのほとんどを占める軍需生産企業では、上層部に軍から一定人数の天下りを受け入れるのが慣例となっていた。それは、当然のことながら、社内の派閥形成につながる。中島知久平の命を受け、若くして支配人となった佐久間に反感を抱く勢力がいてもおかしくなかった。

ちょうど陸軍が力を持ちはじめ、いたるところで発言力を強めつつあるときだった。工場には、陸軍からの監督官として、一人の大尉と二人の少尉が常駐していた。彼らが陸軍航空本部の上層部を動かし、佐久間の排撃を画策したのである。

ついに、陸軍は中島知久平に対し、佐久間の辞任要求を突きつけた。うしろ盾となるべき中島にしても、昭和十一年（一九三六）に発生した二・二六事件ののちに発足した広田弘毅内閣から入閣の交渉を受けたが、陸軍の一部からの反対で実現しなかったといういきさつがあった。

もともと国家の軍備拡大政策に沿う形で急成長してきた航空機企業が、軍部との深い結びつきと強力なバックアップを前提として成り立っていたことは紛れもない事実である。ましてや三菱、川崎といった財閥系と違って、中島飛行機の基盤は脆弱（ぜいじゃく）である。得意先であり、売り上げのほとんどを依存している軍部の意向を全面的に突っぱねるわけにもいかなかった。

そこで、対応に苦慮した中島は、佐久間に命じた。

「ほとぼりが冷めるまで、家族を連れてしばらく外国へ行ってろ」

自動車への進出を考える

昭和十一年（一九三六）七月、佐久間は単身、ヨーロッパに向けて旅立つことになった。出発を前に中島知久平のところに挨拶にいったところ、こういいわたされた。

「陸軍の態度が変わらないと、東京工場には戻れないおそれもある。そのときのことも念頭に置いて、航空機産業だけでなく、自動車産業もよく見ておくように」

フォードやゼネラル・モーターズが日本進出の機会を狙って、すでに京浜地区に広大な工場用地を確保していた。佐久間がデトロイトで見たように、アメリカの自動車メーカーと、ヨチヨチ歩きをはじめたばかりの日本のメーカーとでは、規模があまりにも違いすぎていた。当然、生産コストの面でも競争にならず、国産メーカーの事業意欲はいまひとつ盛り上がりに欠けていた。

しかし、軍需物資や兵員を輸送する手段として、自動車は不可欠である。とくに広大な満州を含む中国大陸では、大量の自動車を必要としていた。そこで、外国の自動車メーカー、ことにアメリカの巨大企業に支配されることをおそれた軍部の意向で、この年五月、自動車製造事業法が公布された。自動車製造事業を政府の認可制とすることによって、外国メーカーの進出を事実上阻止し、国産車育成、保護を図ろうとしたのである。

昭和八年（一九三三）十二月二十六日、日本産業と戸畑鋳物が共同出資し、戸畑鋳物の自動車部を継承する形で自動車製造株式会社を設立させ、社長に鮎川義介（あいかわよしすけ）が就任した（翌昭和九年六月、日産自動車と改称）。そして、日本に進出しようとしていたアメリカのグラハム・ページ社から買収した工場設備によって、昭和九年（一九三四）十二月から小型自動車ダットサン（七百二十二CC）の量産を開始する。

かねてから自動車の生産を行なっていた豊田自動織機製作所も、このころから自動車部門の強化を図りはじめていた。そして、昭和十二年（一九三七）八月二十七日、自動車部門を独立させ、愛知県挙母町（現・豊田市）にトヨタ自動車工業を設立した。

こうした自動車産業界の動きを、中島知久平は的確に把握していた。戦後、主流となった回転運動を原理とするジェットエンジンと違い、戦前のレシプロエンジンと自動車エンジンとは、共通する技術も少なくなかったことから、中島は自動車部門への進出も考えていたのである。

そうした構想も念頭に置いて、中島は佐久間の東京工場での地位はそのままにし、外国視察の名目で旅立たせたのである。当然、佐久間の給料は留守を預かる家族に支払われ、当人には旅費や宿泊費などの実費のほか、一日五十円もの日当が支給された。

緊張高まるヨーロッパ情勢

佐久間はかねてから、「死ぬまでに一度でいいから、世界一周の旅をしてみたい」と考えていた。アメリカに渡り、日本では考えられないようなさまざまなものに接し、大いに刺激されていたため、その思いはなおいっそう募っていた。

そこで、シベリア鉄道を使う最短ルートより、インド洋まわりの船旅を選んだ。そうすれば、アジア、中近東、地中海に面したいろいろな国々を見物することができるし、帰りをアメリカ経由にすれば、七つの海を渡ることになり、文字通り世界一周の旅になる。

諏訪丸の一等船客となった佐久間は、家族だけの見送りを受けて、神戸港をあとにした。帰る日の定まっていない旅であった。

途中、上海、香港、ハノイ、シンガポール、ペナン、コロンボ、アデン、ポートサイドなどの各港に寄港した。補給のため、数日停泊することもしばしばで、そのため、ゆったりと各地を見物することができた。

九月一日、マルセーユに到着したものの、佐久間にはとくにこれといった行き先もなく、とりあえずは三井物産本社の紹介を得ていた同社のベルリン支店に向かうことにした。その後、ベルリンの下宿を本拠にして、ドイツ国内を皮切りに、スイス、イタリア、チェコスロバキア、フランス、イギリス、ベルギー、オランダ、スウェーデン、ノルウェー、デンマーク、ハンガリーなどを次々とまわった。翌年の三月までに彼が足を踏み入れた国は計十二、訪れた都市は三十以上に達した。

ところで、前年の一九三五年（昭和十年）三月十六日、ドイツはベルサイユ条約軍備制限条項を破棄して徴兵制による再軍備を宣言していた。ナチスによるドイツ支配が決定的になるにおよび、ヨーロッパはドイツを台風の目として一段と緊張の度を高めていた。そして、この年、「世紀の祭典」と称したベルリン・オリンピックを終えたばかりのヒトラーは、世界にその力をいかんなく誇示し、国内では、統制経済をいっそう推進していた。

そうした情勢の中でも、佐久間にとって、アメリカを訪れたときとは別の意味で、学ぶところが多くあった。

彼が見学した主な工場は、ドイツのクルップ社航空エンジンの部品・鍛造工場、ジーケルカー社工作機械工場、フランスのルノー社航空エンジン工場、ファルマン社航空機機体工場、イタリアのフィアット社自動車工場、スイスのズルーザー社潜水艦用ジーゼルエンジン工場などである。新しい生産管理、工場組織については、ヨーロッパよりも進んだアメリカの工場をすでに二年前に見ていたので、それほど驚くほどのことはなかった。

ただ、ドイツを代表する巨大企業クルップ社には、製鉄、各種兵器を含む総合重工業としての蓄積があり、工場の形態についても大いに学ぶところがあった。とくにナチス・ドイツが同社に強力なテコ入れをして拡張政策を押し進めており、近代的な設備を次々に導入していた。とくに彼の目を引いたのは、エンジン材料である。また、複雑な形をしたクランクシャフトの大量生産方式は、中島飛行機にも導入できるのではないかと、ひそかに思いをめぐらせたりもした。

そのほか、ヨーロッパ各国の航空機企業の実態を垣間見ることができたのも大きな収穫だったし、なによりもヨーロッパ各国の多様な伝統と文化、下宿先の家族との家庭的な触れ合い、知人たちとの交流も、彼には貴重な体験となった。あるいは、訪れたいくつかの企業では、労使対立が先鋭化し、ストライキも頻発していた。日本のそれなど比ではないことを、改めて認識させられた。

「神風」号の快挙で足どめを食らう

時間も金も無制限の優雅な旅も、またたくまに八ヵ月が過ぎた昭和十二年（一九三七）三月中旬、佐久間のところに一通の手紙が届いた。会社からの帰国を求めるものだった。続いて届いた手紙では、「帰国は急がなくてもよい」とのことだったので、佐久間はかねてからの願いであった世界一周を実現するため、アメリカまわりの船便を予約した。

それから一週間ほどしてまた手紙が届き、「すぐ帰国するように」とあったが、今度も帰国要請の理由についてはなに一つ触れられていなかったので、ルートは変更せず、やはりアメリカまわりで帰国することにした。

ブレーメンから豪華客船ヨーロッパ号で、荒波にもまれながらニューヨークに着くと、新山春雄、小谷武夫ら中島飛行機エンジン工場の社員が待ち受けていた。彼らはカーチス・ライト社で、「サイクロン」エンジンについて研修していたのである。久しぶりの再会に、話が弾んだ。佐久間はまだ記憶に生々しいヨーロッパでの体験を、部下たちに話して聞かせた。

一方、新山は、陸海軍から大量の受注を受けて工場の拡張を迫られていることなど、会社の近況を報告した。それで佐久間にも、どうやらそのことが自分に対する帰国要請と関係あるらしいとわかってきた。ところがここで佐久間は、すぐには帰国できない思わぬ事態に遭遇(そうぐう)してしまった。

その事態とは——昭和十二年(一九三七)四月六日、飯沼正明、塚越賢爾の二人が搭乗し立川飛行場を飛び立った朝日新聞社の「神風」号が、飛行距離一万五千三百五十七キロを九十四時間十七分五十六秒で飛び、無事にロンドンに到着したのである。朝日新聞社が企画したこの訪欧飛行は、世界記録を塗りかえるものであり、この快挙は世界中に報じられた。

世界各国で読まれていたイギリスの有名な航空雑誌『フライト』(一九三七年四月十五日号)は次のように報じている。

「その成功が純日本製の飛行機および発動機によってなされた事実は特筆すべきで、吾人に異常な感銘を与えた。この三菱単葉機および中島製発動機は、ともに一般の予想に反して、外国会社の特許権を買って製造されたものではなかったのである。『神風』の原型は(中略)米国のノースロップ単葉郵便機に似ているが、しかし(中略)類似しているといえば(中略)どの飛行機も似ているのである。中島寿五百五十馬力発動機もワスプ型あるいはライト・サイクロン型星型発動機に似ているが、これもさてどの系列とはいい難く、日本独自のものとなっている。他の製作技術の長所を取り入れて、自らの技術の向上をはかるのは当然のところで不思議はない」

『フライト』誌の報道の仕方は、明らかに欧米の航空関係者が抱く疑問――「われわれよりもはるかに後れている日本の航空機が、まさか自力でこんなに飛べるはずはない。本当に日本製の飛行機なのか」に答える内容になっている。そのころの日本に対する外国の認識も、その程度でしかなかったのである。『フライト』誌は、以上の見解に加え、この快挙に最大級の賛辞を贈っていた。

カーチス・ライト社の首脳も、当然、この記事を目にした。そして、実習中の技師に対し、「『神風』号のエンジンはジャパン・メイド・サイクロンではないか」と鋭く迫ったのである。

三年前、佐久間をはじめ四人の技術者がカーチス・ライト社で数ヵ月間にわたって研修を受けている。そのときに図面も渡している。当時の日本の航空技術の水準からして、「中島飛行機はきっと『サイクロン』を模倣して作ったに違いない」と判断したのも当然だった。しかも、技術習得にきている側が世界記録を樹立、一流の航空雑誌が日本びいきの記事を掲載して絶賛しているとあっては、カーチス・ライト社側としても面白くはない。

彼らは日本側の主張に聞く耳を持たず、翌日から新山らの工場への立ち入りを禁止してしまった。一ヵ月ほど経過していた研修は、以後一ヵ月にわたって中断することになる。そんな状態で部下たちを残して一人で帰国するわけにもいかず、佐久間もそれに付き合わされる羽目になったのである。

わざわざ日本からやってきた新山らにとっては、貴重な時間だった。ただ無為に過ごすのはもったいないと、四人の技師は別々に行動することにし、それぞれの専門に分かれてアメリカ各地の工場や航空輸送会社を見学したりして過ごすことにした。

このようなカーチス・ライト社側の対応のきびしさには、次のような背景があったと推測されている。

「アメリカが日本の技術吸収のすばやさに警戒していた矢先の出来事で、中島ではライセンス取得以前にサイクロンのイミテーションを密に作っていたと考えたのであろう」(『中島飛行機エンジン史』)

アメリカ各地に散った四人の技師たちは、一ヵ月ほどのち、もうそろそろほとぼりも冷めただろうと、再びカーチス・ライト社に顔を出した。改めて「神風」号のエンジンについて、カーチス・ライト社の幹部らに詳しく説明した。このエンジンは、「サイクロン」と違って、「まだ昇流型気化器を使用していること、シリンダーの胴は窒化でなく、滲炭焼き入れであること、ロッカーベアリングはグリース給油で自動給油でなく、本格的サイクロン化はこれからで実習により習得したい」(前掲書)。合わせて、中島飛行機が取り組んでいる開発、生産の現状や技術の水準についても、縷々説明を試みた。

カーチス・ライト社側はこの説明で、一ヵ月前の剣幕が嘘のようにあっさりと納得した。どうやらカーチス・ライト社側は、その一ヵ月の間にロンドンに連絡して「神風」号のエンジン部分をスケッチさせ、入手していたようであった。「神風」号のエンジンは「サイクロン」と違って昇流気化器が外に出ており、外観のスケッチだけでも別物であることは一目瞭然である。

「神風」号搭載のエンジンは？

ところで、この「神風」号には、まだいくつかの裏があった。朝日新聞社所属の民間機ということになっていたが、実は陸軍技術研究所からの発注によって三菱名古屋航空機が製作した陸軍高速偵察機の試作第二号だった。形式的には、陸軍の使用許可を得て払い下げを受けたことにはなっていたが、日本の航空技術を世界に誇示するとともに、日本国民への国威発揚も兼ねて、陸軍が朝日新聞に協力する形でこの計画が実施されたのである。

そのころ、朝日新聞社と毎日新聞社は、国民の間で人気が高まってきた飛行機に目をつけていた。両社は競争して、派手な記録作りや冒険飛行を次々と計画し、読者の興味をかきたてていた。

ところで、「神風」号のエンジンが「サイクロン」ではなかったということはわかったが、では、世界の航空史上、特筆すべきこの航空機のエンジンがなんという機種だったのか、不思議なことに、その後もわからなかったのである。

もちろん、中島飛行機製のエンジンであることは間違いなかった。諸説が入り乱れ、航空雑誌などでも論争があった。中島飛行機内でも、当時このエンジンを担当し、記憶も明確な技師たちがいたにもかかわらず、彼らの間ですら「光」だ「寿」だと論争があり、意見は真っ二つに分かれたくらいである。いろいろな証言も出たが、結局、誰も確信をもった答えを出せないまま、半世紀が過ぎることになった。

『中島飛行機エンジン史』をまとめるにあたり、編集責任者で、元中島飛行機荻窪製作所技術第二研究課でエンジンの研究開発、飛行実験を担当していた水谷総太郎が、富士重工取締役を退いたあと、二年の歳月をかけて調べ上げた。その結果、やっと「神風」号に搭載されていたエンジンが、「九四式五百五十馬力、ハ8」、別名「寿3型五百五十馬力」であったことを突きとめたのである。

そんなハプニングに見舞われながら、カーチス・ライト社での研修を終えた四人の技師たちとともに、佐久間はアメリカをあとにした。太平洋航路で、ニューヨーク海軍武官駐在所の柳原所長と一緒になった。柳原は佐久間がヨーロッパへと旅立つことになった事情をよく知っており、率直な質問をぶつけてきた。

「君は日本へ帰ってなにをするんですか」

佐久間は答えた。

「むろん、飛行機を作るために帰るんですよ」

「たしか君は、飛行機を作れないはずだが……」

六月三十日、佐久間ら一行は横浜港に到着した。出発のときとは異なって、中島飛行機東京工場の部下たちが大勢迎えに出ていた。彼らの表情から、佐久間の帰国が待望されていることを一目で感じ取ることができた。日本の航空工業は佐久間を必要としていたのだ。

巨大なエンジン専門工場──武蔵野製作所

時代は変曲点を迎えていた。佐久間らが帰国する一ヵ月前の五月二十九日、日中戦争の突入必至と見ていた陸軍省は「重要産業五年計画要綱」を決定していた。続いて六月二十三日、「軍需品製造五年計画」（案）が発表された。日本の軍需工業の飛躍的な拡大を目指すものであった。もちろん、中島飛行機は三菱などとともにその中核を占めていた。

七月七日には、日中戦争の発端となる盧溝橋事件が勃発していた。同月十九日の閣

中島飛行機武蔵野製作所

議は第一次北支事件費追加予算を決定した。

ところで、五月三十一日に総辞職した林銑十郎内閣のあとを受けて、六月四日に成立した第一次近衛文麿内閣に、四人いた政友会総裁代行の一人であった中島知久平が鉄道大臣として入閣した。政界に身を投じてからわずか七年目である。昭和五年（一九三〇）の初当選議員のとき、ロンドン条約締結をめぐり、幣原喜重郎臨時首相代理（浜口雄幸民政党内閣の外相）を徹底的に追いつめ、内閣総辞職のきっかけを作って、「これが一年生議員のなせるわざか」と周囲を驚かせたことは有名である。

　戦力としての飛行機の重要性を認識しはじめていた政府や軍部にとって、三菱と肩を並べるまでに成長した中島飛行機と合わせ、政友会の中心人物にまでのし上がった中島知久平は、大きな存在となっていた。

陸軍は広大な中国大陸の奥深くまで侵攻していくためには、なによりも大量の飛行機を必要とし、中島飛行機にこれまでとは比べものにならないほどの大量の発注を与えようとしていた。ちなみに昭和十、十一、十二年の中島飛行機のエンジン生産台数は、それぞれ四百八十台、五百四十台、七百八十台である。それが十三年（一九三八）になると、約二倍の千四百九十八台と飛躍的な伸びを示す。さらに十四年（一九三九）は、二千五百三十八台にも膨れ上がっている。

機体部門では、昭和九年十月に太田工場を大拡張していた。エンジン部門はもはや東京製作所（昭和十三年四月に東京工場から改称）だけでは生産がまかないきれないのは誰の目にも明らかだった。そこで、帰国した佐久間に与えられた第一の使命は、陸軍用のエンジンを大量に生産できる工場を建設することだった。この大任をまかせられる人物は、欧米をまわり、流れ作業に基づく大量生産工場をつぶさに見学してきた佐久間をおいてほかにあるはずもなかった。陸軍も、「君のいうとおりでいいから、とにかく飛行機を大量生産してほしい」と、佐久間に対する態度を一変させた。

佐久間の頭の中にあった構想は、ドイツのエッセンで見学したクルップ社のエンジンの部品工場を手本とするものだった。用地は、井草の東京製作所から青梅街道沿いにおよそ三・五キロほど西に行った三鷹の桑畑と野菜畑が確保された。陸軍の所沢飛行場がさらに近くなるし、同じ中央線を甲府方面に向かって十四キロほど行った立川には、陸軍航空本部、陸軍航空技術研究所があった。地理的には、最適の場所であった。

将来の拡張を想定して、敷地は六十六万平方メートル（二十万坪）を坪四円で買収した。合計八十万円であった。工場の建て坪は十二万平方メートル、建築の総工費は五百五十万円の巨費であった。「日本開闢以来」とまでいわれたこの工場建設を請負った大倉組は、その規模の大きさに「震えがきた」とまで伝えられている。当時の大倉組本社の年間経費が約五十万円だったというから、無理もなかろう。

また、生産技術部門にあって、「エンジンをできるだけ多く作ることを研究していた」という天瀬金蔵は、佐久間の話を聞いたときの驚きをこう述べている。

「佐久間氏の提唱していた大量生産方式と原価低減の問題を聞いて、これは大変な話だと思った」

工事は順調に進行し、昭和十三年三月末には完成をみた。武蔵野製作所――整然と並ぶ鋸形をした屋根の工場の周囲には、従業員の住宅や厚生福利施設、青年学校、病院、二万五千人が集って運動会ができる大運動場、食堂や売店、さらには映画館まであった。まるで畑の中に突如出現した都市のような景観であった。しかし、武蔵野製作所は単に規模が巨大であったということだけで人々の関心を集めたのではなかった。

これまでの日本には見られなかった発想による近代的な工場システムを導入し、徹底した合理性を追求していたからである。

工場の地下には、縦横に延べ七キロにおよぶ地下道が走り、工場から工場、あるいは食堂などを地下で結んでいた。爆撃を想定してこのような方式にしたわけではなく、従業員が工場間を移動するとき、作業場を横切ったり、避けてまわり道することなく、最短距離で移動できるように配慮したものである。たとえばトイレなどは、どの職場の人でも二十秒以内にいけるように、各所に設備されていた。

機械工場で切削したときに出る鉄屑などは、圧搾空気で集められ、ダストシュートで地下に落とされる。地下には電気トロッコが用意されていて、それで運び出すシステムになっていた。運搬や掃除、ゴミなど目障りになるものを、工場内からいっさい排除しようとの考えに基づく設備である。そのほかにも、近代的発想のさまざまな工夫が細かいところにもほどこされていた。カーチス・ライト社のエンジン工場、デトロイトの巨大自動車工場の流れ作業システムも、部分的に採り入れられていた。

当時の建築界の常識を破る工場に、見学者は絶えなかった。大倉組から派遣されてきていた椎野八朔は、そのころの佐久間の風貌を次のように伝えている。

「さも洋行帰りらしいリュウとした外国製の背広を着て、イタリア製のボルサリーノの帽子をかぶり、次ぎつぎに新しい考えを出しつづけた」（『佐久間一郎伝』）

同じ大倉組の斎藤文一郎は、こう回想している。

「佐久間重役は朝七時に現場にきて、夜七時になると決まって再び現場にあらわれたものです。そのため、私たちは朝七時より遅く現場に行くことも、夜七時より早く仕事をやめることもできませんでした」

ときどき中島知久平も工事の進捗状況を見に現場にやってきたことがあった。そんなとき、佐久間はいつも先に現場で待ち受け、中島の車が到着すると、自ら車のドアを開けて出迎えた。

中島に対する佐久間の姿勢はいつも丁重で、そのときばかりは武蔵野製作所の支配人の姿ではなく、創業のころからの上下関係そのものであった。

中島は佐久間に向かっていった。

「中島飛行機は戦争に勝っても負けてもつぶれる。勝てば飛行機はこんなにたくさんいらない。そうなったら、低馬力の自動車工場にするよりほかないだろう。それでも、アメリカのフォードがダンピングしたらかなわないな」

海軍専用・多摩製作所の完成

陸軍用のエンジン専用の武蔵野製作所の完成で、荻窪製作所は海軍用のエンジンのための専用工場になった。陸軍のエンジン専用工場が外部から注目され、大規模でしかも豪華であればあるほど、そのエンジンを従来の工場で生産をしている海軍を刺激したのは、当時の陸・海軍の確執、競い合いからして、無理のないことであった。

そこで、すでに敷地も十分に確保していたことから、次に海軍専用のエンジン工場を建設することになった。陸・海軍ともに、分離独立した工場であることを主張して譲らなかったため、規模も同程度の工場にする必要があった。

土地の有効利用を考えて、建坪は五万三千平方メートルと陸軍より狭かったが、その分、鉄筋三階建（一部は四階）、地下一階とした。総建坪は二十三万平方メートルで、当時、日本のどこを見まわしても、二階建はもとより、三階建の工場など、ほとんど存在せず、これまた関係者を驚かせた。なにしろ、当時の武蔵野には高い建物などなく、四階からは東京西部一帯から都心近くまでが一望できたほどだった。

海軍は、陸軍と同じ武蔵野製作所と呼ぶことを嫌ったので、多摩製作所と名づけられた。奇妙なことに、両工場は同じ中島飛行機でありながら、道路ひとつ隔てて高い塀で仕切られ、互いに反目しあっていた。陸・海軍が互いに面子を張り合う、いかにも日本的な姿であった。

当時、海軍航空技術廠に所属し、技術指導のためたびたび多摩製作所を訪れ、中島飛行機の技師たちとエンジン製作に力を注いだ元海軍技術中佐・永野治は、そうした現実について次のように指摘している。

「誰が考えても、非合理的な陸・海軍のやり方は大いに問題があった。でも、どの世界にもわからず屋は必ずいるものだから、理不尽な要求を突っぱねるくらいの毅然とした姿勢も中島側に必要だったろう。三菱名古屋の発動機製作所ではそうではなかった。そんなことしたら両方の生産性が落ちるといって、所長の深尾淳がそうした要求を実際に突っぱねたんだ」

三菱などと比べて歴史が浅く、基盤がいまひとつ固まっていなかった新興勢力としての中島飛行機の一面を物語る両工場の建設であった。

カーチス・ライト社から製造権を購入した「サイクロン」エンジンや、ダグラス社の旅客機に関する技術提携などから、武蔵野製作所にはアメリカ大使館の武官が年に一、二回見学にきていた。日米関係もまだ決定的には緊迫化していなかった。しかし、日中戦争がしだいに全面戦争の様相を色濃くし、日本の中国領土に対する支配が露骨になってきた昭和十三年ごろから、その利権をめぐって日米関係も急速に緊張の度を深めていく。

エンジンではカーチス・ライト社の技術に依存し、大型機である旅客機、輸送機などではダグラス社の技術を導入していた中島飛行機にとって、少なからぬ影響が出てくることになる。

閉ざされる航空技術導入

日米通商航海条約の破棄

昭和十四年（一九三九）七月二十六日、アメリカ政府は突然、明治四十四年（一九一一）以来継続されてきた「日米通商航海条約」を、六ヵ月の予告期間をおいて破棄する権利を行使する旨、日本側に通告してきた。一九二二年（大正十一年）二月六日に締結されたワシントン九ヵ国条約に基づく中国の主権・領土的、政治的統一を尊重するとの取り決めを日本が侵し、侵略を続けているとする認識からである。しかし、それらはあくまでも建て前であって、実質的には、中国を共同で支配し、ともに利益を獲得しあおうとする条約を日本が破り、独占的な支配をもくろむ動きが露骨化したからである。

第一次世界大戦後二十年間、アメリカは中国との貿易では首位を占めており、一九三六年（昭和十一年）を例にとっても、アメリカは中国の総輸入額の一九・六パーセント、総輸出額の二六・四パーセントを占めていた。中国にとっての主な輸入製品の一つである航空機の多くはアメリカが占めていた。

したがって、日本が中国に侵攻し、独占的な権益を獲得支配しようとする行動に、アメリカはたび重なる警告を発していた。それに対し、日本側は「東亜の新秩序」を掲げ、すでに東亜をめぐる情勢は明らかにワシントン九ヵ国条約のころとは異なっているとの主張を譲らず、日米関係は険悪の一途をたどった。

ところで、たとえば一九三七年における日本の輸入相手国第一位はアメリカで、その主なものは、鉱石、鉄、石油、綿花、工作機械などだった。それに対し、日本側の対米輸出品は生糸、絹織物、陶磁器、玩具、缶詰、食料品などである。要するに、日本はアメリカから戦争に不可欠な工業用の原材料資源や、軍需生産を支える工作機械を輸入していたのに対し、アメリカ側が日本から輸入していたものは、戦争遂行に直接的には関係のない繊維、雑貨でしかなかった。

日中戦争開始後まもない一九三七年(昭和十二年)十月五日、ルーズベルト大統領はシカゴで、「戦争は、宣戦布告の有無にかかわらず、隔離されるべきである」と演説した。それは中立法で示されたアメリカの孤立主義からの政策転換を意味し、日本の中国侵略を黙って見すごすことはせず、積極的な介入もありうることを示唆するものだった。

続いて一九三八年(昭和十三年)十月六日と十二月三十一日の二回にわたり、対日通牒(つうちょう)を発した。外交文書特有の遠まわしな表現を使ったその警告は、次の一節によってうかがい知ることができる。

「ある一国の政府がその合法的な管轄権の範囲外の地域において政治的権力を行使しはじめるとき、必ず次のような事態が展開されるものである。すなわち、同政府のもとにある人民は政府に向かって優先的な取り扱いを要求してこれを与えられ、ここにおいて機会の均等はなくなり、軋轢を生ずる差別的措置が行なわれるに至る」

　これに対し、日本側はアメリカが強硬手段をとってはこないだろうとの見通しを抱いていた。一九三九年（昭和十四年）六月に決定された米軍部の総合戦略計画（レインボープラン）などに典型的に見られる「欧州・大西洋の戦場を第一とし、太平洋・対日戦場は従属」とするという考え方がアメリカの基本姿勢だと見ていたためである。

　アメリカは一九三九年一月より、日本が直接に軍事的利益をこうむるような一部の物品の輸出に対して「道徳的禁制」を実施し、民間業者に対日輸出の自主規制を要求したのである。具体的な対象品の最初にあげられたのが航空機およびその部品であった（同年十二月二十二日、コーデル・ハル国務長官はこの規制を拡大して、設計図、装置、工業所有権、アルミニウム、モリブデンを含む航空機製造用の原料、高質な航空用ガソリンに関する専門的な技術情報も対象品目の中に含めてしまう）。

　この禁制には法律的な拘束力はなく、輸出業者に対して道義的な禁止を迫る忠告的、または戒告的な性質のものでしかなかったが、かなりの効果をあげることとなった。

そして、七月二十六日の決定的な日米通商航海条約の破棄へといたるのである。

当時、アメリカは日本にとって不可欠の軍需品の重要な御用商人であった。それだけでなく、少なくとも航空機に関しては、世界の兵器廠としての地歩を急速に固めようとしていた。

欧州戦争の勃発によって、日本はヨーロッパ諸国からの材料資源、工業製品の輸入は困難になり、その分、アメリカに依存するようになっていた。一九三九年八月の日本の輸入貿易総額に占めるアメリカの割合は三七・六パーセントと、第一位を占めており、問題は深刻であった。

セナトール・ジェイムス・ホープは、ルーズベルト大統領に対する書面の中で、次のような数字を書き記している（『日米間の矛盾』より）。一九三七年度に日本がアメリカから輸入した重要な戦略物資の占める割合（％）である。

銅	九二・九
自動車およびその部品	九一・二
石油製品	六・五
銑鉄	四一・六
くず鉄	五九・七
機械および工作機械	四八・五

亜鉛　　二〇・四

いずれも工業生産、軍需生産にとっては根幹をなす原材料資源、工業製品であり、日米通商航海条約の破棄は、日中戦争の遂行上、大打撃であることは明白だった。しかも、通告が突然であったため、対応措置をとっている時間的余裕もなかった。この声明が効力を発揮する二日前、対ドイツとの戦いで手いっぱいであったイギリスは、有田・クレーギー会談で、中国における日本軍の「特殊利益」を承認せざるをえなかった。この結果によって、もはやアメリカの方針変更はありえなかった。

日本の南進政策

アメリカの声明に対し、日本の新聞はきわめて神経質な反発を示した。さらにこの条約破棄がアメリカの対日武器輸出禁止の前兆であることを知るにおよんで、その論調は一段と過激さを増し、「米国は極東における英仏の番犬になった」と書きたてた。

国民新聞は、「若しアメリカが対日態度を変えないならば、太平洋に戦争の危険が生ずるであろう」とストレートな表現で言明し、続けて次のように述べた。

「アメリカは、中立法の改正に基づいて、日本に対する軍需資材の供給を停止し、或は又日本の金の購入を中止せんとしている。斯かる経済的圧力に対し日本は自国の死活的権益に就き、厳重主張しなければならぬ。日本はまた、アメリカが太平洋に於る海軍及び空軍を増強して、東亜の問題に干渉せんと企図している事実を、アメリカに対して厳重指摘せざるを得ないであろう」

いかにも日本の軍部を代弁するような論調であった。

アメリカ側の狙いは、「日本をコーナーに追いつめノック・ダウンしようとするのではなく、新通商協定を締結しうる道理にかなった前提条件を求めている」（『真珠湾攻撃への道』）として、一九四〇年（昭和十五年）七月二日、石油・鉄を除く軍需品および戦争遂行に必要となる基礎的資源の対日輸出を許可制にすることを決定した。続く同月二十六日、さらに高質の石油、鉄類もそれに加えることを決めた。

これに対し、七月二十二日に成立した第二次近衛内閣は、ただちに「世界情勢の推移に伴う時局処理要項」を決定した。そこには、「南方に進出して経済自給圏を拡大し、アメリカ・イギリス依存より脱却」を図るとの方針が盛り込まれていた。

一九三九年九月一日のポーランド侵攻にはじまるドイツ軍の攻勢は、破竹の勢いで突き進んだ。一九四〇年五月にはオランダ、ついでフランスにも進撃し、続いてドーバー海峡を隔てた宿敵イギリスへの攻撃をも開始した。

緒戦におけるドイツの華々しい勝利に、イギリスの敗北はもはや時間の問題と読んだ日本は、アメリカから断たれた石油の代替えとして、オランダ領インドネシアで豊富に産出する石油に目をつけ、対独戦で手いっぱいのフランス、イギリスに対し、インドネシアからの石油輸出補償を確保していた。さらに、フランス領インドシナ（ベトナム）北部への進駐を仏ヴィシー政権に対して強要しはじめた。これに対し、アメリカでは、制限措置では手ぬるい、もはや全面的な対日禁輸措置を決定すべきだとの考え方が支配的になっていった。

そして七月二十一日、ヴィシー政府が、日本の武力行使の脅迫に屈して要求を受け入れ、日本軍は九月二十三日に北部仏印に進駐した。すると、三日後、ホワイトハウスは「ルーズベルト大統領が、十月十六日以降、すべての等級の鉄および屑鉄の輸出を許可制とすることに同意した（ただし、西半球内諸国および英国を除く）」と新聞発表した。それは日本に対する輸出の全面禁止を意味していた。ただし、石油については、「かえって日本のオランダ領インドネシアへの攻撃を導き出すおそれがある」として、あえて除外したが、これにより、日米関係は一触即発の危機を迎えるにいたった。

アメリカの対日禁輸政策の〝抜け穴〟

ところで、そうした険悪化する日米関係のもとにあって、なぜカーチス・ライトの技術者が中島飛行機に対して技術指導をすることが可能であったのか。それも、対日禁輸の筆頭にあげられていた軍用機のもっとも重要な部位であるエンジンにである。

このことについては、一九三〇年代から、四〇年代のアメリカの航空機産業の実情を知っておく必要があろう。

それより前、アメリカの航空機産業は、航空会社と一体になって航空郵便の利益をほしいままにしていたため、世間からきびしい批判が集中し、議会でも大々的に問題となった。ようやくその問題がおさまりかけてきたとき、今度は追及のほこ先が兵器としての航空機の輸出に向けられるようになった。

ちょうどそのころは、ヨーロッパ諸国間でしだいに緊張が高まり、アメリカからヨーロッパへの軍用機の輸出が急増しはじめているときだった。

かつて、命知らずの〝冒険野郎〟が複葉機でアクロバット飛行を繰りひろげ、リンドバーグが大西洋横断の記録に挑戦し、世界の人々を沸かせていた。そんな時代が嘘のように、世界の航空機メーカーが高速化、高性能化を目指して新しい航空機の開発にしのぎを削った結果、それは兵器としての役割を担わされるようになり、一九三六年には航空機産業の仕事の三分の二が軍に関係するまでになっていた。

また、第一次世界大戦以来、どの戦争にも直接的な関わりを持たず、局外中立の道を国是(こくぜ)としてきたアメリカの方針は、戦争当事国への輸出で潤(うるお)う米航空機産業にとって、歓迎すべき姿勢であった。しかし、血を流す他人の不幸によって膨大な利益を獲得する航空機産業のあり方に対し、国民からの批判が高まっていった。

そこで、一九三四年（昭和九年）五月二十八日、米議会は「一定の状態のもとで、合衆国における兵器あるいは軍需品の販売を禁止する共同決議案」を採択し、軍需品の無制限な輸出拡大に一定の歯止めをかけた。アメリカの輸出政策にとっては画期的な決定であった。

ところが不思議なことに、「軍需品」の中に航空機が入っていなかった。兵器として登場してまだ日の浅い航空機は、軍需品として明確に定義されていなかったのである。ちょうど日本が大艦巨砲に終始し、新興の航空機を重要視せず、市民権を与えていなかったことと共通していた。

だが、「中立法」が議会で採択された一九三五年八月、ルーズベルト大統領は、明らかに軍事目的とする品目については、戦争手段のリストに明記することを決定した。そして、その中でようやく、「組み立てられた、あるいは組み立てられていない、あらゆる形式の飛行機と飛行船およびそれらのエンジン、ならびに若干の部品が軍需品である」ことを明記したのである。

そのころ、アメリカの航空機輸出量は驚異的だった。航空機生産に占める輸出の割合が一九三一年ごろまではほぼ一〇パーセント程度であったのに対し、三二年は倍増、三四年にはさらに倍になって、四〇・二パーセントを占めるまでに増加し、三九年には五二パーセントにまで達する勢いだった。この八年間で、アメリカの航空機生産の総額は四・六倍になった計算である。そして、ドイツのポーランド侵攻がはじまった一九三九年末には、さらに増大のきざしを見せていた。

先にも述べたように、一九三五年から三八年までのアメリカ製航空機の最大の輸出相手国は中国で、全体の一三・八パーセントを占めていた。第二位が一〇・七パーセントの日本である。おりからの日中戦争が一段と激しさを増していたためであるが、これによってわかることは、アメリカのやり方は、兵器輸出ではいまでもよくありがちな、戦争当事国の双方に売却して二重に利益をあげるという商法である。

一九三八年といえば、アメリカが日本の中国侵略に対して不快の念を明確にし、対日通牒を通告していた年である。しかし、日本が中国に対して「宣戦布告」をすることなく侵略を続けていたことから、アメリカの「中立法」は日中両国に対しては適用されなかった。同法でいう「戦争」とは、「交戦状態の宣言」を条件にしていたからである。

そのため、米国務省の下に設置された国家軍需品管理委員会は、軍用機を含む軍需品の日本への輸出に対して拒否できなかったのである。それだけではなく、中立法に基づく軍需品のリストには航空機の完成機やエンジンは含まれていたが、多くの航空機部品と付属品は含まれていなかった。したがって、完成機では輸出せず、部品で輸出して、現地で組み立てればなんら問題はなかった。アメリカの外貨獲得に大いに貢献している航空機輸出に、いわゆる〝抜け道〟も用意されていたわけである。

中立法の廃止

そうした背景もあったため、米国内では輸出規制への反論も強く、とくに日本との取引が多かったカリフォルニアなどの州では強硬に反対した。その結果、日本がアメリカから航空機部品を輸入するとき、国務長官への申請を必要としなかったのである。

ところで、一九三八年の夏、ハル国務長官は航空機製造会社に対し、「民間人を爆撃している国家に対し、航空機部品の輸出をしないように」との要請を出していた。このとき要請が適用されるのは、日本だけであった。

『クリスチャン・サイエンス・モニター』は、ハルの要請に対して、航空会社七社がどのような方針を打ち出すのか、その対応についての問い合わせを行なった。それに対し、ユナイテッド・エアクラフトただ一社だけが「われわれは、いかなる航空機用補給部品も日本に売るつもりはない」と回答してきただけで、ほかは無回答であった。打撃をもろにこうむるハルの要請に対し、態度を決めかねていたのである。

ユナイテッド・エアクラフトは国務省の方針を支持し、協力することに同意した。ただし、プロペラを除いてであった。なぜなら、一九二九年以降、日本はプロペラについて、ユナイテッド・エアクラフトの最大の顧客の一つであったからだ。

一九三九年二月十七日、ニューヨークタイムズは、ロッキード・エアクラフトが日本への航空機の引き渡し契約をしたことを報じた。こうした例だけでなく、国務省の管理を適用されない航空機部品の日本への輸出は依然としてさかんであり、一九三九年第一・四半期の国別輸出額では日本向けが第四位であった。

こうした矛盾する事態に対し、米国民から批判が高まっていたが、問題は複雑だった。ナチス・ドイツの脅威にさらされ、戦争勃発が必至となった英仏両国は、米政府に対し、大量の航空機の引き渡しを要請してきた。しかし、たとえ宣戦布告前とはいえ、これは明らかに戦争を前提にしての軍備強化である。アメリカの航空機輸出が戦争当事国のどちらかの側を有利に導くことは目に見えており、誰が見ても実質的な意味で中立法に反していた。

こうした批判を背景に、一九三九年秋にはヨーロッパへの軍需品の輸出が一時中断した。ところが、航空機産業にとっては、むしろ歓迎すべきことであった。なにしろ注文はこなしきれないほどあり、ほどよい調整ができたからである。むろん、休息は長くは続かなかった。ヨーロッパに勃発した戦火に伴う世界的な緊張の高まりは、アメリカの新法による通商禁止の解除もあって、空前の航空機輸出を促した。

一九三九年九月、ドイツ、フランス、ポーランド、イギリス、インド、オーストラリア、ニュージーランドなど世界各地で戦争状態が確認され、宣戦布告がされていた。こうなると、ルーズベルト米大統領としても、中立法に基づき、これらの国々への兵器、軍需品の輸出を差し止めざるをえなかった。ところが、緊迫化する現実のほうは、さらに先へと進んでいた。

アメリカの航空機産業はすでに外国からの注文を受け、大量に生産をはじめている。もしここで輸出を禁止すれば、膨大な額にのぼる注文は宙に浮いてしまう。しかも、輸出を前提として大々的な生産設備の拡張をしつつある国内の航空機産業に大打撃を与えることは必至であった。また、ドイツの快進撃に一方的後退を余儀なくされるフランス、イギリスなどへの航空機の援助を差し止めるわけにもいかなかった。

今度は中立法そのものに対する批判が高まり、特別議会を招集して、同法の廃止と新法の審議が行なわれることになった。崇高な中立法に基づく通商禁止の御旗(みはた)は、ドイツの侵略戦争を前に、実質的に放棄されたのである。歴史の局面でいつも見られる、中立平和をかなぐり捨てての軍備増強の選択である。

かわって登場したのは、国家軍需品管理委員会が軍需会社に免許を与えて規制する方式である。ルーズベルト大統領が布告した兵器および軍需品のリストにしたがって限定されることになったのである。

しかし、輸出免許の制度によって一定の規制は依然としてあったとはいえ、次のような取引の仕方があった。外国の大口の購入者は、いずれも米国内に代理人を置いていた。その代理人が米国内で航空機を購入する方式をとるのである。このため、航空機企業の輸出免許には反映されないことになる。

また、一九三九年十一月十一日、ニューヨーク・タイムズは航空機輸出について次のように報じた。

「国務省は、航空機のある型式がどこかの外国にいったん許可された場合には、それがすべての国に適用されるべきだと主張している。換言すれば、もしある型式がスウェーデンに輸出されたとすれば、当然それは、日本への輸出も許可されねばならないだろう。あれこれの類似した問題が、決定を求めてルーズベルト大統領のもとへ行くことになろう」

この新法が制定されたその日、ウォール街の株が一斉に高騰（こうとう）した。その直後、ユナイテッド・エアクラフト、カーチス・ライト、ダグラスの三社は、英仏から、総額一億六千万ドルにものぼる注文を受けたと発表した。一九三九年十一月の航空機産業の受注残高は五億三千百ドルに達していた。一九四〇年七月十五日号の『インターヴァル』誌は、開戦（一九三九年九月）からフランスが休戦協定（一九四一年七月十四日）を結ぶ間に、英仏連合軍がアメリカに発注した航空機の合計は次のような膨大な数字となっていると報じた。

開戦前の仏政府の注文数　八百十二機
開戦後の仏政府の注文数　千八百五十三機
開戦前の英政府の注文数　千百八十三機

開戦後の英政府の注文数　　三千三百九十五機

さらに、同月十二日に発表された英国航空機製造大臣の声明によると、「最近の六週間にアメリカに発注された航空用機材購入の合計額は六億ドル、六月二十日までに英仏がアメリカに発注した航空機数の合計は一万八百四十八機である」。

一九四一年の日本の航空機生産実績が五千八十八機であったことからすると、いかに大きな数字であるかがわかろう。アメリカの生産機数は、これら両国以外の国々への輸出に加え、さらに自国の生産機数分も加算しなければならない。

アメリカの航空機産業は、大企業だけでなく、中小企業までもが繁忙をきわめた。戦争を目前にして、軍用機は明らかに売手市場であった。もちろん利益の幅は平和時よりはるかに高く、二〇パーセント近くにも達していたという。

米航空機産業は大いに潤い、今後の需要を見込んで、大量生産に向けた大幅な生産設備の拡張が、カリフォルニアを中心として各地で繰り広げられていた。産業の裾野はよりいっそう広がっていった。結果的には、アメリカは二年後の日米開戦に向けた戦時体制の準備を、すでに数年前から着実にはじめていたことになる。

第三章

奇蹟のエンジン――「誉」

自立への道

昭和十一年組・設計三羽ガラス

エンジン開発においては、新しい型の試作品が完成した段階で、すでに改良型の開発に向けた作業が走りだしている。

開発に成功し、実機に搭載されて実戦配備されても、エンジンにはなお改良の余地が多くある。安全性が強く要求される航空機用エンジンでは、不確定要素も考慮して少し余裕を持った設計となっているし、実際に運転し、飛行してみなければ確認できない要素がいくつもあるからである。

試験飛行、あるいは実際に使われだし、さまざまなデータが蓄積されてくるにしたがい、設計者は設計時の計算データと飛行時のデータとを突き合わせて、その違いや余裕を確認する。軍当局からは必ずといっていいほど、性能向上の要求が出される。

たとえば、〝中島のサラブレッド〟と呼ばれた「栄」は、「零戦」に搭載され、バランスのとれた高性能のエンジンであることが証明されたため、陸・海軍は中島飛行機に対し、さらに性能向上することを要求してきた。

こうして、ひとたび優秀なエンジンが開発されると、次々に改良型が出て、シリーズ化されるのが常である。

ところで、改良型の担当者としては、最初に開発を担当した技術者が引き続き任命されることが多い。そのエンジンについてもっとも熟知しているわけだから、当然である。ところが、シリーズ化されると、そのエンジンは十年近くも生産され続けることになる。ところが、優秀なエンジンを設計できる主任あるいは課長クラスの技術者は、一つの企業でも数人ほどしかいない。その間、最初の設計者が終わりまで担当していると、そのエンジンにかかりきりになってしまって、人材配置としては必ずしも効率的ではない。

たとえば、昭和十年（一九三五）ごろまでの中島飛行機では、そうしたエンジニアは、関根隆一郎、田中正利、伊地知壮一、小谷武夫、吉原利政らほんの数人で、これらの主に主任、課長、部長クラスが責任者として、いくつもの開発プロジェクト、あるいは改良型の設計を指揮していたのである。

昭和十一年（一九三六）、中島飛行機は優秀な工学系学卒者六人を採用した。中島飛行機はじまって以来の大量入社であった。なにしろ、全国の国立大学で、航空学科のある大学といえば、東大しかなかった。それも、一学年せいぜい十人足らずだったので、一つの企業がそんなに多くの学生を確保できるはずもなかった。もちろん、航空学科だけでなく、機械工学科や造船学科などから入社してくる場合もあるが、それでも人数は少なかった。

それだけに、彼らは活躍を期待され、「昭和十一年組」と呼ばれて、現場からも特別の目で見られ、注目された。企業にとって貴重な存在である彼らは、工学的な知識がもっとも要求される設計、研究部門に優先的に配属されたが、やがてその中から、エンジン設計の関根技師長のもとに〝設計三羽ガラス〟と呼ばれるグループが生まれた。

「NAK」を担当した北大機械工学科卒の田中清史、「NAM」を担当した東大機械工学科卒の中川良一、同学科卒で「NAN」を担当した井上好夫である。また、研究部には同じ年に東大機械工学科を卒業した水谷総太郎もいた。

マンツーマンによる技術者教育

そのうちの一人、中川良一は、戦後、中島飛行機が十五社に分割されたとき、そのうちの一社である富士精密工業に所属した。同社はのちにプリンス自動車と改称し、その後、昭和四十一年（一九六六）に日産自動車に合併・吸収された。中川は最終的にはその日産自動車の専務にまで上りつめた。

戦後のGHQによって航空工業が禁止されていた時代、中川は、「航空機にもっとも近いもの」として、自動車を手がけることにした。昭和二十七年（一九五二）に航空工業が再開されたとき、一時、航空機に手を染めたが、昭和三十年代以降は、「うしろ髪引かれる思いをしながらも、自動車専門になることを上司に希望」して、自動車に専念することになった。

「スカイラインという名前をつけたのは、僕なんですよ」

現在も若者に人気のある日産のスカイラインは、もともとプリンス自動車が開発したものだが、〝初代の生みの親〟は中川良一だったのである。自動車レース五十連勝や、数々の国際スピード記録もつくったが、これらの総指揮は中川がとっていた。彼は、昭和四十七年（一九七二）から四年間、自動車技術会会長をつとめ、さらに国際自動車技術者連合会（ＦＩＳＩＴＡ）の副会長をつとめた。

また、数年前からは日本工学アカデミーの副会長をつとめ、平成二年（一九九〇）には、アメリカのＮＡＥ（ナショナル・アカデミー・オブ・エンジニアリング）の外国協力会員にも推薦された。いまや中川は、「自動車王国」アメリカを確実に侵食しつつある日本自動車工業の技術分野を代表する顔であり、国際人でもある。エレクトロニクス産業とともに日本を代表する自動車産業を築き上げ、「技術大国日本」を支えた中川は、次のように語っている。

「飛行機屋は（大学）卒業以来九年あまりにすぎないが、いろいろな経験をしたと思っている。飛行機のことが結局は基礎になっているんです」

また、中島飛行機時代を、次のように回想する。

「入社後まもなく『栄』の20型の開発をまかせられ、その玉成の前後から、『誉』の構想から生産までの渦中に入ってしまった。いまでもそのいくつかのできごとが走馬灯のようにかけめぐっている」

それらの経過については、『日本機械学会誌』第八五巻第七五九号所収「航空機から自動車へ――内燃機関技術者の回想」、あるいは『中島飛行機エンジン史』『技術者魂――栄光の歴史を明日へ』などに記しているが、今回は〝幻の巨大爆撃機〟といわれた「富嶽」についても語ってくれた。

昭和十年代に入り、長足の進歩を遂げつつあった航空機は、先端技術の象徴的存在でもあったことから、大空に憧れる若者が増えていった。しかし中川は、「飛行機屋になるからといって飛行機マニアでもなかった」。それだけでなく、「割合にノンビリと大学時代をスポーツや音楽鑑賞などを楽しみながら過ごした」。

そして、設計課長・伊地知壮一とのやり取りを、次のように記している。

「君は飛行機や原動機について、古い話をあまり知らないというのだね」

「そうです。私は大学の設計で覚えた最近のものは知っています。しかし歴史的な航空の知識がきわめて乏しいのです。それで役に立つでしょうか」

「短身痩軀」に大きな目をギョロつかせながら中川の言葉に耳を傾けていた伊地知はいった。

「それはあまり関係がないよ。昔の話を知っているのはいわゆる飛行機マニアが多い。航空原動機はこれから模倣ではいけない。新しい創造的開発をやらねばならない。エンジンは基本的には機械である。その中で燃焼という化学変化を扱い、点火をはじめとする電気系統も扱うのだ。基本をしっかりつかんで設計開発に新しい創造をとり入れるのだ。私が特別のコーチをしてあげる。しっかりやりたまえ」

伊地知が強調したところを中川は、現代風にいえば「学際的知識を駆使してやれ」ということになろうと理解した。それから、伊地知による個人レッスンが「微に入り細にわたって」続いた。課長じきじきに英才教育を施してくれるとの思いがけない意気込みを聞いて中川は、「新しい原動機の開発に全力をあげて打ち込もう」と心に誓った。

課長の特別コーチはただちに開始された。

「ところで飛行機が背面になったらどうやって燃料がエンジンに行くのか知っているのか」

中川はそんなことは知らないので、返答ができない。そうはいっても、少しは大学で航空機や原動機は勉強してきたのだから、それらしいことを答えないと恥になる。

「気化器の浮子室は水平の状態で正常なので、背面では作動しない」

「では飛行機は墜落するほかないじゃないか。気化器の中に、それに備えた補償装置があるのだ。そればかりでなく、飛行機のあらゆる姿勢と加速度Gに対してエンジンが不調にならない対策がしてある。その点で日本の戦闘機は世界一だよ」

その後も、「飛行機が高空に上がったらどうなるか」「その性能は……」などと、質問が続いた。このようにして毎日続く講義に、中川は必死でついていった。

ところで、そうしたマンツーマンによってエリート教育をする背景には、いくつかの要因があった。まず、当時の日本の航空工業は、急激な拡大傾向をとりはじめたにもかかわらず、経験豊かな学卒の技術者が育つほど十分な歴史を持ちえていなかったこと、そして、中川が入社したのが、「飛行機屋だけには外国の真似をしろとは言わなくなり始めた時代」だったからである。

日本の航空機開発の歴史を振り返ると、昭和五年（一九三〇）、ロンドン軍縮条約によって戦艦の兵力が制限されたため、海軍内では航空戦力の強化によってこれを補おうとの考え方が表面化した。海軍航空本部の三羽ガラスといわれた航空本部長・安東昌喬中将、同本部技術部長・山本五十六少将、総務部長・前原謙治少将が前面に登場し、同年、第一次補充計画をスタートさせたのに続き、昭和七年（一九三二）四月から航空技術自立計画を本格化させた。これが、それまでの日本の航空機開発が当然としていた欧米航空機メーカーからの技術導入、あるいは外国機をスケッチし、少し作り変えて国産機とするという方式から抜け出すきっかけになった。列国の競争が激しくなり、航空機技術の進歩が急加速していた時期だけに、外国機を輸入して真似ていたのでは、いつまでたっても追いつき、追い越すことはできない。

中川らより十年以上も前に入社した小山悌、新山春雄、小谷武夫らの時代は、欧米先進国に少しでも追いつこうと、とにかく真似ることを第一として、技術習得に専念した。しかし、日本の技術もしだいに世界の第一線に近づきつつあった昭和十年代に入ってからは、中川らの同期入社の技師たちは、上司からことあるごとに、「外国と同じものを作ってもどうしようもないぞ」といわれた。

入社二年目で「栄」の設計を

中川は、中島飛行機入社まもないころのエピソードを次のように語る。

入社してまだ半年ぐらいしかたっていないころだった。十歳ほど年上のサービスエンジニア・上田茂人が突然やってきていった。

「アメリカに対する必勝法を教えてやるから、おれと一緒にこい」

海軍広工廠出身の上田は、「実戦の権化(ごんげ)のような人物で、発明の才能が豊かであった」。その上、「非常に手先が器用で、天才的な勘を持った技師」であることは中川も聞いていた。飛行機の宙返りの重力による気化器の燃料のコンペンセーションなどを考え出したほどの人物である。

　上田は中川を連れて、追浜にある海軍航空隊（現在は日産自動車追浜工場になっている）に行った。航空隊に着くと、上田はさっそくアメリカ製の二人乗り戦闘機「セバースキー」を中川に見せた。

「よく中を見てみろ」

　機体には、カーチス・ライト製の「サイクロン」エンジンが搭載されていた。

　入社してまもない上、機械工学科を卒業した中川は、大学時代からとくに航空について勉強したわけでもなく、航空ファンでもなかった。だから、当たり障りのない答えを返した。

「なかなかうまくできていますね」

「なにいってるんだ。これは間抜けているぞ。たとえば、整備するのに、うしろの胴体の下に穴を開けてそこに入れれば、補機類が全部整備できるはずだ。そんな見方じゃだめだ」

　こっぴどく叱られた。続いて、今度は日本の九六戦のところに連れていかれた。

「ひどい。手が入らないくらい窮屈だ」

　中川は思わず口走った。重量を減らすことを第一目的にして設計されているため、胴体が小さくなっている。その上、電気の配線や燃料、潤滑油などの配管がごちゃごちゃである。

「これで故障しないんですか」

「それが問題なんだ。故障しないような設計を飛行機屋はきちっとやらなければいけないんだ。それが対米必勝法だよ。要するに、エンジンの艤装を機体に積みやすいものにしなければいけないんだ」

エンジンが壊れないと威張ってみても、なんにもならない。とにかく、キャブレター・システムや潤滑システムとともに、発電機やその他の補機類をもうまくおさめてやることが大切なのだ。

ところがアメリカの飛行機は、エンジン屋と機体屋の連係がうまくいってないと、「これだけいいエンジンを作ってやったのだから、うまく載せろ」「整備をちゃんとできる機体を設計しろ」などと言い合いになってしまう。

お互いが協力し合って、使いやすく、整備しやすい航空機を作ろうとする姿勢に欠けている。そのことは、経験のない中川にさえ、一目瞭然だった。

こうした勉強を通じて、中川は「日本の場合、いろいろなことでアメリカに勝てるような設計をやるべきだ」との認識を強め、改良を手がけるときの指針とするようになったと語る。

「栄」21型エンジン

「たとえば『零戦』の場合は、三菱さんが満足するような艤装にして、私がやったエンジン（『栄』20型）を積ませなければいけない。それで百パーセントの能力をパイロットが発揮しなければいけない。アメリカよりおれのほうが考える。それがまず第一のポイントだというのが、ぼくの処女作になった」

中川が入社したころ、小谷課長が設計した「栄」は、試作がほぼ完了し、早くも「栄」20型の要求が出はじめていた。中川はとりあえず九シリンダー型の性能向上、気化器の設計や二速過給器の設計を担当させられたが、周囲の技術者たちが忙しく業務に追われている中、中川ら新人はまだ学生気分も抜けきらず、仕事に対する実感もともなってはいなかった。そんな二十三歳そこそこの新入り技術者に、「『栄』20型の設計を担当しろ」との命令が下った。社内名称は「NAM3」、入社の翌年十二月のことだった。

「学校を出て一年間で、思いもよらないエンジンの主任設計者をやらされたわけです。こんなことをおれがやっていいのか、なにも知らないのに……」

驚きと同時に、そんな迷いもあって「背筋が寒くなるくらい緊張した」という。かといって、「自信がありません」といって逃げるわけにはいかない。とにかく、全力を注いで仕事にとりかかった。

物理屋の出番

中川に与えられた主要命題は、次の二点であった。①離昇出力および高度出力の増大、性能向上の限度への挑戦、②上記実現のための重要要素として二速過給器機構の完成装着、そして、その他各部の改善である。

早い話が、エンジンの最大出力を可能な限り増大させ、高空性能を向上させろというわけである。そのための具体的な手段の一つとしてあったのが、二速過給器（スーパーチャージャー）の実用化である。

離陸および低高度では、スーパーチャージャーが低速回転で出力の増大を図れるようになっている。高高度に上昇すると、今度はエンジンからの回転を増速ギアに切り換えて、高空性能を向上させる。

設計者の間に、空冷では千馬力の出力が限度だとのジンクスめいた考え方があった。それは中川も先輩技術者からよく聞かされていた。しかし、彼は、「冷却やスーパーチャージャーなどによる燃焼の限界を基本的に解明していないのに、そんなはずはない」と考え、まず冷却の基礎理論を確立することが先決だとして、研究部の戸田康明の研究室へと足を運んだ。

戸田は中川より一年あと、昭和十二年（一九三七）の入社である。ヨードフォルム、雪状結晶の研究で世界の注目を浴びた北海道大学理学部物理学科の中谷宇吉郎教授に学んだ。卒業論文では中谷の指導のもとに人工雪製作の実験を行なった。それは世界で初めてのことで、戸田も熱心に取り組んだ。

卒業を前に、中谷から「研究室に残って、あとを継いでほしい」と要請されたが、一年前に中島飛行機に就職した先輩の田中清史から、「中島で人をほしがっているから、ぜひきてほしい」と懇願されており、結局、まったく畑違いの中島飛行機に就職することになった。

中島知久平や幹部クラスを前にした中島飛行機の本社での面接のときである。

「いままで航空機で物理出身というのは聞いたこともない。一体、なにをするつもりだ」

そう聞かれた戸田は、次のように答えた。

「ウィルソンチャンバーで実験すると、プラス、マイナスのイオンがどのように発達して、火花が飛ぶのか、その経過を霜の姿で観察できますし、写真にも撮れます。希薄なガスを混ぜるとイオンの動きがわかるなど、物理というのはなんでもやります。レシプロエンジンでは、プラグで飛ぶスパークがどうなって混合気に着火して燃えるのかといった燃焼の研究がもっとも大切だと思います」

予想もしていなかった答に、中島知久平は驚いた。

「そうか、わかった。すぐに採用しよう」

こうして入社が決まった戸田は、まだできたばかりの研究所第一研究課性能第二部に配属された。新しい研究室にはガス、水道は完備していたが、計測装置や実験装置がまったくなかった。なにしろ基礎試験というのは初めてで、具体的にやることが決まっていたわけでもない。隣りの第二研究課には、当時、航空エンジンの燃料系統では日本の第一人者であった新山春雄課長と、十数名の課員がいた。

戸田は、その新山について、こう述べている。

「完成した試作エンジンなどを防音運転室で試運転して、さらには性能測定することが主な業務で、もっぱら新山課長の判定でエンジンの良否が決定される実力を持っておられた」

ということは、そのころの航空エンジンの技術的判断は、新山の長年の経験と勘によって行なわれていたわけである。運転場では、できたものをチェックするだけである。吸入空気や排気の流れがどういうふうになっているのか、燃焼がどうなっているのかといった細かい基礎試験は、まるでやられていなかった。だから、その種の問題が、日常的に発生していた。

「物理屋が入社して、流れや燃焼、冷却の解析をしてくれるらしい」

そんな噂が、設計者たちの間にひろがった。彼らは、もしかしたら問題解決の糸口が見つかるかもしれないと、トラブルが起こったエンジンの図面や設計計算書を持って、毎日のように戸田のところに相談にやってきた。中川もその中の一人だった。

中川は、戸田に冷却の基礎理論の確立を依頼するとともに、「性能向上のために、シリンダーの吸排気弁の静的な流量試験を行なって解明してほしい」と頼んだ。

シリンダーには吸入弁と排気弁がある。吸入空気は気化器を通り、ガソリンとの混合気は過給器で拡散され、吸入管から各シリンダーに分配される。吸入管はシリンダーに接続され、混合気は吸入ポート、弁を経て燃焼室に流入する。一方、排気は排気弁から排気ポートを通り、排気集合管を経て大気に排出される。

鋳物で作られる排気ポートは、「く」の字形に曲がっていて、そこに複雑な曲線をした瘤（こぶ）のようなものがついている。中は空気が通るので、もちろん中空である。だから、空気は管の曲がりに沿って通っていく。そのときの空気の流れは速く、当然、中の通路の壁にぶつかる。そこで発生する抵抗によるロス、渦の発生や空気の流れの乱れが、シリンダー内の燃焼や効率に微妙に影響する。できるだけ抵抗が少ないほうが好ましいのはいうまでもない。

それまでは、各設計者が独自の考えに基づき、形状を考案していた。みんな思い思いの形状でつくっていたから、統一性がない。そのくせ、どの設計者も、自分が設計した形状がベストだと信じ込んでいた。

戸田は最適なポートの形状を作り出そうと、中川とともに実験に取りかかった。とりあえず、各設計者が設計したポートの中空の形を調べてみることにした。歯医者が歯の型を取るときに使う成型用のモデリング・コンパウンドをお湯で温め、粘土状にして、ポートに詰める。冷えると固形化するので、それをいくつかに割って取り出し、外で組み立てれば、中空の形状を再現できる。

そうやって型をとってみると、驚いたことに、各ポートによって、その形は千差万別なのである。設計者はみんな自分が設計した形状がベストだと思っていたが、実際の中空の模型を見せられ、違いの大きさに驚いた。

次に戸田と中川は、どういう形状が最適か、実際に空気流を流して実験（ふかし試験）を行なった。そして、排気孔弁の流出係数や排気弁の絞り率を求め、ロスのもっとも少ない形状へと改良した。そのようにして合理的な形状を見出していったのである。

中川はそのあたりを、次のように回想している。

「数多くの吸気口の形状を粘土模型で作っては試験を行ない、しだいに合理的な形状を見出す喜びはたとえようもなかった」

まるで子供の粘土遊びであった。

空気の流れを理論的に解明した上で、最適な形状を設計する——現在から見ると、設計する前に当然行なっておくべきことと思われるこうした手法が、それまでの日本のエンジン設計ではやられていなかった。当時は、エンジン内の空気や燃焼ガスの流れの状態といったことは、まったくないがしろにされ、そこまで緻密な設計が要求されていなかったのである。

しかし、より高性能なエンジンが要求される時代になり、しだいにレシプロエンジンの限界までも追求しなければならなくなるにおよんで、そうした理論的解明が必要になってきた。そうしたとき、基礎的な理論解析を専門とする物理屋の存在が重要な意味を帯びてきたのである。

「この頃から新設計に際して各要素について向上あるいは適合のための実験が行なわれるようになった。前述のケルメット軸受けの組織の研究も含めて設計と研究実験のチームワークが次第に確立され、研究部には物理、材料、科学などの専門の有能なスタッフが誕生しつつあった」（『中島飛行機エンジン史』）

技術の進歩に量産体制が追いつかず

中川の次の課題──二速過給器機構の完全装着については、先に紹介したように、追浜の海軍航空隊に足を運んだ。

アメリカから輸入した戦闘機「セバースキー」に搭載されているカーチス・ライト社の九シリンダー星型九百五十馬力を念入りに観察した。大きな外形のエンジンを装備した太い胴体は、こまごまとした日本のエンジンを見慣れている中川には、「栄」に比べて、すべて大まかに見えた。

だが、その分、余裕があり、いろいろな工夫がこらしてあって、整備はしやすくなっていた。一方、日本の航空機は、徹底してスペースを節約した軽量小型の設計になっていた。そのため、外から見えにくい横のほうにある個所は、狭い隙間から、手を突っ込んだりして、場合によっては鏡を使って調整作業や点検作業をしなければならなかった。

中川は、吸排気弁の設計のときと同じように、従来の日本の設計方式にはとらわれない考え方で作業を進め、新しく考案した理想的な二速過給器電動機構のうしろに補機伝導ケースを配置する設計にした。点検整備のときに着脱したり、調整したりしなければならない補機類を、エンジンを機体に搭載したあとでも装備しやすくした。しかも、エンジン回転の伝達を受けるため、回転方向、回転比などをもっとも合理的に定めるように設計したのである。

「別々の要求をみたして理想的と考える配置を根気よくやってみた」が、それは想像を超える苦労を強いられた。何度も何度もアレンジしてはまたやりなおすという日々が数週間も続き、ほぼ満足できる状態に仕上がったときには、中川は疲労困憊だった。

そのほか、当時としては超高速回転にあたる一万回転以上もの二速過給器の伝導機構の開発でも、また苦労が絶えなかった。中でも、現在の自動車に使われているトルコンと同じクラッチ機構に、湿式の多板クラッチを選んだ。このフリクション（摩擦）方式のクラッチ部品に使ったイギリス製のアスベスト入りのプレートが、量産に入る段階になって、問題が生じた。どこのメーカーに依頼しても、技術水準の低さから満足のいくものができず、結局は輸入するはめになった。

もっとも、中川にいわせると、「このような例はその当時たくさんあった。とくに航空関係の技術では多かった」。

海軍元技術中佐の永野治は、次のように述べている。

「日本の航空工業が他の諸工業にくらべて跛行的に先行していたため、いざ量産という時に他の工業力がさっぱりたすけにならなかったことは欧米にくらべて甚だしく不利な条件であったことにも異論はないであろう。それでも生産技術の発展に努力する人々の苦心の結果は素材の面でも工作の面でも徐々にその成果をあげ、専用工作機械の有能なものもぼつぼつ作られ始めていた」（『航空技術の全貌』上）

中川は、従来からの設計の考え方、あるいは既存の材料を使わずに設計しようとすると、すべてにおいて大変な苦労を背負い込む結果になることを教えられた。だが、それは、技術の飛躍を目指すとき、必ず乗り越えねばならない障壁でもあった。

また、日本の航空工業の裾野を形成する材料メーカーやクラッチなどの各要素機器装置のメーカーが育っていないことを痛感させられた。その他、解決すべきいくつもの設計課題に取り組み、中川は一つ一つ克服していった。

何段階かの予備試験を重ね、全体構想ができ上がった。完成した試作機の運転も、順調に推移していった。出力も千百五十馬力にアップし、耐久試験も順調に終わった。こうして、中川が改良したエンジンは、昭和十六年（一九四一）から「栄」20型として生産に入った。

「栄」20型の成功

「栄」20型の成功は、次のことを教えていた。

設計者の実務経験が少ないため、かえってそれまでの常識にとらわれず、斬新(ざんしん)な設計となった。日本の航空エンジン、特に空冷エンジンの中核部分の技術は急速に進歩し、世界の水準に迫ろうとしていた。それまでの基本姿勢であった、外国製品を真似た設計では、もはや性能向上が期待できない段階にまで達していたのである。それは同時に、これまでの日本の設計者が常識としてきた考え方の枠を打ち破らなければならないことをも意味していた。

中川の上司にあたる世代の設計者たちも、そのことは自覚していた。だから、外国の真似をすることから出発して、よきにつけ悪しきにつけ、その考え方が身についてしまっていた彼らは、中川ら「昭和十一年組」の技術者に対し、ことあるごとに、「外国と同じものを作っても、なんにもならない」と言い続けたのである。

そして、中川らも、「人真似を絶対にしないということを、とくに飛行機屋の時代には常に考えていた」。もちろん中川や戸田らの若さにものをいわせた、新しい試みへの粘り強い研究姿勢があったことはいうまでもない。

こうした従来の発想にとらわれない中川らは、次の段階で、一気に世界水準を追い抜くエンジンを生み出すことになる。

昭和十四年（一九三九）ごろになると、十四シリンダー系列の「NAL」、「栄」11型、「栄」12型などのエンジンが相次いで生産に入った。そして、九七式艦上攻撃機、「零戦」、一式戦闘機、九九式双発軽爆撃機などの機体に搭載され、陸・海軍からも高い

「栄」エンジン搭載の九七式三号艦上攻撃機

評価を受けた。

「栄」系では、千百五十馬力を、さらに千四百、千五百馬力へと高める性能向上の改良設計――ブースト圧や回転数の上昇、吸入効率の向上、燃焼効率の向上などが検討され、予備実験などが行なわれていた。

世界の水準を超えた着想

小さなきっかけで大いなる発想の転換を

入社からたった二年数ヵ月しかたっていないにもかかわらず、中川ら「昭和十一年組」はすでに、中島飛行機にとっては不可欠の、中心的使命を負わされる存在になりつつあった。

昭和十四年（一九三九）五月、満州と蒙古の国境付近で、関東軍とソビエト軍が衝突し、日本側は大敗北をこうむった。いわゆるノモンハン事件である。内外にその力を誇示し、自信を深めつつあった軍にとっては、大きな衝撃であった。そんな中で、九七戦の活躍には目覚ましいものがあった。

同年九月十五日、モスクワで日ソ間の話し合いがもたれ、東郷茂徳駐ソ大使とモロトフ外相の間で停戦協定が成立したが、この件は一般には詳しく知らされることがなかった。ただ、軍内部での危機意識の高まりには相当なものがあり、軍備を一段と強化して、今後に備えようとの動きが活発化していった。

その間の七月二十六日、アメリカが突然、日米通商航海条約および付属協定の一方的な破棄を通告してきたことは、先に述べたとおりである。同年九月一日、ドイツの〝電撃的〟なポーランド侵攻、そして同月三日に、イギリス、フランスはドイツに対し宣戦を布告、二十七日には、早くもポーランドの首都ワルシャワを陥落させた。

日本国内では、十二月二十日、陸軍は、地上部隊は六十五師団、航空部隊は百六十個中隊を整備する必要があるとした軍備充実四ヵ年計画を策定した。

このように内外ともに緊張が高まっていたころ、中川はちょっとした上司との会話をきっかけに、世界の最先端を行く画期的エンジンを設計することになる。その経緯については『中島飛行機エンジン史』などに紹介されている。

昭和十四年の暮れも押しつまったある日の夕暮れどきのことだった。帰宅のためバス停に並んでいた中川は、横あいから呼ばれて振り返った。

「あっ、小谷課長、なにか」

　近よってきた上司の小谷武夫は、中川の耳元でささやくようにいった。

「君は『栄』の性能向上を考えて千五百馬力まで上げるといっているね。それはけっこうだが、その十四シリンダーを十八シリンダー（九シリンダーの複列）にしたらどうだろうか。そうしたら最低千八百馬力、うまくいけば二千馬力になるではないか」

「なるほど、それは面白いですが、いままで十八シリンダーは冷却などで成功していませんよ。外形も大きくなりますし」

「そこだよ。同じボアーストロークでやるのだから、外形をほとんど変えないでできないだろうか。そうしたら素晴らしいエンジンになると思うけど」

「それは難問ですね。しかし、これが挑戦というものかもしれませんね」

　そんな会話をしながらも、一瞬、中川の頭の中に閃くものがあった。

「家へ帰って考えてみましょう」

　中川はそのとき、自分が初めて設計した「栄」の七気筒二列から思考を飛躍させることができないでいる自分に気づかされた。

「十四気筒で千百馬力だから、それをぼくは千五百馬力にしようと思って一生懸命やっていたんだ」

　それが、小谷のちょっとしたアドバイスで、発想の転換を図ることができたのである。

小谷と別れてからも、彼は帰宅の道々、考え続けた。それまで世界のエンジン設計者は、前列のエンジンが後列のエンジンの間に顔を出すという、たがい違いになった配列のエンジン設計しか考えていなかった。そうすることによって、前列と後列のエンジンの間隔をできるだけ短くすることがもっともいい形式なのだと誰もが信じていた。

「前列のエンジンと後列のエンジンを思いきって離し、クランクシャフトはつながっているというふうにしたほうがかえっていいのじゃないか。そうすれば、課長の着想が実現できるかもしれない」

それまでの枠を一つ取り払うと、不思議なことに次々と新しいアイディアが沸き上ってきた。

「前列の九シリンダーを最小の形にまとめてみよう。そうすると『栄』の外径より五十ミリも大きくならずにできるはずだ。それに後列の九シリンダーを同じようにまとめる」

複列エンジンでもっとも問題になるのは、冷却をどうするかである。

「前後のひれをほとんど削らないようにして、その間に導風板（バッフル）を入れる。いままではひれが干渉するので、それを削り取り、苦しくなると外径を増していくという姑息なやり方だった。そうならないように、前後列の中心距離を思いきって離してしまう。これが最大の着想だ」

自分の着想に感心しながら、中川はさらに従来のエンジン設計の発想にこだわらない、新しい構想を生み出しつつあった。

電車を降り、新妻の待つ自宅へと急ぐ足取りも、無意識のうちにも早くなっていた。転がり込むようにして家に入ると、夕食もそこそこに、机に向かい、概案を描いてみた。

「外径はせいぜい二十ミリ大きくすればよさそうだ。いや、安心のため、三十ミリにしよう。前後の列の中心距離は『栄』の百五十ミリのものを少なくとも二百ミリにしよう」

次は、エンジンの周囲に張りめぐらされている吸排気管をどうするかだった。

「前列の吸排気管はいずれも後列のシリンダーの間を通すが、上は排気管、下を吸入管として、吸排気口と二つの管がY字形に出るところに、前列うしろの点火栓を入れるスペースを作る」

そうすることによって、日本のエンジンでいつも問題になっていた整備性の悪さ、点火栓の脱着をしやすくするのがポイントだった。これで外形形状や全体配置はほぼ決まった。次は内部の構造である。

「ピストンその他は『栄』とほとんど変えなくともよいが、主連接棒(八本の副連接棒がついている)の軸は、ケルメット軸受としての荷重の限界に近い数値で寸法を決めよう」

ぎりぎりの設計にするため、副連接棒がシリンダーの裾にぶつからない限界のところに設定した。そして、トラブルが絶えないケルメット軸受、およびケルメットの裏金の肉厚を大きくするように配慮した。前後列の中心距離を離したので、クランク軸は十四シリンダーの「栄」などのように直径の大きなセンター軸受にはならず、クランク軸も十分に剛性のとれる構造になった。

中川は、夜が更けるのも忘れて熱中し、構想をまとめ上げていった。気がついてみると、もう明け方も間近い時間になっていた。

世界の水準を超えた!

ほとんど徹夜に近い状態だったが、寝不足や疲れより、作り上げた自分の新しい構想に対する高揚した気分のほうがずっと上まわっていた。はやる気持ちで出社した中川は、さっそく小谷の席に向かった。

「昨日いただいたアイディアを私なりにまとめてみたのですが」

小谷はあまりの早さに驚きながらも、中川の説明に聞き入った。

「うん、すばらしい案だ。きっとうまくいくだろう」

小谷は賛辞とともに、いくつかの改良すべきアドバイスを出した。

「クランクケースをスチール製にしたらどうか」

「それは名案ですね。ただちに検討してみましょう。おそらくうまくいくと思います」

それまでのエンジンのクランクケースはアルミ合金の鍛造が主流だった。スチールはアルミ合金に比べ、五、六倍の強度があるため、肉厚を薄く設計できるという利点がある。反面、比重はアルミの三・四倍で、細工もむずかしく、一般には使われてこなかった。

ただ、数年前、カーチス・ライト社が単列星型のシリンダーのクランクケースをスチール製にし、発表していた。従来の常識を破る斬新な設計に、世界のエンジン関係者が注目した。そして、次に出してくる二列星型エンジンには、必ずスチール製を採用してくるだろうと予想されていたが、それがいっこうに出てこない。そのため、「やはり技術的に問題があるのではないか」と憶測されていた。

ところが、そのようなところに初めて、複列のスチール製クランクケースが誕生したのである。それもエンジン後発国の日本で。これ以降、日本ではスチール製がさかんに採用されるようになる。

スチール製にすることのメリットは、まずなんといっても強度が高いことである。

ケースの肉厚を薄くでき、その分、こみいったエンジンの周辺にゆとりができて、部品の配置が容易になる。クランクケースは細い円筒形をしているが、中川の新案では、従来のエンジンより前後の列の間隔を広げているから、なおさらゆとりが大きくなり、結果的にコンパクトな設計が可能になるわけである。

次の小谷のアドバイスはこうだった。

「小さなエンジンに三十六個もの点火プラグをつける上、それらに高圧線を張りめぐらすのでは大変だ。別に新しい構想を立てるべきだろう」

一つのシリンダーに二個のプラグが必要である。シリンダーの前後列の中心間距離は二百ミリに広げることに決めていたが、これについては、ベテラン技師の小林辨太郎がアイディアを出した。

「さらに余裕をもたせるよう、一〇パーセントほど増やしたらいい」

そこで、二十ミリ伸ばし二百二十ミリに決めた。この判断があとあと、高いバランス性を保つ上で決定的な意味をもつことになる。ベテランの豊富な経験から生み出された知恵がいかにツボを心得たものかを、中川は学ぶ結果にもなった。

単列でさえ、エンジン周辺は見るからにごちゃごちゃしている。それが複列となり、シリンダーの数が十八個にもなると、点火プラグや吸排気管の数も増え、エンジンケースを覆いつくしてしまうことになり、整備性が悪くなる。

　こうして中川は、これまでのエンジンには見られない画期的な構想を煮つめていった。

「私はよい案ができたと満足を覚えながらも、解決せねばならぬいくつかの難問があるので、高い山に分け入るような不安を感じた」

だが、その発端も、バスがやってくるまでのたった数分間のやり取りにあった。それも、技術者同士ではよくありがちな、漠然と浮かんだアイディアをつぶやいてみるといった程度の何気ない会話だった。このちょっとしたヒントがのちに、日本の航空エンジンはじまって以来の大きなプロジェクトに発展するとは、当の中川や小谷にも想像できなかった。

　昭和十五年（一九四〇）初め、中川の構想はほぼ煮つまり、海軍に提出された。海軍内部では、従来の発想にとらわれないこのエンジンに対し、「素晴らしい計画だ」「とても実現できるとは思えない」と、賛否両論が出され、白熱した議論を呼んだ。

　海軍航空技術廠のエンジン担当であった永野治は、「この計画は当時ほとんど信じられないほどの素晴らしさであった」と回想している。空技廠長だった和田操も、「何処の国にもこれに匹敵する小型大馬力エンジンは見当たらず、之が出来れば他国の追随を許さぬ飛行機が出来る」（『航空技術の全貌』上）と驚嘆し、「直ちに空技廠の全力を挙げてこのエンジンの急速完成に協力するように」との指令を出した。

このエンジンはのちに「誉」と命名されるが、これをもって日本の航空エンジン技術は世界の水準に追いつき、追い越したとまでいわれている。それは、戦後、進駐してきた米軍の専門家が「誉」を運転し、搭載機を飛行させたとき、初めて証明されることになる。しかも、さらに驚くべきことは、世界の水準を超えるこのエンジンが、大学卒業後まだ三年八ヵ月しかたっていない二十六歳の青年技術者によって設計されたという事実である。

官民一体の大プロジェクト

設計的な観点からは、まだいくつも確認しておかなければならない問題があった。できる限り短期間で完成させるため、中川らは海軍側に、「プロジェクトチームを作って予備実験や試作開発を要素別に並行して進めていってほしい」と要望した。その結果、次の六つの専門分野からなるプロジェクトチームが作られた。

①冷却系統、②潤滑油系統全般、③主連接棒軸受など、④スチールクランク室関係、⑤電気点火系統、⑥気化器及び低圧燃料噴射関係。

各部の設計もまた、①主機部分、②シリンダー関係、③減速装置関係、④過給器補機関係の四つの専門ごとに分かれ、それぞれのエキスパートが担当した。そして、すべての成果、情報は設計にフィードバックしてもらうことにし、迅速かつ計画的に進めていくことにした。設計全体のまとめ役は、二十六歳の中川だった。

海軍のほうではすでに、このエンジンを装備するY20、のちの陸上爆撃機「銀河」が計画され、試作を開始した。航空機製作の常識では、まだ性質のわからない試作エンジンの搭載を予定して、機体製作の計画をスタートさせることなど、〝禁物〟とされていた。

試作エンジンの場合、初期の段階で必ずといっていいほど多発するトラブルを一応解決するまで、時間をかけて改良するのが原則である。トラブルを克服できる見込みが立ったところで、機体の設計に入る。そうでないと、早々と機体はできたが、エンジンがなかなか完成せず、いつまでたっても飛行できないという事態に追い込まれ、全体の計画が狂ってしまうからである。機体に比べ、エンジンはそれだけむずかしく、試作品が完成して実用化されるまでに時間がかかったし、エンジンに対する信頼性も低かった。

言い換えれば、そうした従来の原則を無視できるほど、中川が着想したエンジンが素晴らしいものだったということである。

昭和十五年五月、和田空技廠長、海軍航空本部技術部二課長・渡克己らが中島飛行機を訪れた。和田は、応対した工場駐在の海軍監督官・田中修吾や中島飛行機側の主要メンバーらを激励した。

「官民あげての重要な開発である。太平洋の命運を決することになると思うから、全力をあげて完成してほしい」

中川は、半世紀以上を経てもなお、このときの言葉がいまだに耳に残っているという。

設計は精力的に進められていった。ことに監督官の田中、渡、空技廠発動機部業務主任の伴内徳司の三人は、他の業務をさしおいても、このエンジンの試作を最優先して、海軍との推進連絡にあたった。中でも田中は〝熱血の人〟として知られていた。中川は彼のことを、「『誉』の設計の当初からあらゆる点で私を叱咤激励、指導して下さった人」と評している。

あるとき、中川は監督官室に呼ばれた。そして田中から、改まった調子でこういわれた。

「私はなんとしてもこの計画を成功させねばならない。そのために、あなたは、海軍を含めて外部へのことはどんなことでも相談してほしい。その意味では、私はいつでもあなたの小使いとして働きますよ」

中川はハッとし、背筋に冷たいものが走るのを覚えた。

当時、軍需企業には軍部の監督官が駐在していたが、そのほとんどが権威を笠に着て、威張っていた。まさに官尊民卑の時代であった。軍の命令が絶対的であり、企業の側は、彼らを怒らせたり、機嫌を損ねたりしないように、まるで腫れ物にでも触るように対応していた。それが当たり前だった軍の監督官から、「小使いとして働く」といわれたのである。しかも、十歳以上も年下の民間人である自分に面と向かって……。

深い感動とともに、いいようもない重責を感じ、「よろしくお願いします」としか答えることができなかった。そのときのことを振り返り、中川はいう。

「心の中で手を合わせていました」

九月十五日、正式の試作命令が発令され、全体のスケジュールが以下のように設定された。

機械工事完成――昭和十六年(一九四一)二月十五日

組み立て完成――三月十五日

第一次運転試験および性能運転試験完了――三月末日

第一次耐久運転試験終了――六月末日

素材メーカー探しに苦慮

従来の常識にとらわれず、新しい考え方を随所に盛り込んだエンジンだけに、未知な技術課題が山積していた。スチール製のクランクケースも、そのうちの一つだった。

設計が順調に進み、決定的な段階に達していた昭和十五年四月のことである。棒材や板材から直接に加工したり、鋳物のように溶解した金属を砂型の中に流し込む部品と違い、クランクケースはいったん型打ち鍛造して、最終形状の輪郭が想像できる程度の素材形状を作ってから加工される。だから、その分だけ工程の数が多くなる。当然のことであるが、製作期間も長くなる。

こうした部品は、安全を期して早目に発注しておかなければならない。ましてや経験のない初めての試みで、予期しない問題が発生するかもしれないのでなおさらである。設計が完了する前から、材料メーカーにすでに素材の製作依頼を出していた。

その当時、中島飛行機が航空用の特殊な金属材料を発注していたのは、日本特殊鋼と大同製鋼だった。日本特殊鋼は日本を代表するメーカーでもあった。海軍航空技術廠を代表する金属材料研究家・河村宏矣（元大佐）は次のように評価している。

「航空機用特殊鋼生産の基礎を築いたのは日本特殊鋼であり、其の後終戦に至るまでの長期間よく業界の指導的立場にあってその品質の向上と生産の確保に寄与されたことは此処に推奨を惜しまない」（『航空技術の全貌』下）

ところが、中島飛行機の素材担当者がまず最初にその日本特殊鋼に相談に行ったところ、早々に断わられてしまった。

「とてもむずかしくて歯が立たないので、お断わりしたい」

量産品の材料の発注ももらっているから、中島飛行機は彼らにとっては大事なお客さんである。少々の無理は聞き入れてくれるのではないか――中島側の担当者にそんな安易な期待があったのも事実である。ところが、いくら努力してほしいと頼み込んでも、埒があかない。それではしかたないと、大同製鋼に頼みにいった。ところが、ここでも返ってきた答えは同じだった。

中川も、「日本の工業技術も艦船、車両、航空機を通じて急速に発展している時期でもあるから、このようなスチールの鍛造品は当然、素材メーカーで作ってもらえるだろう」と思っていたから、だめだった場合の方策を考えてはおらず、「クロム・モリブデン鋼のスチール鍛造一本」に絞って、設計していた。

クランクケースはエンジンの形状そのものを左右する。そのため、すべての寸法に関係してくる。スチール製にしてスペースを稼ぎ、ギリギリの設計にしてある。それをいまさら変えるとなると、このエンジンの狙いどころが失われてしまって、画期的なアイディアも無に帰してしまう。

こうなると、もはや中島飛行機一社の手には負えない。海軍の関係者の知恵も借りて、協議がなされた。その結果、「日本全体を見わたして、なんとかできそうなのは住友金属しかない」との結論に達し、中川と図面担当者の二人が大阪の住友金属まで出向くことになった。出がけに田中監督官からこういわれた。

「住友に断わられたら、もうどこもやってくれないだろう。やってもらえるまで、くらいついて折衝を重ねてほしい。先方がＯＫをしてくれるまでは、一ヵ月でも二ヵ月でも帰ってくるな」

二人を迎えた住友金属の営業部員は、偶然にも中川の小学校時代の二年先輩、加藤五郎だった。戦後、住友商事会長をつとめた人物である。さっそく工場長、工務長らとの交渉に入った。住友にはすでに海軍から連絡が入っており、彼らの応対は丁寧で、若い中川の説明にも熱心に聞き入ってくれた。中川は開きなおった気持ちで強調した。

「やっていただけるまでは帰ってくるなといわれていますので……」

会議は午前と午後にわたって続けられた。住友の幹部や技術担当者などがそれぞれの知恵を出し、さまざまな角度から検討が行なわれた。夕方近くなって、

「とにかく今日は結論が出せません。これから当方だけで検討しますから、今晩はホテルにお泊まりください」

ということで、その日はひとまずは打ち合わせを終えた。

翌朝、中川らが出かけていくと、工務部長が待ちかまえていて、ただちに会議に入った。

「昨日は遅くまでこの難題を協議しました。しかし、国の重大な問題なので、なんとかしても作って責任を果たしたいと、いろいろな案を出しました。結局、鉄道車輌を

作るタイヤミルの設備を利用して作るのが一番いいということになりました。とりあえず試作はこの設備そのままでやって見ます。ですから、ずいぶん寸法の厚い重いものになりますよ。これで目鼻がついたら、次に新しいこの方式を改造したものを作って量産方式に進みたいと考えています」

中川はいっぺんに胸のつかえがとれたような気持ちで、感謝の意を表した。

「これでこのエンジンの胴体が立派にできることを確信しました。私はこのときを永久に忘れないでしょう」

救われる思いで帰京してから数ヵ月後、九月のある日、待ちに待っていた素材が荻窪製作所に到着した。中川の目には、形は立派にでき上がっていると映った。しかし、設計では完成時のクランクケースの肉厚はほぼ三ミリ、それから比べれば、この素材はずいぶん厚いものだった。

軽量化を極限まで追求する航空機では、一般産業の製品と違って、素材をどうしても薄く設計しがちである。厚ければ重量オーバーとなるため、全面的に削り込まなければならない。クランクケースのような複雑な曲線をしているものの内外面を削るとなると、大変な時間と技術と労力を必要とする。三次元的な曲線部分は、ヤスリを用いた手仕上げ作業になってしまうものすらある。試作品はせいぜい数個か十数個完成させればいいから、手間ひまかけても問題ないが、量産となるとそうはいかない。

素材置場に集まっていた関係者の誰かが、冗談交りにいった。
「この素材でやると、何倍の重量になるか、賭けをしよう」
結果はなんと十倍だった。

加工技術の波及

話はやや横道にそれるが、数年後、戦局が不利になるとともにあらゆる原材料・資源が不足してきたとき、軍部は材料の節約を目的とした精密鍛造と呼ばれる方式を普及させようとした。このスチール製クランクケースの製造法をさらに高度化した方式である。

「鍛造法の研究により仕上（削り）代の少い鍛造物を造ればそれ丈材料は節約できる理である。この話は専門家ならずとも極めて理解しやすい。既に藁（わら）をも摑まんとする頃であり、殊（こと）に中央高官に於てはその心配に心を砕いていた時で、これさえやれば材料問題は解決すると早合点され、大いに各方面を督励されたものである」（『航空技術の全貌』下）

ところが、ことはそう甘くはなく、内部に気泡が溜まる巣やシワなどの欠陥が多く発生する。削ってみると欠陥が露出してきて結局は廃品になり、かえって無駄に材料を消費する結果になった。笑うに笑えない技術指導であった。

それはともあれ、クランクケースの試作は順調に進んだ。この部品だけを見る限り、問題はほとんどなかった。それから三年後、このエンジン「誉」が量産態勢に入ったときのことである。ある夜、中川はクランクケースが加工されている新鋭の武蔵野製作所の現場を訪れた。大きな正面旋盤とフライス盤に黒々とした地肌の素材が取りつけられ、削られた面だけがキラキラと光っていた。

「私は満足を覚えると共に大阪でのあの日のことを懐かしく思い出していた」（『中島飛行機エンジン史』）

それからのち、昭和十九年（一九四四）の戦局も押し迫ったある日、中川は「誉」に関する会議のため、追浜の海軍航空技術廠発動機部に行った。そのとき、会議室の大きなテーブルの上に、エンジンの断面図が置かれているのが目についた。何気なく見ると、例のスチール製のクランクケースだったので、中川は「誉」の図面だと思い込んだ。ところが、よく見ると、アレンジが少し違うし、伝導機構の設計も違っているうえに、かなり大型だった。それは「誉」の図面でないどころか、中島の図面でもなく、ライバル会社の三菱の図面だった。

ケース内部の寸法も、ケースに比例して全体的に大きくしてあった。一見しただけではわからないほどの出来であったが、中川にはピーンときた。

「それにしても、スチールクランクケースのアレンジはまったくそっくり採用してある。ハハア、同じようなアレンジでエンジン外形も大きくしたとすると、こいつはかねて聞いていた三菱さんの二十二気筒の大馬力エンジンに違いない」

　中川はのちに回顧して、このときの思いを綴っている。

「現在ならば企業秘密だの何だのということが頭に浮かぶのだろうが、そんなことは全く感じなかった。日本は総力をあげて戦っている。そして切り札と言われた誉はまだようやく戦列に出ようとしているところだ。しかも戦局は日々にわが方に不利である。この中で三菱社が誉の経験を使いその上に一層勝れたエンジンを設計して完成を目ざしている。私のやったことを手本としていることはむしろお役に立って光栄だなと三菱の設計の人の努力の様子を偲んだ。

　それにしてもこんなに押されて日本は何処に行くんだろう。海軍はどうなるのだろう。われわれの築きつつある航空技術はどうなるだろうと思いは次から次へと馳せて、胸がジーンとしめつけられ、あついものが込みあげるのを覚えた」（前掲書）

「誉」の誕生

どうやって冷却するか

空冷エンジンでもっとも問題になるのは、高出力のときの冷却の方法である。この新エンジンの数ある技術課題の中でももっとも懸念されたのが、この冷却法であった。前列と後列の間隔を離しているとはいえ、二列目が冷えにくくなるのは目に見えている。これまでのやり方とは違った、なんらかの新しい方式を考え出す必要があった。

幸いにも中川には、「栄」20型のときに物理屋の戸田康明に協力して冷却の理論的な解明を行なった実績があった。その結果、ジンクスであった〝千馬力限界説〟をも打破できたのである。しかも戸田は、この研究により学位を受けた。

戸田の実験に基づく理論的な見解では、冷却の役目を果たすひれのピッチ間隔は四ミリ、ひれの厚さは一ミリ、深さは七十ミリぐらいであった。ひれの数を多くすればするほど外気と触れるエンジンの外表面積が大きくなり、冷却効果がよくなる。しかし、そうするためには、ひれの厚さを薄くして、ピッチ間隔を詰める必要がある。

ところが、理論はあくまで理論であって、実際に作るとなると、種々の制約も出てくる。加工技術や材料的な制約を考慮し、設計的にぎりぎりまで詰めても、ピッチはせいぜい六ミリ、相当に無理しても五・五ミリが限界である。厚さも根元で二・五ミリ、先端で一・五ミリが限度だった。とりあえず、試作はこの値でやってみることにした。

まず最初に、図面に基づき、木で模型を作った。三次元的な曲線を伴う複雑な形状の場合、紙の上に描かれた平面図だけではなかなか全体の形がつかみにくい。でき上がってきたシリンダーまわりの木製模型を、中川はしみじみと眺めた。

「こんな小さな塊（かたま）りのようなエンジンが十分に冷却されて、あの大出力が出るのだろうか」

夕日に赤く照らし出された設計室に、中川はただ一人でたたずみ、あれこれと今後のことに思いをめぐらせていた。なにしろ、複雑な三次元曲線をしているシリンダーヘッドの外形に沿って一枚一枚ひれを作るため、一つ一つの形を少しずつ変えていかなければならない。それを、一つのシリンダーヘッド当たり七、八十枚も作る必要がある。想像しただけでもぞっとするような手間である。このエンジンに対する海軍の期待が大きいだけに、中川はしだいに募ってくるさまざまな不安にさいなまれていた。

失敗したときのことも考慮して、次の方策も用意しておかなければならない。そこではじめたのが、「植え込みひれ」である。その場合、戸田の理論どおり、厚さ一ミリ、ピッチ四ミリという理想に近い数値でやることにした。

問題は、この途方もなく手間がかかり、効率のあがらない仕事をどこでやるかだった。むろん、超多忙の自社でやることは不可能である。この引き受け先を見つけてきたのが監督官の田中だった。田中は海軍時代の同期生で、いまは民間の正田飛行機で部長をしている小林楯男（とらお）に頼み込んだ。正田飛行機には鋳物の経験があった。小林は田中の意気に感じ、この困難な仕事を引き受けたのである。

それから十ヵ月ほどして、正田飛行機から田中のところに、注文のものができたとの連絡があった。さっそく田中と中川は出かけていった。正田飛行機は中島飛行機から五キロほど、農家がぽつんぽつんと点在する畑地の真ん中にあった。

そこで見せてもらった現物は、まさに「芸術品」だった。見映えも美しかった。ひれとひれとの間に入る型板と、ひれの外側の型板が、いずれもクロム・モリブデン鋼で削り出されていた。これらを丹念に一つ一つ重ねて鋳型を作り、ひれを組み込む。そしてようやく他の部分を鋳込むのである。

すぐさま中島飛行機に持ちかえって試験したところ、温度はこれまでのエンジンより十度ほど低くなり、冷却効果は上々だった。

試作エンジンの耐久試験はすでに終わっていたが、戦闘機のように極限を追求するエンジンにとっては、たとえ手間がかかっても、より効果のあるものを使って性能を向上させるのは当然だった。量産では、失敗したときのために考えていたこの方式でいくことにした。

それからかなりたったころ、中川の耳にもしばしば、「植え込みひれの生産性が悪く、生産計画のネックになっている」との苦情が届くようになった。また、中川の同級生で、画家の修業中だったところを勤労動員で中島航空金属に駆り出された友人から、「植え込みひれの工場にいるのだが大変な作業なので、一度見にきたらどうか」との誘いを受けていた。手間がかかるのは十分承知していたが、量産がどのように行なわれているのかを一度見ておく必要もあると思い、中川は出かけていった。

田無にある中島飛行機の関連会社、中島航空金属では、正田飛行機での植え込みひれの生産量が少ないため、量産のための工場が新築され、軍からの注文をこなしていた。ところが、工場の中では、耐えられないような高温の熱にさらされながら、作業は進められていた。溶解した鋳物の湯が砂型の中に注ぎ込まれる。まだ鉄が固まりきっていない状態のときに砂型から、金型の型板もろとも取り出さなければならない。さながら「地獄絵のような凄惨(せいさん)さ」だった。

中川は見かねて、技術員に尋ねた。

「なんとか工夫はできないものですか」

相手は苦笑しながら答えた。

「なにしろ温度が下がる前、固まらないうちに型を引き出さなければなりませんから、こうするしかないのですよ」

もとはといえば、自分がまいた種である。少し考えれば、構造からしてこうした作業は当然予想されることだった。設計者は完成された最終製品だけをイメージしがちだが、その陰で、実際に作っている人たちは連日、地獄のような作業に従事していたのである。かといって、これといった名案も浮かばず、中川はただ作業を確認したにすぎず、暗然とした気持ちで引き返すしかなかった。

関係者の努力にもかかわらず、植え込みひれの生産の遅れは、その後も解消しなかった。

そのころ、スチール製クランクケースを生産している住友金属では、ブルーノ式と呼ばれる新しい鋳物製造法で、作業が行なわれていた。

同社は昭和十三年に金型によるシリンダーヘッドの製造技術を習得するため、五十嵐博士を中心とする数名からなる技術者グループをフランスのブルーノ兄弟鋳造所に派遣していた。帰国後、彼らは大阪伸銅所において、習得した技術を実用化しようと試みていた。しかし、外国で学んだ技術とはいえ、そう簡単にはひれ付きのシリンダーヘッドはできなかった。

複雑な形をしているため、鋳物湯を流し込む金型を製作するだけで、数ヵ月を要した。完成後、鋳込みを行なったが、やはり薄いひれは、なかなかうまくいかなかった。「昭和十六年（一九四一）頃には漸く軌道に乗り始め、中島系発動機のものを生産し始めた。出来たものは砂型鋳物のものに比し重量も軽く、冷却効果も良好であったが、一台の機械による生産量は期待した程でもなく、機械的ではあるが多量生産的とは言い難く、その結果機械台数を予想以上に増加するの必要があった」（『航空技術の全貌』下）

金型の中に鋳込み湯を流し込み、圧力を加えて成型するというやり方で、現在、自動車の鋳物部品などによく使われているダイキャストの前身のような方式だった。比較的薄い肉厚で、緻密な鋳物ができる。しかも、仕上りがきめ細かい。運転試験の結果でも、冷却効果はさらによくなっていた。

すでに戦局は切迫していた。前線からは、「一機でも多く航空機を送れ」との声が毎日のように届いていた。中川は有無をいわさず、ただちに決心し、上部の了承を得てブルーノ式に統一した。

引き受け手のない仕事を正田飛行機が買って出てくれて、苦労してやっと作り上げた。中島航空金属は工場まで建てたのにもかかわらず、より生産性の上がる方式が一旦開発されると、すべての努力は水泡に帰してしまう。中川は、この教訓から、次のように述べている。

「戦時中とはいえ、新しいことを考えて思い切って実施する。しかしいかに軍用とはいえ生産性の極端に悪いものについてどう対策するかは問題である。遮二無二頑張るか、それとも思い切るか。現在ではこのようなことはずいぶん沢山ある。しかしあの時代に新しく考え出し、関係者の非常な努力で生産まではじめたものをどうして思い切るか。これも一つの例だと思うが、私のその後の長い技術者生活ではたびたびこのような場面があった。その都度この植え込みひれ事件について身を切られるような思いと共に、私の貴重な経験として反省と自戒とをもって思い出すのである」（『中島飛行機エンジン史』）

「誉」の性能の高さに、陸・海軍とも、各種航空機にこのエンジンを載せることになった。生産量が一挙に増加する中、正田飛行機が開発した製造方法では生産性が悪く、軍の要求量をこなせないまま、正田飛行機と中島航空金属はもとの砂型の鋳物方式に逆戻りしていった。

三十余年にして世界の水準を超える

エンジン試作の日程は、これまでに経験したことのないような短期間だった。当時、技師長の職にあった関根隆一郎は、のちに「誉」について次のように回顧している。

「太平洋の風雲急なことを、はじめから念頭に置いて昭和十五年春に設計着手と同時

奇蹟の高性能エンジン「誉」21型

に、初号機の摺合(すりあ)わせ運転から耐久審査の日取までも周到綿密な筋書を定めてかかった。しかも不思議な位何も彼も予定どおりに進捗した。僅かに十五か月目に初号機が耐久運転を終った」(『航空情報』昭和二十七年七月号所収「中島飛行機発動機二十年史」)

実際、試作は信じられないほど順調であった。六月末には、予定どおり第一次耐久試験を終了していたのである。こんなことは、中島飛行機はじまって以来のことだった。試作耐久までの期間も、これまでの記録を破るものだった。運転試験の結果、性能はエンジン回転数が毎分三千のとき、エンジンの前面(正面)の面積に対する離昇馬力は千八百馬力、給気圧三百五十ミリHgブーストだった。

このあとすぐ、出力向上を狙った20型の製作にも挑戦した。その試験結果は、エンジン回転数が毎分三千のとき、離昇馬力は二千馬力、給気圧五百ミリHgブーストであった。小型でありながらも出力は大きく、それだけ機体の断面積（前面）も小さく（細く）できるため、スマートになって空気抵抗が少なくなり、スピードアップにもつながる。

　この世界の水準を超える離昇馬力の数値は、中川らを大いに喜ばせた。外国のエンジンに学び、技術を導入することで徐々に発展してきた日本の航空エンジンが、このとき、三十余年の歳月を経て初めて世界を超えたのである。そしてそれは、中川らの新しい世代が、外国の模倣から脱した設計に取り組んだことによって初めて達成できたのである。

　永野治はこのエンジンを「奇蹟の高性能エンジン」と呼んだ。関根もまた、次のように語っている。

「まことに『誉』こそは試作にして試作にあらず、芸術家の常用する制作の二文字こそ適当かと思う」（前掲書）

しわ寄せが軸受に

　一つ一つ問題は克服され、あわただしい中にも計画は順調に進んでいったが、なお、技術的課題は多かった。中でも、クランクピン（回転軸）が摺動（すべり接触しながら回転）するケルメット軸受では、星型エンジンの性能を高めようとするときの最大の難所の一つが、主接合棒の平軸受（銅鉛合金）だといわれていた。

この点について、元海軍航空技術廠の川村宏矣は、次のように述べている。

「航空用発動機に於ては軸受合金は極めて重大な役割をなすものであるが、殊に発動機が高速高荷重軸承（軸受）を装備する様になってから益々重要の度を加えて来た。初期の発動機は何れも錫台ホワイトメタルであったが、之は到底其の后の発動機の要求には満足されるものでなく、世界各国共に銅合金へと移行した」（『航空技術の全貌』上）

「誉」を構想したとき、中川と小谷とのやり取りにもあったように、エンジンの外形寸法を大きくしないことを鉄則とし、それが出発点でもあったわけだが、そのしわ寄せがエンジン内部の各部品にもおよんでいたのである。

そのしわ寄せをもっとも強くこうむったのが、クランクピンの軸受だった。「栄」のエンジンに比べ、馬力は二倍近くになっているにもかかわらず、軸受の直径（クランクピン直径）はたった五ミリしか大きくすることはできなかったため、単位面積当たりの荷重は三八パーセントも高くなっていたのである。

「できない数字ではないが、相当に難物である」との認識は、エンジン設計者の誰しもが抱いていた。そこで、さっそくその道の専門家によるチームが結成された。メンバーには、中島飛行機の研究所に所属する渡辺栄、海軍航空技術廠でのこの分野の大家である赤松速雄が入っていた。偶然だが、中島飛行機の監督官であった田中は赤松の先輩でもあった。

彼らは一致協力して実験と評価を次々に繰り返していった。その結果、またたくまに膨大なデータが積み上げられた。こうした理論的検討を経て各要素試験が行なわれ、そこから得られたデータに基づいて設計されても、それはあくまで軸受の部分だけである。他の部分についても、他のチームが同じような各要素試験を行ない、それら全体のデータを踏まえ、総合化した形ででき上がった試作品の最終的な性能確認のための耐久試験が行なわれるのである。

三百時間の耐久試験

「誉」の場合、三百時間の耐久試験が要求された。この試験に合格すれば、実戦での過酷な使用にも耐えられ、要求寿命が達成される。もちろん、長い時間に耐えられるにこしたことはないが、その点ばかりに気をとられすぎると、必要以上に頑丈な設計になり、その分、飛行機が重くなって性能が犠牲になる。つまり、性能とのバランスの上に、耐久試験の要求時間が決まってくるのである。

三百時間の耐久試験――定められたスケジュールを順調にこなせば、二週間余で終了する。ところが実際は、そうたやすくことは運ばない。

生産工場とは別に設けられた運転場が、田無町(現・西東京市)の中島航空金属の一角にあった。松林に囲まれた、鋳物や軸受などの部品を生産する工場で、昭和十三年(一九三八)六月に中島飛行機の田無鋳鍛工場として開設され、翌年十一月に中島航空金属と社名変更したものである。関連会社といっても、総敷地面積六十九万三千平方メートル(二十一万坪)もの膨大な敷地である。将来の拡張を想定して、敷地を十分に確保していたのである。

親会社である荻窪製作所から派遣されてきた従業員が、のちに回想している。

「荻窪では中島飛行機だったのに、田無へ来たら鋳鍛工場でしょう。鋳鍛工場なんて鍛冶屋の工場みたいだとむくれてさわいだら、翌年中島航空金属と社名を変えることになった」(『中島航空金属株式会社と田無』)

当時、中島飛行機に勤めているといえば、大きな誇りであり、周囲から羨ましがられていたものである。

六キロほど離れた武蔵野製作所との間に専用の引込み線が敷設してあり、中島航空金属で作られた部品が専用列車で運ばれていったり、出荷前の性能確認試験のためにエンジンなどが運転場に運ばれてきたりした。重要な耐久試験などの場合、運転を専門とする作業員に、必ず設計技術者が交代で立ち合うことになっていた。もしなにか異常があった場合の緊急の対応には、設計者でなければ判断しにくいことが多いからである。

設計者には、「あそこはうまく行くかなあ」と不安を抱いている個所が必ずいくつかあるものだ。たとえ、自分が立ち合う番でなく、夜、家に帰っていても気が気ではない。中川は田無の運転場からはるかに離れた都区内の牛込に住んでいたが、そんなときはいつも、そこまでエンジンの轟音が聞こえてくるような錯覚に襲われたという。

「もしかしたら、いまごろは故障で止まっているのではないか」

いてもたってもいられず、ついつい運転場にいる時間が多くなってしまう。ケルメット軸受はもっとも気にかかる部分の一つだった。

運転場には、エンジンにセットされた計測機器につなぐ電気配線が縦横に張りめぐらされている。そこから少し距離をおいて、計測室がある。エンジンの回転数、シリンダー温度、圧力、潤滑油の供給・排出量のほか、入口・出口温度、圧力、燃料についても同様な計測が必要である。

どの計測値も気になるのだが、ケルメット軸受では、計測室の潤滑油タンクに戻ってくる排油の中に混じってくる切粉に注目する。もちろん、運転中のエンジンの中をのぞくことはできない。そこでは、エンジンの中でももっとも過酷な条件にある回転部分を潤滑して戻ってくる潤滑油を、目を皿のようにして観察することで、エンジン内の状態を推測する。

潤滑油の中で微細な摩耗粉が光線を反射させ、キラキラ光っている。その中に、ほんの少しでも大きな切粉を見出せば、ただちに取り出し、形、色、光沢などから、どの部品から発生したものかを推測するのである。

耐久運転の最中のことであった。この日、中川が田中監督官の部屋で打ち合わせをしていたところに、田無の運転場から電話が入った。

「赤い切粉が出ました。どうしましょうか」

エンジン内部品で、赤い色をした金属はほんの数点しかない。銅合金のケルメット軸受もその一つである。しかも、高速回転するこの部分はいつも滑り接触しており、力がかかっているため、銅の摺動面はテカテカに光ってくる。ときには運転の振動で、クランクケースのネジ穴などから出てくる加工時の切粉や、ネジを締めたときに座面に発生する切粉などを噛み込んで、円周状の引っかき傷を無数に作っていることもある。

こうした噛み込みによる傷ならまだしも、なんらかの異常で軸受が荷重に耐えられなくなってくると、銅は柔らかい材料だけに次々に剝離（はくり）を起こし、切粉を発生させる。そうなったら致命的で、当然、試験はストップされる。

電話の報告では、ケルメットの銅の赤とは違うようだという。しかも、いくつかある潤滑油のラインのうち、エンジンの前のほうの油だめからだけ出てくるという。

それを聞いて、中川は即座に答えた。

「ああ、それは主（ケルメット）軸受ではない。その色ならば前列のカムを駆動する歯車の軸受で、ちょっと心配はあるけれど、対策すればすぐになおると思う」

そばで聞いていた田中は、「なぜ早く対策をしておかなかったのだ」とたしなめたあと、改めて感心したようにいった。

「それにしても、君はたいしたものだ。この複雑なエンジンのどこになにがついているのか、手にとるようにわかるんだからな」

四六時中エンジンのことを考え、微に入り細を穿ち、ああでもないこうでもないと頭の中で思いめぐらせている設計者は、たとえ組み込まれた部品の数がたくさんあっても、無意識のうちに、すべてが手に取るように頭の中に入っているものだ。だから、設計したときから数十年後の今日になっても、あそこの軸の直径が何十ミリだったとか、運転したときの潤滑油の温度が最高何度だったなどといった具体的な数字まで覚えているのである。

中川は、軸受を含む、潤滑の問題で苦労し続けてきた日々を、次のように述懐している。

「当軸受の問題をはじめ、油のスラッジの問題、高度を上げると油圧が低下する問題、各部の焼損の問題などで悩みぬいて、一日として油のことを気にしない日はなかった。

ついにある時『潤滑油を制するものは航空機を制する』ということを自分なりの座右銘としてつぶやくようになった」(『中島飛行機エンジン史』)

「誉」全盛時代を現出

日本のエンジン工業は、パッキンやガスケット、ゴム材料、シール用の小部品といったたいしたことのないような部品の技術水準が低く、燃料漏れ、あるいは潤滑油の漏れを頻発させ、前線での飛行機の稼動率を大きく下げていた。

先に述べたように、昭和二十年(一九四五)の初めごろ、中島飛行機のエンジン工場近くにB29が不時着したことがあった。このときぞとばかり、エンジンやその周辺の構造を調査したが、中島のエンジン技術者がもっとも驚いたことは、「油漏れがまったくといっていいほど認められなかったということである」と述べている。逆にいえば、そのくらい、日本の飛行機は日常茶飯事のように油漏れを起こし、泣かされていたということだ。

ともあれ、海軍から期待され「空技廠の全力をあげて此のエンジンの急速完成」を目指した「誉」は、永野治も述べているように、「一九四〇年には二千馬力の二十型に進んで紫電戦闘機、偵察機等高性能機を生み、更に連山大攻や陸軍のキ八四戦闘機にも用いられ誉全盛時代を現出した」(『航空技術の全貌』下)。

米軍機を上まわるような高速機「彩雲」を生み出しえた秘密は、高度な空力設計と同時に、米軍が「遅すぎた良いエンジン」と評した「誉」があったからにほかならない。欧米先進国と比べ、機体以上に後れをとっていた戦前日本の航空用エンジンは、「誉」をもって世界の水準に追いつき、あるいは追い越したとまでいわれている。

しかし、永野はさらに続けて述べている。

「何しろ奇蹟の高性能エンジンのこととてやすやすとは使いこなせず、栄の初期にも比較にならぬ実用上の苦闘を必要とした。（中略）誉の成功を機として日本のエンジン界は十八シリンダー時代に移り、すべての試作機が誉を目安として計画されるようになった」

「誉」は、日米開戦後に計画あるいは生産される陸海軍が期待した主力機種のほとんどに搭載されることになるが、どれも数多くのトラブルを発生させてさんざんてこずり、急を要する戦線への投入が遅れ、日本の航空戦力は時代遅れの飛行機で米新鋭機に立ち向かうしかなかった。

これまでにない高性能を狙った奇蹟のエンジン「誉」で発生した数え切れないほどの問題は、そのまま「富嶽」でも起こりうる可能性を十分秘めていただけでなく、要求がさらに高いだけにそれ以上の困難さが予想された。

そうした意味で、「誉」の開発は「富嶽」のエンジン開発に向けた第一歩であった。

第四章

日米開戦と米本土爆撃

日米開戦時の技術者たち

日米開戦の日

昭和十六年（一九四一）十二月八日、初冬とはいえ、きびしく冷え込んだ朝だった。東京地方一帯は突き抜けるような青空が広がっていた。ＪＯＡＫ放送（ＮＨＫの前身）は午前六時二十分のニュースに引き続いて天気予報を放送するはずだったが、なぜか放送されないままレコード音楽が流されていた。

六時四十分になると、早稲田大学教授・伊藤康安の講演「武士道の話――沢庵(たくあん)の『不動智神妙録(1)』」の放送が流された。天気予報の中止と合わせて、もう一つ不思議な放送が、それより以前の午前四時、短波放送に流れていた。

「西の風晴れ……」「西の風晴れ……」「西の風晴れ……」

そんな短いアナウンスをしきりに繰り返していたのである。

当時、日本では短波受信機の所持は禁じられていた。この放送は、太平洋をはるか越えて、駐米大使館にあてた日本政府からの暗号指令で、「この放送受信後、ただちに暗号書を焼却せよ」との極秘指令だったのである。

七時の時報があって、突然、臨時ニュースのチャイムが鳴らされた。

「臨時ニュースを申し上げます、臨時ニュースを申し上げます。大本営陸海軍部午前六時発表――。帝国陸海軍部隊は本八日未明、西太平洋において米英軍と戦闘状態に入れり」

アナウンサー館野守男は力のこもったやや興奮気味の言葉で繰り返した。

「今日は重大ニュースがあるかもしれませんから、ラジオのスイッチは切らないでください」

開戦のニュースとともに、番組は次々に変更され、臨時ニュースが相次いだ。その合間をぬって、威勢のいい軍隊行進曲が流された。午前十一時三十分には、軍艦マーチの前奏に引き続き、ハワイ奇襲作戦の成功、シンガポールなどに対する爆撃のニュースが報じられた。この日、日本軍は世界の海戦史上でもまれにみる大規模、大遠距離奇襲攻撃を敢行した。連合艦隊司令長官・山本五十六がこの構想を初めて明らかにしてから十一ヵ月後のことだった。

すでに十一月二十六日、南千島の択捉(えとろふ)島単冠(ひとかっぷ)湾を出港し、一路ハワイ目指して進んでいたハワイ作戦機動部隊旗艦の「赤城」のマストに「ＤＧ」の信号旗が掲げられた。指揮官・南雲(なぐも)忠一中将の訓示は、三十六年前、ロシアのバルチック艦隊を前にした「日本海海戦」とまったく同じ、「皇国の興廃此の一戦に在り。各員一層奮励努力せよ」

であった。

そして十二月八日午前一時三十分、「発艦始め」の号令とともに、全速力で風上に向かって進む航空母艦「赤城」から、一番機がエンジンの爆音を波に打ちつけながら離艦していった。

第一波攻撃部隊は淵田美津雄中佐指揮による水平爆撃隊四隊、村田重治少佐率いる雷撃隊四隊、高橋赫一少佐率いる降下爆撃隊が二隊、板谷茂少佐率いる制空隊が六隊、以上合わせて九七式艦上攻撃機が九十機、九九式艦上爆撃機が五十四機、「零式」艦上戦闘機が四十五機合計百八十九機で編成されていた。このうち、トラブルなどで出撃できなかった六機を除いて、合計百八十三機が飛び立った。

午前三時十九分、「トラトラトラ連送」（全軍突撃せよ）が電波によって伝えられた。宇垣纏（まとめ）参謀は日誌『戦藻録（せんそうろく）』の中に、このときの様子を次のように記している。

「『三時十九分（ト）連送です』と報告する。即ち布哇（ハワイ）に近迫せる機動部隊の第一回攻撃部隊の飛行機約二百機が、真珠湾に対し突撃を下令せるなり。飛行機の電を直了せるところ、鮮かなるものなり。それから作戦室に坐り込んで、来る電報々々に耳をそばだてる。飛行機上よりする、

『我敵戦艦を雷撃、効果甚大』

『我ヒッカム飛行場を攻撃、効果甚大』

等の味方電報と併せ、敵の平文電報の発信が最も興味をひき戦況は手にとる様に分かる。敵側の周章狼狽ぶりは全く言語に絶するものがある。三時二十分頃と云えば、丁度彼の地の朝食時前後で、茲へ不意に日本の大編隊飛行群の御見舞いを受けたのだから、全く青天の霹靂であったろう」

続いて約一時間後に、島崎重和少佐が率いる第二波攻撃隊の百七十機が出撃した。第一波攻撃隊の後を引き継ぐように爆撃を加えた。

米太平洋艦隊の被害は甚大だった。戦艦アリゾナ、オクラホマ、標的艦ユタ、駆逐艦カシン、ダネウスは完全に破壊された。戦艦ウェスト・バージニア、カリフォルニア、ネバダ、機雷敷設艦オグララは大損害で当分は行動不能、戦艦テネシー、メリーランド、ペンシルベニア、巡洋艦ヘレナ、ホノルル、ローリー、工作艦ベスタル、水上機母艦カーチスなどは損害軽微だった。

それだけでなく、米陸軍のハワイ航空部隊の損害も大きく、二百四十三機のうち二百二十八機が破壊され、海軍基地の航空部隊は、九機を残してあとの百三機が破壊された。行方不明者を含む戦死者の数は二千四百二人、戦傷者一千三百八十二人の大損害であった。

これに対する日本側の被害は、失った飛行機二十九機、搭乗員五十五名、特殊潜航艇五隻、信じられないほど軽微だった。

ハワイ奇襲作戦の成功、シンガポールほかの爆撃に続いて、午後零時十六分には、大本営陸海軍部発表として、マレー半島上陸も報じられた。こうして、この日、日本中は日米開戦一色の異常な興奮に包まれていた。

続いて十二月十日、マレー半島沖の攻撃成功。また、南部仏印のサイゴン周辺基地から飛び立った日本軍の九六式および一式陸上攻撃機の八十四機が、クワンタン沖を航行中のイギリスの誇る新鋭艦「プリンス・オブ・ウェールズ」と「レパルス」の二隻を撃沈した。

山本五十六が常日ごろから強調していた航空戦力の重要性を、奇襲攻撃の大戦果によって証明して見せた緒戦の攻勢ぶりだった。

中島飛行機三鷹研究所

十二月八日、群馬県の田舎町でも、いつもと変わりない初冬の一日がはじまろうとしていた。この日、陸軍機を生産する中島飛行機の太田製作所に所属する渋谷巌、飯野優ら主だった設計技師や上層部は、朝早く群馬を出発していた。

彼らはまだ二十代後半の若さだったが、戦前の日本を代表する高性能機「隼」「呑竜」「疾風」などの設計に関与した技術者たちだった。

彼らの上京は、武蔵野の一角に建設される中島飛行機三鷹研究所の地鎮祭に出席す

中島飛行機三鷹研究所

るためだった。飯野はすでに太田駅から列車に乗る前、新聞の号外によって日米開戦を知っていたが、渋谷がそのニュースを知ったのは、列車の中でだった。

これは、とんでもないことになったぞ――反射的に、そんな思いが渋谷の脳裏を走った。

「これから一体どうなるのかな」

同僚たちも不安を隠せない様子だった。

東京の郊外というより、ほとんど田園地帯だった当時の三鷹駅の周辺には、菓子屋、時計屋、本屋、肥料屋など数軒の木造家屋の商店がある程度で、この時間帯に降りる客もほんのわずかでしかなく、閑散(かんさん)としていた。

三鷹駅の出入り口は南側に一つしかなかった。踏切を渡って反対の北側に出るともっと寂しく、そば屋が一軒あるだけだった。その横にバス停があり、毎朝、中島飛行機の工場に向かう通勤客が集中するため、長い行列ができた。そのころ工場に通う従業員は一万四千人もいたから、とてもバスには乗りきれず、多くの従業員は二十分ほどの距離を歩いて通勤していた。

武蔵野台地特有の起伏のない田畑が一面に広がり、木造の平家や二階屋の民家がところどころに見える程度だった。そうしたこれといった特徴のない田園風景の中に、巨大な工場が屹立（きつりつ）するように浮かび上がっていた。当時の日本ではきわめて珍しい流れ作業生産方式を取り入れた最新鋭の近代的な中島飛行機のエンジン工場である。

東側に整然と並ぶ鋸（のこぎり）屋根の工場群が、昭和十三年（一九三八）五月に竣工した陸軍用エンジン専用工場の武蔵野製作所、その隣の三階建の建物がつい一ヵ月ほど前に完成したばかりの海軍用エンジンの専用工場・多摩製作所である。

その工場群とは鉄道を挟んで反対側、駅前の南側を歩いていくと、すぐ畑が一面に広がり、遠くに雑木林が見えてくる。その雑木林に囲まれたところが三鷹研究所建設用地である。

このの ち昭和十八年（一九四三）十月ごろ計画の一部が完成することになる三鷹研究所は、鉄筋コンクリート三階建、とくに装飾を施すこともない本館（現在の国際基督教大学）は、長さ百十二メートル、幅四十二メートルほどもあり、中央および両側が背後にコの字形に突き出ていた。そのうしろには、本館とほぼ同じ大きさの板金工場や木工工場、さらに斜めうしろには、本館の二倍半ほどの規模の作業場（組立工場）が建設され、中央線武蔵境駅からは鉄道の引き込み線も敷設された。

この研究所の発案者である中島知久平は、将来に大幅な拡張を予定していたため、二百万平方メートルもの用地を確保していた。「正面の建物はすべて外国から取り寄せた大理石を使い、世界に誇れる豪華な建物にしたい」というのが中島の構想だったが、軍部から、「物資を節約しなければならないときに、贅沢な大理石なんか外国から輸入して建物に使うなどもってのほかだ」と横槍が入り、飾りっ気のないコンクリートの建物になった。

中島知久平の三鷹研究所に対する構想は、「将来は各分野の優れた学者を世界から集め、政治、経済ならびに航空機を含む先進技術の総合的な研究機関とする」「航空機の機体やエンジンの技術的な研究だけではなく、さまざまな分野の研究者を世界中から集めた国際的な戦略研究所にしたい」とする遠大なものだった。当時の日本の置かれた国際的な立場からして、実現はむずかしいものだったが、そうした状況ではとても考えられもしないような発想をするのが中島の中島たる所以(ゆえん)である。

「なんとバカなことを……」

戦力の重要な要になる航空機を設計しているわれわれは、これからどのように対応していけばいいのか——地鎮祭会場に向かう間、渋谷はずっと思いをめぐらせていた。日米関係がしだいに悪化しつつあることは、新聞、雑誌だけでなく、中島飛行機にきている軍の監督官からも耳にしていた。しかし、実際に戦争がはじまったいま、一航空技術者としての彼には、この戦争が今後どのように展開していくかは見当もつかなかった。

ただ彼は、中島飛行機に入社してわずか三ヵ月後の昭和十二年（一九三七）七月七日に勃発した、日中戦争の発端となった盧溝橋事件のときのことを思い出していた。その件について、彼自身、次のように述べている。

「なにしろ進行中だった飛行機の開発はすべてストップしろということになった。全部やりなおしなんですから、失業ですよ。かなりの期間、なにもやることはないから学位論文でも書いてました」

広大な中国大陸においては、飛行機が戦力として重要な役割を果たす。それにもかかわらず、戦争をはじめるにあたって、軍は飛行機生産についてなんら計画性を持っていなかったのである。

実際に戦争がはじまり、急遽、計画の練りなおしに着手したのである。

「そのときの切迫感から比べると、日米開戦のときはそれほどでもなかったですが、ノモンハンでもやっていたし、やっぱりやったかという受けとめ方でしたね」

いろいろ考えたが、結局は、「とにかく一生懸命やるしかない」と自らに言い聞かせるほかなかった。

海軍機を生産する小泉製作所に所属して、のちに「富嶽」の基本計画を中心的に担当することになる内藤子生は、日米開戦を聞いたとき、次のように思ったという。

「ようやく戦闘機が欧米に追いつきかかったところで、偵察機などはまだまだ、ましてや爆撃機なんかになると、全然話にならん。よくもはじめてくれたもんだ」

内藤が軽くいってのけるこの言葉の背景には次のような厳しい現実があった。

「アメリカのB17は日米開戦の時からさかのぼる約五年前に飛んでいる。それも試作機を十三機も生産して飛行試験や改良など数々のことをやっていた。その後もボーイング社に継続発注して、生産を続けるとともに、高空性能を高めるためのスーパーチャージャーも装備して、『空の要塞』と名付けて空中実験も続けている。そんな記事が雑誌にはしばしば出ていた。だから、同じ四発機を担当する中島としては、そこ（B17）まで追いつかんといかんのかという気持ちで日米開戦を迎えた」

当時、海軍は陸軍と違い比較的、長期的な計画の下に、各種航空機の開発を進めようと、「実用機試製計画」というものを発表して、各メーカーに指示し、早い時期から試作を進めさせていた。三菱には双発の爆撃機、中島飛行機には四発の「深山」「連山」といった陸上攻撃機を試作発注あるいは研究させていた。

このため、海軍機を開発・生産する内藤らの所属する小泉製作所の技術者たちは「同じ四発のB17に対しては、われわれに責任があるという意識は自然にあった。だから、単純に見てもB17から五年遅れている。これを次の試作で（「連山」）で取り戻さなくてはいかんという意識だった」と内藤は語る。

一方、エンジン部門の中川良一は、

「なんとバカなことをしてくれたのか。航空力でいうと、即時、大敗北になるだろう」

そして、この予感は中川一人ではなく、中島飛行機のエンジン技術者たちに共通する思いでもあったという。

「こんなことはどこにも出てなかったし、僕たちもいままでしゃべらなかったことだが……」

中川はそう前置きし、その理由の一つとして次のような事実をあげた。

「開戦の一ヵ月前まで、われわれの工場にアメリカのカーチス・ライト社の技術者がきて、生産に関しての指導を行なっていた。中島ではどんな種類のエンジンを何台生産できるか、どの程度の技術力なのか、彼らはすべて知っていた。なにしろ機械の並べ方まで教えていったのだからね」

さらに中川は、『中島飛行機エンジン史』の「あとがき」に、次のように綴っている。

「太平洋戦争に突入した時に我々は直前に噂は聞いていたものの、全面戦争に突入したと聞いた時に一同愕然且つ暗たんとしたものである。というのは海軍機用としてハワイ攻撃に参加した主力の『栄』やその他『光』などの海軍向けエンジンは僅かに小さな荻窪工場で作っていたこと、戦前にカーチス・ライトの技師が生産指導に来所していてその能力を熟知していたこと、太平洋決戦機として海軍が試作した『誉』は試作指示後僅か一年半でまだ海軍の耐久も終っていなかったこと、協力工業のレベルの低いことなどで、全く勝ち味がないことが分っていたからである。緒戦の奇襲勝利後は、半年後のミッドウェーの惨敗以後、全くの一方的なものとなってしまったわけである。

結局このような集団が身を挺して働いたが報いられることはなかった」

中島知久平の命により武蔵野製作所長から三鷹研究所長に就任し、大研究所の建設を手がけた佐久間一郎にとって、地鎮祭は喜ぶべきことであったにもかかわらず、彼の胸の内には重苦しいものがあったという。日米開戦のニュースを聞いた彼が最初に思ったことは、

「日本は戦争に負ける。でも、やるだけやってみるよりしようがない」

佐久間は、合計十七ヵ月を費やし、自らの足で欧米十数ヵ国をまわってきた。日本

とは比べものにならない近代的な大量生産工場をいくつも見てきたし、生活も体験してきた。欧米の工場をモデルとした航空機用エンジンの武蔵野製作所を建設するため、海外から情報を集めたりもした。日米の生産力格差をもっとも知っているのは、ほかならぬ佐久間であった。彼は、航空機生産に関し、日本とアメリカとの間には少なくとも十年の開きがあると見ていた。

この当時、大艦巨砲主義がまだ支配的であったとはいえ、日中戦争の体験によって、飛行機の重要性はすでに認識されていた。その飛行機の要となるのがエンジンである。

ところが、日本全体の生産の三分の一を占めるトップ企業・中島飛行機のエンジン工場の生産能力や技術程度などすべてが、開戦直前にアメリカ側に知られていたというのは、軍事上きわめて重大な問題であり、素人が考えてもおかしいと気づくだろう。

軍上層部の頭の中では、少なくとも二、三年前から日米戦は想定されていた。そのことからすると、軍事のイロハも知らない、なんともお粗末な話というほかはない。戦法に関する方策ばかりが先走って、足元を見ていなかったというべきであろう。

もちろんこうした事実は、陸・海軍の監督官もよく知っていた。彼らは中島飛行機の工場に駐在して、技術的審査・承認行為、生産状況のチェックや検査の立ち合いなどを行なっていたからである。

『中島飛行機エンジン史』にはこう書かれている。

「昭和十四年一月から三月にかけて、アメリカ、ライト社の製造支配人、K. E. Satton氏（三十九歳）と製造技術部技師、E. B. Parke氏（三十五歳）の両氏を迎え、『航空エンジン大量生産ニ関スル講習会』が開かれた。（中略）一月と三月の二回に分けて、中島本社の所在する有楽館八階で開催された。出席者は陸海軍関係者のほか、中島、三菱、川崎、ガス電、愛知、石川島の六社であった。

冒頭の陸軍航空本部第二部長の『聴き洩らすことなく、それを実際に実行し月産三百台を必ず達成せよ』の挨拶が印象的である」

これは日米開戦の三年近く前のことであり、工場ではなく、本社で行なわれている。しかし、日米開戦のころ、日本のエンジン工業は少なくとも生産技術、とくに大量生産の技術に関しては、まだまだの状態で、自動車はもちろん、飛行機でもすでに大量生産を行なっていたアメリカを手本に、これから大いに学ぼうとしていた。

グラマンを寄せつけなかった「彩雲」

三鷹研究所の地鎮祭は早々に終わり、解散となった。会場には一種、興奮状態に包まれたような空気が漂い、とても研究所の起工式を祝うような雰囲気ではなかった。出席者たちはそれぞれ自分たちの工場へと急ぐようにして帰っていった。

この日、海軍機設計の内藤は地鎮祭に出席しなかった。海軍の期待を担って昭和十五年四月二十日に開設した広さが「千メートル千メートル」といわれる新工場の小泉製作所では、『零戦』『銀河』がそれぞれ月産三百機および百機の体制を目指して生産準備が急ピッチで進められていた。続いて、試作工場が小泉に移ったので、いよいよ海軍機の設計部門も、この十二月暮に引っ越すことになっており、地鎮祭どころではなかった。そればかりか、性能を受け持つ内藤は数々の試作機を担当していた。中でもこのころは、「実用機試製計画」番号N五〇と呼ばれる海軍の高速偵察機（のちの「彩雲」）の計画が進行中であった。

「日華事変の中期から高速偵察機の必要性が認識され（中略）太平洋戦争が始まるに及んで、痛切に高性能の偵察機が要望されるようになり（中略）海軍の高性能偵察機に対する無頓着さが太平洋戦争で作戦の進行を阻害し、或るときは戦機を逸し、或る時は味方の不必要な損害を齎（もたら）した場合がなきにしもあらずであった」（『航空技術の全貌』上）

と、元海軍技術中佐・巌谷英一が語っているように、海軍は昭和の時代に入ってからも偵察機の重要性を認識しておらず、技術的蓄積は乏しいものだった。こうした後れを一挙に挽回せんと、高速性、行動半径の非常に大きい遠距離用偵察機の試作を中島飛行機に命じていた。それが「彩雲」である。

後にアメリカの暗号名で「マアト」（ＭＹＲＴ）と呼ばれた「彩雲」は、中島飛行

高速艦上偵察機「彩雲」

機が製作していた単座高速艦上機を発展させたものである。太平洋戦争も末期、テニアンの形勢が悪いと伝えられたころのことだ。「彩雲」が危険を冒し米戦闘機の制空圏を強行偵察したことがあった。そのとき、パイロットはこう打電してきた。

「われに追いつくグラマンなし」

「彩雲」は最高速度毎時六百五十三・八キロを記録していた。高速で知られた「零戦」が毎時五百七十四・一キロ（三百十ノット）であったから、その高速性がわかろう。

　全幅十二・五メートル、全長十一メートル、重量わずか三トン、無駄を徹底して排除したスリムな機体は、主翼の先端付近まで燃料タンクになっており、航続距離五千キロメートル、高度五千メートルの上空でもなお毎時六百三十キロの速度を維持できた。

ちなみに米軍の艦上戦闘機グラマン「ワイルドキャット」は時速五百九キロ、グラマン「ヘルキャット」は六百十キロしか出せなかった。彼らが「彩雲」に追いつけないのは当然だった。「彩雲」の開発・設計にたずさわったのは、小泉製作所の機体主任・福田安雄、機体課長・橋本公平、動力課長・山田為治、応力課長・長島昭治ら、そして性能課長が内藤だった。

設計仕様の段階で、海軍は「三百五十ノット出せ」と要求してきた。高速性を追求するための重要な要素であるプロペラについて論議を重ねたが、結局のところ、「空気の圧縮性の影響があらわれてきて性能を低下させないようにすることが精いっぱいで、向上を図るという攻撃的な要素はありえない」ということになった。

それではと、エンジンの排気ガスを機体の後方に向けて放出し、少しでも推力を得るような設計にしたらどうかという案が出され、昭和十六年（一九四一）春から秋にかけて二回にわたって実験が行なわれた。エンジンに悪影響をおよぼさずに速度を向上させるエジェクター式（ロケット）単排気管の研究である。中島飛行機ではこのためのDB実験機を持っていた。

この年の末には、海軍も「零戦」を使って同様な実験を行ないはじめた。それらの成果も採り入れる形で、「彩雲」の設計は進められた。その結果、「性能推算値にもジェット効果による増速十八ノットを見込んで算出するという、わが国では最初の性能推算方法が採用された」（『日本傑作機物語』）。

日本で最初といわれるこのロケット単排気管からはエンジンの排気ガスをジェット噴射するためにパイプの直径を絞ってある。「〇・五ノットでも大事に出して速度を高めたい」とする思いから、内藤がこのアイディアを提案したのだったが、このとき、相談した荻窪の中島飛行機エンジン部門の技術者たちからは「そんなことしたら爆発するぞ」と脅かされた。

それでも、協力してくれる荻窪の技術者がいて、試作し、その後、データを得ようとDB型実験機に装備して飛行実験することになった。ロケット単排気管を作動させたとき、どの程度の飛行速度の増加が見込まれるかを知るためには、気流が安定しているときに飛行して計測し、正確なデータを得る必要がある。そのため、飛行試験は天候のよい日を選び、群馬県の赤城山の上空あたりから実験を始め、房総半島に向かって飛ばすことになったが、いくら天候がよくても、小さな突風にしばしば見舞われて、速度がガクッ、ガクッと変化してしまう。そんな中で、何度も実験を繰り返しているうと、またたくまに犬吠岬の上空に達してしまうのだった。

日米開戦直前の十一月には、第二回目の飛行試験を終えたが、晩秋のこのとき、試験する四千メートルの上空は寒く、パイロットは上等な飛行服を着ているが、内藤らは防寒着でしかない。いつも寒さに震えながらの試験だったので、自宅へ帰ってくると、風邪ぴきの体をいつも酒で暖めて治したものだった。

こうした、新しい技術をいくつも採り入れた機体設計によって高速性が得られたのであるが、それに加えて、「『誉』発動機の出現によって、要求諸性能を満たす飛行機を実現できる可能性が生じたのである」（前掲書）と内藤は述べている。

とはいえ、最高速度が要求されている六千メートルの上空では空気の密度が薄く、地上では二千馬力を誇る「誉」の出力も千六百馬力に落ちてしまう。優秀なプロペラと組み合わせても、許容される空気抵抗値はきびしいものであった。それではどうするのか——空気力学屋の内藤は、いたって当然の答を出した。

「空気抵抗をできるだけ小さくするには、空気の中を動くものを、いい格好にして、しかも小さく作ってやればいいのです」

小さければ小さいほど空気の抵抗が少ないのは誰でもわかるし、空気に逆らわない自然な形がいいというのももっともである。そこで、高速時に空気抵抗が少なくなるよう、できるだけ層流（安定した一様な空気の流れ）部分の多い翼型を作った。その結果でき上がったKシリーズと呼ばれる翼型は、従来の翼型の七割程度の抵抗しか示さず、当時話題になっていたムスタングの「神秘翼型」の性能を凌ぐものであった。

そのほか、空気抵抗を極力減らすため、翼面をできるだけ平滑にしたり、排気タービンを使用したり、さまざまな工夫が採り入れられている。艦上機特有の要求である機体寸法の制限、格納が手早く行なえること、離着艦距離が短いこと、航続距離が長いこと（小さな機体にたくさんの燃料をうまく積み込む設計）といったコンパクトな設計も必要である。

軍部の無理な要求にトラブル続出

内藤が「『彩雲』の設計を可能にしたエンジン」と称した「誉」を設計し、試作から量産に向けて日夜走りまわっていた中川にも、対処しなければならない仕事が山のように控えていた。海軍では、「彩雲」だけでなく、陸上爆撃機の「銀河」、大型の四発陸上攻撃機「連山」、戦闘機「紫電」などに、さらに陸軍でも、キ82高速双発爆撃機、戦闘機「疾風」など主力機への搭載を計画していたからである。

先にも述べたように、実績のない新エンジンを新しい機体に搭載することは、両方の問題が同時に出てきて問題解決をむずかしくするため、それまで飛行機設計ではタブーとされてきた。しかし、あまりにも高性能のため、「誉」に限って、海軍航空技術廠廠長・和田操は例外としたのである。和田は海軍時代の中島知久平のもとで最初に飛行機の操縦術を学んだ海軍航空の草分け的存在である。

だが、長年の経験から導き出された設計の原則は、「誉」だけを例外とはしなかった。海軍の機体の専門家だった元海軍技術中佐の巌谷英一は、次のように指摘している。

「本機（「彩雲」）の装備発動機としては勿論高々度用高性能のものが要求されたが、

当時完成時期の点で確実だった『誉』二一型が選ばれた。
従って後にこの発動機を装備した他機と同様、動力関係に種々な障害を生じて、実働率の不良を招来したことは今にして思っても遺憾であった」(『航空技術の全貌』上)
これまでのエンジンと一時代を画するほどの高性能で、しかも極限を狙っていただけに、それだけデリケートでもあった。突出した性能を持つエンジンの能力を常に百パーセント発揮させるためには、それに見合う技術の水準と、それを取り巻く技術的諸条件の整備も必要であった。たとえば燃料の品質を安定させ、オクタン価の高い良質のものにしなければならないし、熟練工の手によって高い加工精度の部品が作られ、安定した品質が常に保証されなければならない。
中川自身も述べている。
「しかし昭和十六年十二月に戦争に突入するころから、しだいに様子が変わってきた。まず燃料事情が変わって百オクタンが使えなくなり(中略)シリンダー温度の異常過昇が起こった。(中略)主連接棒軸受の故障、高空での油圧低下などに悩まされ対策を行った」(『中島飛行機エンジン史』)
搭載された幾種類もの機種から、出力が出ないのではないかとの疑問が出はじめていた。「零戦」の設計で高い評価を受け、引き続き「誉」搭載の戦闘機「烈風」の設計を進めていた三菱の堀越二郎も、一時は目標とした出力が大幅に下回り、苦闘することになる。

中川はトラブル対策にさんざん駆けずりまわされ、眠る暇もないほどだった。

飯野優は日米開戦のときの心境を次のように語っている。

「奇しくも大東亜戦争の日であった。既に真珠湾攻撃のニュースは流れ、緊張感は異常に高まって、地鎮祭が了わるや否や直ちに太田に戻るべく浅草に急いだ」（『飛翔の詩』）

なぜというわけではないが、「とにかく早く太田製作所に帰らねば」と思ったという。

陸軍機設計部の中核であり、リーダーだった小山悌は、日米開戦のころは入院を余儀なくされていた。息つく暇もないほど多くの仕事が押し寄せる日々の中で、神経的過労による不眠症におちいり、同年八月から療養していたのである。

なにかことが起これば即座に人命にかかわる飛行機の設計には細心の注意が不可欠であるが、その反面、未知なものへの大胆な挑戦も要求される。そんな仕事の第一線にあって長年働き続け、すべての責任を一身に背負わされた設計主務者が、心身をすり減らすのは無理ないことであった。

そんなわけで、留守を預かる森重信、太田稔、西村節朗、青木邦弘らとともに、飯野や渋谷らは落ち着かない日々を送っていたのであるが、小山が不眠症になった直接の原因の一つとして、中島飛行機一社に指名され、昭和十二年（一九三七）末から試作に取り組んでいた戦闘機キ43「隼」が思うようにいかず、十五年（一九四〇）秋までもたついたことがあげられる。

試作機の飛行試験結果から、関係者の間では「近来にない駄作」と酷評され、「九七戦であれほど高性能機を成功させておきながら……」と不評を買っていた。

設計者側から見れば、「軍は、九七戦を上回る旋回性能（格闘戦）をもち、九七戦以上の速度がある飛行機をと、その要求は、私たち技術陣を苦しめたものだった」（「量産の時期をあやまった〝隼〟の悲劇」）と太田稔は述べている。軍からの要求仕様が相矛盾しており、最初からわかっていた結果であった。だが、命令には逆らえない。設計、試作、改良を繰り返し進めなければならない。別の意味で、精神的疲労が蓄積されていったのである。

結局、キ43が採用されるまでに三年を要した。小山は苦しかったこの期間を振り返り、

「三年――一口に言って短い年数であるが、一日一日が長足の進歩をとげて行く飛行機にとって、この三年の空白はいま考えても実に心残りの空費時間であった」（前掲書）

小山らはすでに早い段階で、キ43がものにならないだろうことを察知し、軍とは別に、中島飛行機独自の考え方で、小山の指導のもと、キ43とほぼ同じ設計メンバー、

森重信、糸川英夫、内田政太郎らが新しい戦闘機の設計を進めていた。

昭和十五年四月には早くも試作機が完成し、以後、飛行試験が続けられた。昭和十七年（一九四二）九月、制式機として陸軍に認められ、「鍾馗」（キ44）と命名された。日本初の陸軍重戦闘機として量産されることになる。

その間、小山は三菱の九七式重爆撃機の後継となる四九試作重爆撃機も進めなければならなかった。

「独技術導入計画」

日米間の関係は険悪となり、一方、ヨーロッパではドイツのポーランド侵攻が開始され、英仏も巻き込んで第二次世界大戦へと発展しつつあった。そんな昭和十六年の初めごろ、陸軍からキ82双発高速戦闘機の試作命令が出され、飯野優は脚油圧班長として、基礎設計に取りかかっていた。そして、夏に入る前ごろになって、突然、飯野はドイツ行きを命じられた。

それは、この年の初め、陸軍航空本部が計画した「独技術導入計画」に基づいたものであったが、高度な軍事機密事項のため、当初、技師たちには訪独の目的がなんら告げられなかった。ことが具体化するにおよび、しだいに知らされるようになった計画というのは、ドイツを代表する航空機メーカーと日本の軍およびメーカーが一体になったチームによって航空機の共同設計・試作を行なうというものだった。

重爆撃機はユンカース社またはドルニエ社、重戦闘機はメッサーシュミット社との共同作業を予定していた。陸軍「航技報第一七八五号」(昭和十六年十一月二十八日)の「独国派遣協同設計団員候補者計画指導要綱」には、川崎、三菱、立川の各航空機メーカーの技師たちとともに中島飛行機の太田、飯野、木村久寿、木村和夫の四人の技師も含まれていた。陸軍航空技術研究所の安藤成雄技術中佐を団長とする総勢十六人である。

飯野と太田は、中島乙未平社長から次のように命じられた。

「南ドイツのアウグスブルクにあるメッサーシュミット社に二年間滞在して、ドイツ側と双発の重戦闘機の共同設計作業に従事してもらいたい」

出航は九月の予定だった。戦時下のドイツではすでに物不足がはじまっており、日常に使う当座の生活用品は各自が持参するようにとの達しである。飯野は海外旅行用の頑丈な大型のトランクを三個も用意し、いつでも出発できるように万端整えていた。

飯野は、前年の十月に二十二ヵ月間のドイツ出張から帰国していた海軍機設計部の山本良造を自宅に訪ね、向こうでの生活や最近の情勢などについて話を聞いた。

「ドイツ語の日常会話くらいは覚えていたほうがなにかと便利だよ」

山本のアドバイスに、飯野はさっそく参考書を買い求めて勉強しはじめはしたが、山本から聞くドイツの状況は想像を超えるものがあった。戦争がはじまり、「帰国しようにもどこも通れなくなって、シベリア鉄道で帰ってきた。毎晩のように爆撃があって逃げまわり、ほとんど眠れない状態だった」というのである。

蓄積される疲労と心労

ドイツに出発する前に訪独団として日本の部品工業界の現状をよく認識しておこうということで、全国の飛行機部品工場を見学するツアーが計画された。ところが、見学の旅に出てまもなく、暑さの中、日ごろの激務で疲労が蓄積していた小山が肺炎で倒れた。小山もドイツ行きの一員として、ソ連のナホトカを経由し、鉄道でシベリアを横断してドイツに入るという予定がすでに立てられていた。

高熱に襲われながらもなんとか太田までたどり着いた小山は、中島飛行機の病院に入院した。診断した医者は、呆れ顔でいった。

「この身体でよく戻ってこられましたね」

過労からくる発病であったことから、とりあえず仕事は休み、安静にして療養に専念することになった。本人も「たまには休養もいいだろう」と自らに言い聞かせてはいたものの、悲しいかな、なにより会社を最優先にし、十五年間、仕事一筋にひたすら突き進んできた小山である。なにもかも忘れてのんびりと静養に専念できるような性格ではなかった。

　身体が動かせない分、頭のほうだけが異常に冴え、自分ではなにもできないだけに、かえってもどかしく、取り越し苦労の心配だけが募った。

「キ44はどうなるか」「『呑竜』試作機は……」「ドイツ行きまでに回復するだろうか」

　飛行機設計のことを考えはじめると、次から次へと際限なく頭に浮かんでくる。堂々めぐりの繰り返しだった。

　そんなおりもおり、もっとも信頼し、将来が期待されていた部下の一人、糸川英夫が小山の病院を訪れて、こう告げたのである。

「中島飛行機を退社したい」

　母校・東大に第二工学部航空学科が創設され、助教授として招請されたのである。その二年ほど前、やはり渋谷に対して航空学科（一部）から誘いがあった。渋谷はそのときのことを振り返りながら説明する。

「学位を下さった小野鑑正先生から、『東大に戻ってきて先生にならないか。ものを造るのもいいが、若い学生を作るのもいいんじゃないか』と以前から誘いを受けていて、もうすでに決まっていた。ちょうど行く直前だったんです。もともと教師は好きじゃなかったので、あまり気は進まなかったけど、昭和十四年の秋から十五年の五月まで東大に部屋があって、数ヵ月行ってたことがありましたから。でも、私のときは、陸軍参謀本部が強力に反対したので取りやめになりました。とくに新しい航空機開発の計画を進めていた航空本部の木村昇少佐が、『航空機の設計技術者が不足する』『渋谷さんにはやってもらいたい仕事を用意しているので』といって強引に待ったをかけたのです」

そして、渋谷は首をかしげる。

「私のときは軍が反対して東大行きがだめになったのに、なぜ糸川さんのときはOKを出したのか、日米開戦も間近に控えたときなのに不思議です」

昭和七、八年ごろまでは、「大学は出たけれど」という言葉がはやったくらい、国立大学工学系の学卒でもなかなか就職口が見つからなかった時代だった。ところが、昭和十年ごろを境に売り手市場に変わった。さらには日中戦争をきっかけに軍需生産が急増し、工学系の学卒者は引っ張りだこになった。

もともと有名国立大学の工学系学生の絶対数が少なかったため、昭和十四年（一九三九）ごろになると、陸海軍がそれぞれ中島飛行機何名、三菱何名と、主要な軍需企業に割り当て、特定企業に偏在化しないよう指導を行なうようになっていた。中でも数が少ない学卒航空技術者の、それも糸川や渋谷のような逸材を、軍は大学に引き抜かれたくなかったのである。

日ごろから小山は、言葉には表現しにくい微妙な飛行機設計の奥義を、優秀な糸川になんとか伝えようと、仕事中だけでなく、昼休みも熱心にやり取りしていた。冬、仙台の実家から毛ガニなどが届くと、すぐに糸川を自宅に呼んで酒を酌み交わした仲である。しかし、なにかにつけて知的好奇心が旺盛な糸川は、当時の中島飛行機の技術者としておさまりきらなかった。飯野も、糸川について、こう述べている。

「キ27、キ43、キ44、キ19の空力設計に関与された糸川さんの卓越した才能は、もっと広いものを求めておられたのではなかったか」

すでに「ぜいたくは敵だ」といわれた時代風潮の中で、東京府内ではダンスが禁じられていたが、糸川は週に何回となく、仕事が終ると太田製作所からハイヤーを走らせ、埼玉県・川口にあるダンススクールへ通ったりしていた。豪傑ぞろいの海軍機設計部と違って、陸軍機設計部は比較的地味な技師たちが多かったが、その中で糸川は目立つ存在だった。

中島飛行機では、もっとも派手な戦闘機設計を主に担当しながらも、その一方で、エンジンの排ガスを排気管からジェット噴射させて推力アップを狙った実験を細々と進めていた。軍部の技術将校がドイツから持ち帰った情報を手がかりにした実験だった。糸川は近著『日本創成論』の中で述べている。

「私が作った実験装置は、タービンを回して空気を圧縮し、そこに燃料を噴射して点火するという方式」で、今日のジェット・エンジンにつながる実験であった。ところが、当時の溶接の技術水準では高温の排ガスに耐えられず、エンジンはたった二十秒ほど運転しただけで、いつも爆発して、しばしば火災を起こした。

研究室は木造である。社長から、「危険だからやめろ」といわれたが、糸川は、「そういうことを予想して消火器を用意しているから大丈夫だ、事故で死ぬのは私一人だから」といって、研究を続けた。

ところが、翌月のことだった。糸川が出張から戻ってくると、研究室は跡形もなく消え去っていたのである。「私の留守中に会社側が勝手に始末してしまったのである。その仕打ちは深刻であった。ほどなく辞表を出して会社を辞め、東京大学の助教授になった」と糸川は退職のころのことを振り返っている。

単に、この実験が会社によって強引に中止させられたからといったことではなく、キ43などでいやというほど経験させられた、軍からの理不尽な命令に基づく設計でも遂行しなければならない窮屈さに嫌気がさし、彼を大学へと向かわせたのかもしれない。

専門がほぼ同じの内藤子生は糸川について次のように述べた。

「『零戦』を設計された三菱の堀越二郎さんや川崎の土井武夫さんら昭和二年東大航空学科卒や小山さんの世代は、おれが新しいアイディアで飛行機を作るんだという思いがある。半分芸術家的なところがあるのです。そうでなければ飛行機がまとめられない時代だった。その後の世代でも昭和八、九年卒くらいまでの人は、そうした先輩を真似する風習があった。

ところが、飛行機の作り方も次第に変わってきて、昭和十年代に入ると、真似をしても芽が出ないということがわかってきた。それを最初に読み取ったのが昭和十年卒の糸川さんだった。エキスパートになるんだといって、空力屋さんになった。糸川さん以降は、それぞれ専門のエキスパートになるというように変わってきた。われわれの二、三年先輩からです」

航空機の要求性能が高くなるにしたがい、システムも次第に複雑になり、開発規模が大きくなって、一人の主任設計者の手に負えなくなってきていた。それぞれ技術者が専門化し、役割分担をしてチームを組み、一つの飛行機を作り上げていく時代へと変わってきたのである。糸川は大学に戻ることで自らの専門をより深めたいとの思いもあった。

糸川が退職の意を告げたあと、二人の間に、長く重苦しい沈黙が流れた。そのときの様子を、担当の看護婦があとで小山夫人に告げている。

「小山さんはベッドに横たわった姿勢で、怒ったように横を向いたまま、なにもお話にならなかった」

軽戦闘機から重戦闘機へ

療養中、小山は、仕事のことがいつも頭から離れず、追いつめられた夢を見ては夜中に飛び起きることもしばしばで、八十キロの堂々たる体格も、いつしか六十キロに減っていた。それでも、肺炎がなんとか治り、退院するや、自宅療養もすっぽかして会社に出向いた。

久しぶりに部下たちの姿や活況を呈する工場を見て意気込んだが、身体のほうはまだ正常に戻っているはずもなく、健康なときと同じように仕事を抱え込もうとした結果、一ヵ月後には再び病院に舞い戻る始末だった。

しかも、今度は極度の不眠症におちいり、身体は衰弱する一方だった。そして、先にも述べたように、この入院中に日米開戦となったのである。

ところが、誰も気づかってこのニュースを入院中の小山には知らせなかった。たまたま所用で小山が東京の自宅に電話したところ、電話口に出た家族の声がうわずっていて、なにやらおかしいことに気づいた。

「どうしたのか、はっきりいえ」と、問いただすと、

「戦争です、アメリカとです」

受話器を置いた小山は、院長に確かめた。まさしく開戦であった。大変なことになったと思いつつ、病室に戻った小山は、しばらく呆然としていたが、やがて、はっと

我に返った。

「ああ、戦闘機が足りないじゃないか。現有機の武装では不備だ。操縦者が犠牲になる。病院なんかで寝ている場合ではない」

寝巻きをかなぐり捨てて着替え、すぐに会社に行こうと支度をしたが、結局は身体は思いどおりにならなかった。

「こうなったら、ジタバタしてもはじまらない。すべてを忘れよう」

開きなおったような、捨て鉢のような気分から、医者にとめられていた酒をあおった。生来の酒好きで、長く禁酒していただけに、身体にしみわたる酒の味はこたえられなかった。

ところが、不思議なもので、禁酒を破ってあおった酒が、かえっていい結果を生んだのである。その後、睡眠も少しずつ得られるようになり、病状もみるみる回復に向かって、十二月半ばには退院の運びとなった。

しかし、彼は自宅には帰らず、太田町熊野の中島倶楽部に寝泊りするようになった。物資統制がきびしくなっていたその当時、自宅では酒を入手できなかったが、軍需工場・中島飛行機の社員のための豪華な厚生施設である中島倶楽部にはそれがあったからだ。その後、伊豆での療養生活によって、歩行訓練や体力の回復につとめ、昭和十七年（一九四二）四月一日から仕事に復帰した。

ところで、小山と常に競争試作に明け暮れた三菱の設計主務者・堀越二郎も、そのころ極度の過労で倒れ、日米開戦の報は病の床に臥しながら聞いた。やはり彼も、自分の身体が自由にならないもどかしさ、激しい苛立ちに襲われていた。技術的負担と責任が重くのしかかってくる戦闘機の設計主務者（主任）、技術責任者は、日米開戦を迎えたころ、すでに肉体的にも神経的にも極限的状態にあったのである。

陸軍からはキ84の試作命令が出ていた。機銃二門、主翼には二十ミリ機関砲二門、毎時六百五十キロの高速性、行動半径四百キロメートルという航続距離、エンジンは中島製ハ45（海軍名「誉」）二千馬力を装着することが要求されていた。従来の軽戦闘機から新しい重装備の戦闘機の時代へと移ろうとしていた。

小山の指揮のもと、昭和十七年（一九四二）の夏までにはキ84の基本設計はほぼ終わり、細部設計に移る時点で、飯野は機体主任を命じられた。副主任は昭和十四年（一九三九）に東大を卒業し、陸軍から派遣される形になっていた近藤芳夫であった。

小山は病気前と変わりなく、図面には細かいところまで目を通し、簡単には承認せず、飯野らは改めて、キ84に対する関心の深さを身にしみて感じた。

飯野はそれ以後、キ84に専念し、試作、各種改良・改修設計、試験、量産と忙しさに追いまくられる日々が終戦まで続くのである。

小山や飯野らが予定していたドイツ行きは、結局中止となってしまった。延び延びになっていた命令も、欧州からの最後の邦人引き揚げのため、十一月三日、横浜から浅間丸が向かうこととなり、この便に乗船できるようにということで、飯野はトランク三個を先に船便で送り出していた。しかし、十一月三日になってもついにドイツ行きの命令はこなかった。そして日米開戦の日を迎え、それどころではなくなって、いつしか立ち消えになってしまった。

日本本土初空襲

「特別計画第一号」とドゥーリトル隊

真珠湾奇襲攻撃に続く南方作戦では、日本軍は華々しい戦果をあげ、怒濤のごとく侵攻した。十二月十日のマレー沖の海戦では、イギリスの戦艦二隻を撃沈し、早くもグアム島を占領、フィリピン北部に上陸した。翌昭和十七年（一九四二）一月二日にはマニラを占領、二月十五日にはシンガポールのイギリス軍が降伏した。

勢いづく日本軍は、さらに戦域を拡大し、三月一日にはジャワ島にも上陸、同八日にはラングーンを占領、ニューギニアのラエ・サラモアに上陸して、翌九日にはジャワのオランダ軍も降伏した。

一方、海軍の機動部隊は、四月に入るとインド洋にも進出し、セイロン島（現・スリランカ）のコロンボを空襲、イギリス艦隊との交戦で巡洋艦二隻および空母一隻を撃沈して、勢いはとどまるところを知らなかった。

一方、真珠湾の奇襲攻撃を受けたアメリカでは、「卑怯（ひきょう）な日本人」への憎悪が一挙に高まり、対日戦への機運が盛り上がった。そうした国民の憤りを、ルーズベルト大統領は十分すぎるほど認識していた。最高会議メンバーであるアーネスト・J・キング米海軍最高司令官兼作戦部長、ジョージ・C・マーシャル陸軍参謀総長、ヘンリー・H・アーノルド陸軍航空軍総司令官などを集めて、「日本に対するパール・ハーバーの復讐をいかにして実行するか」を強調、再三にわたって速やかなる日本本土爆撃を要請した。

その結果、出てきたのが、空母から航続距離の長いB25陸軍爆撃機を発進させ、日本本土を、爆撃するという案だった。発案者は潜水艦関係の幕僚フランシス・S・ロー大佐だった。この計画には、アーノルド総司令官は大いに乗り気であったし、もっぱら派手なアクロバット飛行を信条とし、〝空のスタント・マン〟〝計算ずくの危険の達人〟と呼ばれていた命知らずのジェームズ・ハロルド・ドゥーリトル中佐率いる攻撃隊が、進んで任務を引き受けることになったのである。

「特別計画第一号」と呼ばれたこのプランは、先の米軍の最高責任者ら七人しか事前に知らされておらず、昭和十七年四月に実行に移されることになった。

サンフランシスコおよびハワイに分かれていた第十六機動部隊、「ホーネット」および「エンタープライズ」の両空母のほか、巡洋艦、駆逐艦など合計十六隻がそれぞれ出航し、途中で合流して、日本の海域へと針路をとった。日本本土まで四百海里（七百四十一キロ）に近づいた地点でＢ25を発進する計画であったが、七百海里（千二百九十六キロ）のところで日本船に発見されたため、計画は急遽変更、日本から六百五十海里（千二百四キロ）の地点で、ウィリアム・Ｆ・ハルゼー提督は攻撃隊発進の命令を下した。

昭和十七年四月十八日（土曜日）午前七時二十分（日本時間）、空母「ホーネット」を離艦したＢ25の十六機が、真昼の日本本土を急襲した。第一撃の爆弾投下は日本時間で十二時三十分、東京上空であった。爆撃は東京のほか、横浜、横須賀、名古屋、神戸の各都市だった。

日本側はすでに警戒体制に入っていたが、「攻撃があるとすれば、十九日だろう」と予想していた。なぜなら、空母から発進する艦載機は航続距離が短いため、米機動部隊がもっと日本に接近したのち発進するものと予想していたからである。ところが、実際は、航続距離の長い大型のＢ25を艦載していたのである。それも、日本ではとうてい考えられないことだが、艦載機ではない陸軍の爆撃機を海軍の空母に載せての陸・

海軍共同の作戦だったのである。

おりしもその日、東京は防空訓練の日にあたっていた。開戦から四ヵ月がたってい るとはいえ、敵の姿は一度も見たことがなく、常日ごろから新聞やラジオによる「連 戦連勝」の報道に酔いしれていた国民に、緊張感はなかった。

東京の上空には、朝から陸軍の九七戦闘機が飛び交い、模擬空中戦を演じたりして いた。空襲警報も鳴らされなかった。人々は、遠くから聞こえてくる高射砲の炸裂音が訓練によるものと思い込んで、さして気にとめるふうでもなかった。

ところが、朝から飛び交っていた防空演習の戦闘機に紛れ込む形で、突然、アメリカの大型爆撃機が低空飛行でかすめ飛び、来襲したのである。虚をつかれてすべてが後手にまわり、高射砲はただ乱射されるばかりでさっぱり当たらない。結局、首都・東京や軍事基地・横須賀などが爆撃されたにもかかわらず、一機も撃墜できなかった。

日本本土を爆撃したドゥーリトル隊はそのまま飛行を続け、着陸基地に設定されていた中国の衢州に針路をとった。日本側の被害は軽微だったが、本土のど真ん中が簡単に爆撃される可能性のあることが証明されただけに、軍事上きわめて重大な問題だった。

B29登場への布石

意表をつかれた日本本土爆撃については、軍内部でも受けとめ方はまちまちだった。だが、航空戦力、あるいは大型爆撃機による空襲の重要性に日ごろから強い関心をもっていた中島知久平は、連合艦隊司令長官・山本五十六などと同様、深刻な危機感を抱いた。

一方、この日本本土初攻撃は、アメリカ側にも多くの教訓を与えていた。空母から大型爆撃機を発進させるのは危険性が高すぎて、すぐれた技量をもったパイロットを抱えたドゥーリトル隊などにしかこなせない攻撃方法であったからだ。

しかも、そのドゥーリトル隊でさえ、衢州に無事着陸できたわけではなかった。一機はソ連領のウラジオストクに不時着し、残り十五機は中国本土にはたどり着いたものの、四機は不時着、十一機は着陸基地を見つけきれず、燃料切れなどで、落下傘降下するといった具合で、全機を破損させてしまったのである。日本本土を初めて爆撃し、米国民や連合国の士気を高めた意義を除けば、決して成功した作戦とはいえなかった。

中国の蔣介石政府との連携、レーダーによる広大な中国本土の地上支援体制の整備などの問題もあったが、それ以上に、使用する航空機自体の問題のほうが深刻だった。航続距離が長くなるため、どうしても燃料を多く積まなければならない。その分、爆弾の搭載量が少なくなり、爆撃の実質効果は多くを望めない。逆にいえば、日本本土を爆撃するために、航続距離が長く、爆弾を大量に搭載できる大型機の早期完成の必要性、具体的には、B25をさらに上まわるB29の早急な完成を痛感させられたのである。

もっとも、機動部隊の空母を始め十六隻を日本本土に接近させ、十六機もの大型爆撃機によって、主要都市を白昼堂々と爆撃、しかも一機も撃墜されることなく悠々と華中の基地に向かったことは、アメリカが潜在的にもっている機動力を十分うかがわせるものだった。真珠湾攻撃以後、南方進出作戦を全面展開していた日本軍にとって、背後をつかれるというのは、戦略上きわめて深刻な事態であった。

国民の不安を助長し、人心の動揺を恐れた大本営は、新聞などの検閲を行なった。翌日の新聞には「敵機が何だ、帝都は泰然」（東京日日新聞）といった論調の報道が目立った。記事内容は、軍事目標に対する爆撃の被害を小さな数字とし、学校や病院などへの被害をことさら強調したものだった。

四月十九日付けの朝日新聞朝刊も、「我が猛撃に敵機逃亡、軍防空部隊の士気旺盛、鬼畜の敵校庭を掃射」との勇ましい見出しを掲げた。

軍の発表では、

「東部軍司令部発表（昭和十七年四月十八日午後二時）

一、午後零時三十分ごろ敵機北西方向より京浜地方に来襲せるも、我が空、地両部隊の反撃を受け、逐次退散中なり、現在までに判明せる敵機撃墜数は九機にして我が方の損害軽微なる模様、皇室は安泰に亘(わた)らせらる」、

続いて午後四時半、東部軍からの二回目の発表が行なわれた。

「一、皇室の安泰に亘らせられる事は我々の等しく慶祝にたえざるところなり。

二、防空監視隊の敵機発見およびその報告極めて迅速にして適時空襲警報を発令しえたり。

三、敵の空襲は我空地防空部隊の奮闘と国民の沈着機敏なる動作とにより被害を最小限に止め得たり、国民各位は更に防火消火の準備を促進せられたし。

四、敵は若干の爆弾のほかは焼夷弾を主として使用せり、焼夷弾は二キロのものなるが如くその威力は何ら恐るるに足らざるも、屋根を貫きたる後、天井裏に止まるものあり特に注意せられたし。

五、軍防空部隊も初めて実敵に会し士気極めて旺盛、更に来るべき敵に対し益々戦備を厳にしあり。

六、敵の爆撃により死傷せられたる軍官民に対し深甚なる哀悼の意を表す」

ここに書かれている「九機撃墜」は明らかに偽りであり、日本の上空で撃墜されたB25は一機もなかった。

「落としたのは九機ではなく、空気ではないか」

東京上空を見上げていた人々の間から、そんな噂が広まったのも無理ないことだった。

初空襲に対する軍部の狼狽

軍当局は、日ごろから国民に対し、「日本本土が敵の空襲にさらされることなどありえない」との見解を強く宣伝していた矢先のことであった。新聞の報道とは違って、軍部はこの事態を重視し、あわてた対応ぶりであった。

このとき、連合艦隊参謀であった宇垣纏中将は日誌『戦藻録』の中で次のように書き記している。

「茲（ここ）に長蛇を再三、再四、逸するに至れるのは残念なる上、豫て（かね）東京乃至（ないし）本土空襲は断じて為さしむるべからずと云う余の矜持（きょうじ）をいたく害せられたる事無念至極なり」

宇垣はただちに皇居におもむき、天皇に対し、帝都防衛に抜かりがあったことを深く詫（わ）びている。また、山本五十六長官もこの空襲を神経質と思えるほど深刻に受けとめていた。この知らせを聞き、戦艦「長門」の自室に閉じこもり、米第十六機動部隊の追撃の指揮は宇垣に託したほどだった。阿川弘之著『山本五十六』で紹介されている私信でも、次のように語っている。

「一寸心配なのは開戦わずか三月余だのに一度も空襲がないとて安心したり（中略）若し思いきって突っ込んで来れば東京などとても防げるものではない」（三月十一日付）
「東京もとうとう空襲を受けまことに残念でした。勿論あんなのは本当の空襲などといふ丈のものではないが今の東京の人達には丁度よい加減の実演だったと思います」（四月二十九日付）
「先月十八日の空襲には相当自信ありて占めたりと思いしところうまうまとしてやられたる形にて恐縮に候
大した事はなかりしとは言え帝都の空を汚されて一機も撃墜し得ざりしとはなさけなき次第にて拙劣なる攻撃も巧妙なる防禦にまさる事を如実に示されたるを遺憾とするもの」（五月二日付）

当時海軍軍令部第一課長で、山本五十六のミッドウェー作戦に強く反対した富岡定俊大佐は、戦後、回想して、次のように述べている。
「山本長官がなぜあんなに本土空襲を心配していたか、当時は不思議に思ったが、戦後初めて了解できた」

空襲による実質的被害もさることながら、山本の本当に恐れていたのは、空襲の国民に与える心理的側面のほうだった。山本が及川古志郎海軍大臣に宛てた昭和十六年（一九四一）一月十七日付けの書簡中「戦備に関する意見」には次のように記されている。

「敵は一挙に帝国本土の急襲を行い帝都其の他の大都市を焼尽するの策に出ざるを保し難く若し一旦此の如き事態に立至らんか南方作戦に仮令成功を収むるとも我海軍は世論の激昂を浴び延いては国民の士気の低下を如何ともする能わざるに至らんこと火を観るより明らかなり」

山本は、日露戦争の当時のことを思い出していたという。ロシア艦隊が日本海に近づいたとき、日本国民の動揺は激しく、ほとんどパニック状態だった。

それ以前では、嘉永六年（一八五三）一月、黒船来航のときがそうであった。狂歌に「泰平の眠りをさます上喜撰（じょうきせん）（蒸気船）たった四はい（隻）で夜も眠れず」と詠まれたほどの動揺ぶりだった。さらに古くは、元寇（げんこう）の例があるが、歴史的に見ても、海外からの脅威が少なく、民族的対立もわずかな平和な島国日本に住む国民の特性である。

敵機とすれ違った東条の驚き

ときの首相・東条英機もまた、別の意味で驚愕していた。この日、東条は宇都宮師団司令部、宇都宮飛行学校などを視察したあと、昼の十二時ごろ宇都宮飛行場をたって水戸航空通信学校飛行場に向かった。この約十数分の間に、彼の搭乗した陸軍の飛行機とドゥーリトル隊のB25の一機とが、千葉県と茨城県との境あたりですれ違っていたのである。視界に入った見慣れぬ巨大な飛行機に、一瞬、彼はなにを考えたのだろうか。

水戸に到着し「帝都空襲」の報を聞いたときの様子を、保阪正康は『東条英機と天皇の時代』の中で次のように述べている。

「昭和十七年四月十八日、その東条に初めての衝撃が襲った。この日、内情視察で水戸市内を歩き回っている時、地元の県庁職員が耳打ちした。『東京、横須賀、名古屋などに敵機襲来との連絡が入っております』

東条は蒼白(そうはく)になった。それは間違いではないかとなんども確かめた。

しかし事実と知ると、彼はことばを失った。本土への空襲などないと陸軍はいいつづけていたのに、それが覆されたのである」

予定していた通信学校の視察は中止し、訓示のみとなった。そして、ただちに側近の者たちと協議した結果、今後の予定を変更し、軍関係以外の視察だけをこなすこととした。

常磐神社に参拝したあと、茨城県庁で軍官民の代表と懇談していたとき、今度は空襲警報が発令された。予定していた県庁職員への訓示も中止し、午後三時一分、水戸駅から急遽、帰京することとなった。あとに控えていた予定はすべて取りやめになった。

東京に到着すると、東条は真っ先に宮中に駆けつけ、不祥事に対し、天皇に詫びた。天皇から国を預かる最高責任者として申し開きようもない事態であったとの認識である。天皇からは、「敵機は何処に行ったか、生産拡充に影響はないか」（『東条秘書官機密日誌』）との下問があった。

翌日、東条は起床するとただちに、空襲に関する調査および善後処置について、秘書官らに至急対応するよう命じた。その結果、「今次空襲に関する調査及処置に関する件」と題する次のような指示書が作成された。

「1．調査

（1）米国飛行機の諸元

（註）

（イ）今次米国のとり得る作戦に関する判断資料とす。

（ロ）全然未知飛行機なりや否や調査するを要す。

（2）陸軍における防空上の欠陥（陸軍関係）

（3）爆弾及焼夷弾の落下地点及諸元（陸軍関係）

（4）蘇聯（ソ連）と米国の関係（陸軍関係）

2．処置

（1）二十日、〇八・〇〇局長会報。
（2）機関銃の増配及防空関係員の増員の促進（陸軍関係）
（3）高速戦闘機の東京方面増配の促進（陸軍関係）
（4）二十日、一五・〇〇総理官邸に於て、情報交換及連絡会議の開催。今次空襲の経過、教訓、後の対策に付協議することとす（此の場合特に内務大臣を出席せしむ）
（5）報道の統制を行ふ（主として陸軍関係、防衛総司令部、各軍司令部の発表等統制を要するものあり）」

十九日、二十日と引き続き警戒警報が出されていた。東条は数日間にわたり、空襲に関する報告を聞くとともに、協議を行なった。

当初、大本営にはこの米機の行動は謎だった。どこから発進し、どこへ着陸したのか、その真相の把握に苦労した。大型爆撃機が航空母艦から発進するなど考えられなかったし、しかも、中国の基地に着陸するといったことは、大本営が念頭に入れてなかったことだからである。ところが、南昌付近に不時着したB25一機の搭乗員五人を捕らえ、取り調べた結果、爆撃後、衢州飛行場に着陸する手はずだったことなど、詳細が判明したのである。

二十日、東条は陸軍省の「局長以上会報」の席上、次のような所見を述べた。

「敵を甘く見て油断していた。B25が空母から発進し、支那に着陸するなど夢想もしない。低空の単機攻撃も予想外であった。我々からの準備応戦、情報審査の不良」（『戦史叢書・陸軍航空の軍備と運用』）

「せ」号作戦

ドゥーリトル隊による空襲は、日本側に防空体制の見なおしを迫ることになったが、一方、アメリカ側でも警戒体制を敷いていた。日本本土爆撃に対し、日本側がアメリカ本土爆撃でもって報復してくるのではないかと恐れたからである。

四月二十日、陸軍参謀総長マーシャルの副参謀長ドワイト・D・アイゼンハワーは、中国の重慶からもたらされた報告書に目を通した。ただちに情報部に対し、日本が報復する可能性についての分析を命じた。その結果、提出された報告書には、次のように記載されていた。

「日本は航空母艦を使用して、南カリフォルニアやその他の西海岸における軍事目標に攻撃を加える可能性がある。日本海軍の配置に関する目下の情報では、航空母艦による攻撃が五月の第一週以前に行なわれる気配は見られない。ただ一九四二年五月十日以降であれば、いつ行なわれてもおかしくない。西海岸の重要な軍需施設に対して効果的な攻撃を加えるために、日本が相当な危険をおかす用意があることは明白である」(『ドゥーリトル日本初空襲』)

アイゼンハワー副参謀長はただちに、西部防衛司令官に対し、マーシャル陸軍参謀総長の名でメッセージを打電した。「日本軍の空襲の可能性が迫っている」と。マーシャル参謀総長は、西海岸またはアリューシャン列島への日本軍の進攻の可能性が高いと予想していた。五月末には、ドゥーリトルを伴って自ら現地に飛び、防空体制を視察している。

それはともかく、日本軍は、ドゥーリトル隊のB25が中国本土に着陸しようとしたことをも重大視していた。進路を逆にとり、中国本土を基地とする重爆撃機が日本をいつでも爆撃できる——このことを深刻に受けとめていたからである。

中国本土を侵攻していた日本の陸軍は、ドゥーリトルの空襲の一、二ヵ月前から、急遽、中支一帯の飛行場が整備されつつあるとの情報をつかんでいた。その目的が日本本土爆撃にあることが明確になったため、発進基地になる浙江省一帯の中国軍飛行場の徹底破壊を敢行することを決めた。

空襲から十二日後の四月三十日、支那方面軍に対し、「浙江作戦」または「せ」号作戦と呼ばれる命令が下された。当時、南京で大本営陸軍部の作戦班長であった辻政信中佐は、そのときのことを次のように回想している。

「海軍は、敵が航空母艦から爆撃機を飛ばした事を発表するのを極度に反対した。責任があり、評判が悪くなることのみに心を使っていた。大部の敵機が中国に着陸したことは、俄然大きな示唆を与えた。大陸を基地としての日本爆撃が行なわれるだろうとの判断は、対中国作戦に新しい意義を加えた。丁度その頃第十三軍は十九号作戦を準備し既に発令中なので、直ちに之を浙江作戦に転向させた」（『戦史叢書・支那派遣軍』）

大本営は現地部隊に次のように連絡した（要旨）。

「浙江省飛行場群なかんずく麗水、衢州、玉山等すみやかに覆滅するは、敵の企図破砕のためきわめて有効なるべく、これがため、数日中に貴地に到着を予想される航空部隊を利用するはもとより、状況によっては地上部隊をも使用して徹底的に敵飛行場群を破壊するを有利とする場合もあるべきこと」（前掲書）

続いて翌二十一日、参謀次長名で打電した。

「全般の情勢上、浙江省の飛行場群覆滅作戦はきわめて急を要するものあり、よって、きたる二十五日から実施すべき第十三軍の作戦を中止するよう」

支那方面軍は、周到な準備を経て、第十九号作戦計画の実行直前であった。方向の違う、南京よりさらに南に入った広徳、寧国地域への攻撃態勢がすでに整っているところへ、突然、中央の命令が舞い込んだ。現地部隊に当惑と不満が噴出した。ドゥーリトルの空襲に対し、中央は異常なまでの危機感を抱いたが、現地部隊はそうした危機感を抱いてはいなかったのである。

参謀総長は支那方面軍に対し、先のような指令を出すとともに、大陸第六百十七号をもって飛行第六十二戦隊（重爆撃機）、同第九十戦隊（双発軽爆撃機）を中国に派遣し、爆撃することを決定した。そして四月二十四日には、参謀本部第二課作戦班対支作戦主任者・高山信武参謀が作戦案を持って現地軍に派遣され、説得と調整を行なった。現地軍が作戦の変更に難色を示したからである。結局、中央の指令どおり、「せ」号作戦は敢行されることになった。

大本営は作戦がただちに実施されることを強く要請した。「せ」号作戦の方針は次のとおりである。

「敵利用の虞（おそれ）ある飛行場の使用を不能ならしめると共に此の間敵機を索（もと）めて捕捉撃滅す。其範囲は桂林、芷江を含む以東、揚子江以南の地域とす」（『総作命甲第三六九号（四月二十六日）別紙せ号航空作戦要領』）

まず最初、偵察飛行を行ない、続いて数百回におよぶ空からの爆撃を開始した。その後、地上軍による砲撃で、玉山、衢州、麗水などの飛行場および周辺施設、道路、橋などが次々に破壊されていった。

作戦は大本営が当初作成した案の二倍に当たる、南方攻略作戦にも匹敵する大兵力を投入する結果となった。作戦地域も、単に浙江省にとどまらず、広く江西省までも進攻した。

「大本営もいささか当惑気味」といわれた作戦は約三ヵ月におよび、破壊は徹底をきわめた。しかし、戦闘は困難だった。なぜなら、作戦の前半は「黄梅天」と呼ばれるほど雨量が多く、加えて六十年ぶりといわれる豪雨に見舞われ、河川はことごとく氾濫し、後半は一転して炎熱地獄だったからだ。兵士たちは口をそろえていう。

「浙江作戦といえば、まず、雨と泥水と股ずれと水虫に悩まされたことを思い出す」

(『戦史叢書・支那派遣軍』)


衢州飛行場は第百十六師団が二ヵ月を要して、八月二十五日までに徹底的に破壊した。それも広範囲にわたる交通網、周辺施設をも破壊した。玉山飛行場は第三十二師団が三十五日を要して八月十二日までに、麗水飛行場は第七十師団および小薗江旅団が八月二十六日までに、それぞれ破壊作業を完了した。

アメリカの「ハルプロ」計画を阻止

この「せ」号作戦によって、日本軍は中国本土に設営する米飛行場をつぶさに観察することができた。その整った設備について、第十三軍の司令官・沢田茂中将は日記に次のように記している。

「六月十六日　曇り　雨　午前、衢州飛行場を視察す。米人の援助を以て作りたるものの如く、排水設備、各種付属設備の分散等範とすべきもの多し。我国の原始的思想の飛行場設備は速やかに改善を要す」

アメリカは中国人労働者を大量に動員し、各地の飛行場を次々に建設、設備を充実させていた。このあとに展開される南方作戦で、日本の航空作戦基盤の大きな弱点として致命的な問題になってくるのが飛行場基地整備および補給路の貧弱さである。

日本軍が基本としていた空地分離編成は、昭和十二年（一九三七）、西欧諸国、とくにドイツの空軍編成を範例とし、満州での機動的展開を主眼として採用されたものである。航空部隊を飛行部隊と地上勤務部隊に大別し、両者の連携によって基盤を整備していくという方式だが、実際は必ずしも効率的には運ばなかった。中でも、戦線が広域になっていた南方諸島では、満州と比べて自然条件が違いすぎ、補給、整備が伴わず、作戦にも支障をきたすことになる。

大本営がこの作戦を発令した際、沢田中将の記録によると、次のような指摘がなされたという。

「総司令部に於て大本営の企図を伝ふ。曰く、大本営は浙東の敵飛行基地群を根底より破壊せんとす。（中略）以上大本営の企図は謹みて之を奉ず。但し、諒解（りょうかい）に苦しむ点は、浙東各地の飛行場は一度之を破壊するも、其の再建は極めて容易なり。何故に永久確保の途を講ぜざるや之れなり」

つまり、一度、空港を叩き、破壊しても、占領し続けるのでなければ、すぐに復旧されるのは目に見えていた。この素朴で、しかも誰でも気づく疑問と危惧は、やがて二年近くのちに現実化する。中国の奥地に建設され、整備された基地から飛び立ったB29により、日本本土は縦横無尽に爆撃されるのである。

ともあれ、この「せ」号作戦による中国側の被害は、二十五万人にのぼったともいわれている。

日本軍の飛行場破壊によって、米軍が当面予定していた「ハルプロ」計画――B24爆撃機を中国の基地から発進させ、日本本土を爆撃する計画――の実行は中止にいたった。エジプトまできていたB24は待機を余儀なくされ、中国基地には飛来してこれなくなったからである。同機はその後、別の作戦に振り向けられることになった。

少なくとも、昭和十七年（一九四二）の時点での、日本本土爆撃の当面の危機を払拭できたことは、事実であった。

「われ米本土を爆撃せり」

潜水艦・伊25

ドゥーリトル隊が日本本土上空に飛来した日、たまたま横須賀海軍基地に入港していて爆撃を受けた一隻の潜水艦があった。排水量二千百九十八トン、水上速力時速二十三・六ノット（四十三・七キロメートル）、十四センチ砲一門、魚雷十八門を装備したこの大型巡洋潜水艦・伊25に搭載された零式小型水上偵察機こそ、日本で最初で最後、アメリカ本土を空から爆撃した唯一の飛行機であった。

伊25の水偵の掌飛行長で元海軍中尉の藤田信雄は、そのときの作戦を手記『米本土爆撃記』（昭和二十九年）に書き残している。また、伊25の聴音長だった岡村幸兵（当時・兵曹長）は、そのときの様子を描いた『伊25潜戦場絵日記』を残している。さらには『証言・私の昭和史3――われ米本土を爆撃せり』に、田上明次艦長、藤田、岡村らの回顧記が掲載されている。（以下、随時引用）

その中で、藤田は次のように述べている。

「豪州、ニュージーランド方面の飛行偵察を終って、十七年四月に帰航したときだった。忘れられないその日のことを、昨日のようにまざまざと覚えている」

この日、朝から横須賀は警戒警報が発令されていた。飛行長の藤田信雄はトラック島で積み込んだ飛行機の部品を豪華客船ブラジル丸に受け取りに行った帰りだった。ドックで僚艦と並んで修理を急ぐ伊25に帰艦して、艦橋に上ったところだった。

「飛行機だ。敵の飛行機だ！」

突然、見張り員が叫んだ。と同時くらいに、頭を叩かれるような爆音が轟きわたっ

伊25と同型の伊26潜水艦

た。藤田が見上げると、頭上三、四百メートルのところを、星のマークをつけた双発機が黒い小さなものをバラバラとまき落としながら飛び去ろうとしていた。

「撃ち方はじめ！」

砲術長の命令が飛んだ。砲座が一斉に火を吹きはじめた。しかし、B25は射撃をかわすように翼を大きく左右交互に傾けながら、軍需部の上空から横須賀航空隊の方向へと消え去っていった。

この爆撃で、伊25の隣のドックで修理を終えたばかりの「大鯨」に爆弾が命中、飛行甲板に穴があき、負傷者も出ていた。「またくるぞ」という叫び声に上空を見上げると、今度は日本の戦闘機がはるか上空、七、八千メートルを悠々と飛んでいた。

伊25は、真珠湾攻撃のとき、第一潜水戦隊の一隻として、第二潜水戦隊、第三潜水戦隊とともに真珠湾包囲の任務についていた。日本軍の空からの攻撃で撃ちもらした軍艦などが、真珠湾を脱出し、あるいは入港してくるのを、潜水艦二十五隻で待ち構えていて攻撃し、殲滅しようというわけである。ところが、戦果はゼロだった。

この作戦に参加した伊36艦長の稲葉通宗は、当時を次のように語っている。

「われわれは昼間は深度三十メートルぐらいのところに潜航していて、水中聴音機で敵艦のスクリュー音をさぐっているんです。これは十マイルぐらい先から聞こえることになっている。たしかに日本近海での訓練では、音で相手艦を捕捉できたんだ。ところが、ハワイでは何も聞こえなかった」(『艦長たちの太平洋戦争』)

実際は彼らの頭上を次々に敵の艦艇が通過していたのである。あとになってわかったことだが、海水の温度や塩分濃度、水圧などによって音の伝わり方が違うことを、当時の海軍は知らなかったのである。

一般的に、真夏では、海水の表層温度が高くなって膜を作ったような状態になり、音が屈折して下方に向かう。だから、千メートル離れたらもう聞き取れない。ところが、冬は逆になって、浅いところにいれば、十五、六キロ以上離れていても聞こえる。しかし、深いところにいたのでは、これまた頭上を通過しても聞こえなくなる。こうした季節、温度など海の多様な状態での特性が、当時の日本軍ではまるで研究されていなかった。

そこで、第六艦隊司令長官・清水光美中将は第一潜水艦隊に対し、「真珠湾攻撃で取り逃がした空母が米本国に引き揚げているものと見られるので、それらを追跡し、攻撃せよ」との命令を発した。しかし、結局、空母も発見することはできなかった。そこで、今度は通商破壊戦を命ぜられ、アメリカ西海岸の近くまで進出してタンカーや貨物船十数隻を撃沈させた。

この後、伊25はさらに新しい命令を受けた。

「伊25潜水艦は追跡を中止し、予定どおり豪州、ニュージーランド方面の飛行偵察を実施すべし」

伊25は一路、北半球から赤道を通過して南半球に入り、ソロモン諸島とニューカレドニアの間を南西に進んだ。オーストラリアのシドニー、ニュージーランドのオークランドなどを経由して、昭和十七年四月、横須賀港に入港したところで、ドゥーリトルの爆撃に遭遇したのである。

五月十一日、伊25、伊26、伊9、伊17、伊19からなる潜水艦隊が再び横須賀港を出港し、アメリカ本土を目指した。途中、商船などを撃沈したのち、六月二十一日午前二時四十五分、伊25はアメリカ西海岸の北部、アストリア港に浮上した。

「砲撃の予定のところ、あまりにも月がこうこうと冴えて美しい大陸の山なみも夢のごとし」

聴音長の岡村はそう書き残している。月夜のため、昼間のような錯覚さえ覚えた。田上艦長もあまりの美しさに、「野暮な砲撃に気が引け」、砲撃を明日に変更したほどだった。

昼間は発見されるのをおそれて海底に潜り、二十二日午前二時半、再び浮上、鏡のような洋上を進行して港内に潜入した。日本の潜水艦が忍び寄っていることなど知る由もないアメリカの商船などが、舷灯をつけて出入りしていた。海上にはいたるところに漁り火が見えた。灯台の灯が規則正しくまわり、民家の野外灯も明々と輝いていた。

午前三時十五分、潜水艦の十四センチ砲が、突如として火を吹いた。砲撃開始。十七発の爆音が港内をはるか越えて、寝静まった陸地にまで響き渡った。砲弾を撃ち込んだ伊25は夜の海に没し、悠々と港外へと去った。

砲撃目標はアストリアの潜水艦基地だったが、砲弾の多くは目標をはずれ、砂地などに打ち込まれた。その中に、ラッセル砲台近くの野球場に着弾したものがあった。現在そこに、「一八一二年以来初めて、ただ一回のアメリカ本土軍事基地に対する砲撃」と書かれた記念碑が立っている。

しかし、それは正確ではない。確かに伊25にとっては初のアメリカ本土砲撃だったが、日本軍が最初に砲撃を行なったのは、それより四ヵ月ほど前の二月二十四日である。真珠湾攻撃に参加した伊17が米西海岸に進出し、カリフォルニア州にあるアメリカ最大級の海軍軍港サンディエゴとつい目と鼻の先に控えたサンタバーバラのエルウッドの油田地帯に砲撃を加えたのである。また、伊25が砲撃を延期した六月二十一日、ともに日本を発った伊26がバンクーバー島を砲撃していた。したがって、伊25の砲撃は三回目である。

潜水艦搭載機・零式水偵

ともあれ、米本土砲撃の任務を果たした伊25は、再び横須賀港に帰港した。先の入港のときはおり悪しくドゥーリトル隊に爆撃されたが、今度は逆に、自分たちがアメリカ本土爆撃の命令を受けることになるとは、飛行長の藤田自身、想像だにしていなかった。

藤田は明治四十四年（一九一一）生まれ、昭和七年（一九三二）海軍に入り、翌八年（一九三三）七月、霞ケ浦航空隊で水上機操縦課程を修了。飛行歴十年におよぶベテランであった。

山口県岩国から妻子を呼び寄せて、次の出航までのんびりと過ごしていた藤田に、八月の初め、田上艦長から声がかかった。軍令部より、伊25潜水艦飛行長宛てに出頭命令がきているというのである。

「これから軍令部に行ってきてくれ。三課の井浦中佐が潜水艦の係だから、そこへ行けばよい」

艦長室を出た藤田は真っ白の軍服に着替えて上陸し、横須賀駅から東京に向かった。

「いったい、なんの用だろう?」

一つ思い当たることがあった。航空技術廠の部員から聞いた話によると、横須賀航空隊で潜水艦に搭載する飛行機に爆弾を積めるよう改装を加えていて、それが伊25潜水艦に行くかもしれない、というのである。

そのころ海軍には、ほかに零式艦上戦闘機、零式水上偵察機、零式観測機があった。このうち、潜水艦に搭載されていたのは零式小型水上偵察機(水偵)である。例の名高い海軍主力戦闘機「零戦」とはまったく違う機種なのに、名称だけは「零式」と呼ばれていた。

潜水艦のスペースからして、水上偵察機は小型の組み立て式に限られる。スピードも最高で時速百六十七キロぐらい、飛行時間はたったの三時間、装備は七・七ミリの旋回機銃一挺でしかない。「全く玩具のような時代遅れの飛行機」なのである。

潜水艦用以外の零式はいずれもそれぞれに大活躍しており、真珠湾攻撃のときも、藤田ら潜水艦搭乗員は、夜間のハワイ上空をたった一度飛んだきりで、みんな「貧乏くじを引いた」とこぼしていたくらいである。

そこで藤田は、「潜水艦飛行機に爆弾搭載の件」と題する研究を行なった。潜水艦搭載機に爆弾を積み、敵地深く侵入して弱点を衝いて爆撃すれば、実に効果的である。

なぜなら、潜水艦の行動半径は太平洋全域から広く、南洋諸島まで自由自在だからである——これが、日米開戦以来の藤田の持論だった。

「航路上に待機し、敵の虚に乗じ飛行機を発進攻撃を加える。飛行機と艦と協同攻撃を実施する。そうすれば敵は本土の防備に或は長大な補給路の警備に多大の艦船、飛行機を必要とする。したがって第一線の敵艦船、飛行機の数量は減少し、味方の作戦は極めて有利に展開できることになる」(『米本土爆撃記』)

藤田はすでにこうした意見を上申書として艦長を通じて海軍軍令部に提出していたのである。しかし、藤田の論法でいけば確かにきわめて有効な戦法のように思えるが、いざ実行するとなると、問題点も多かった。爆弾を搭載できても、敵陣近くではなんの防御手段もなく、守ってくれる戦闘機、戦艦もない。潜水艦は浮上しているときがもっとも無防備で弱い状態なのである。

「浮上中の不安と焦燥は何とも言いようがない。我慢して待つ時間の長さ、寿命が縮むとはこんな時のことを言うのだろう」

藤田自身も潜水艦から飛ばす水偵の弱点を率直に述べている。

藤田が最初に伊25に乗り込んだころは、水偵組み立てから発進、帰着揚収まで、一時間半かかっていた。それが毎日の訓練でしだいに短縮され、三十分以内でできるようになった。

水偵をおさめる格納筒は艦橋の前にある。直径約一メートル半、長さ三十メートルほどのスペースで、翼をはずし、胴体を先に入れ、その隙間に翼を押し込むようにして収納するのである。組み立てるときは、滑走車上に胴体をロープで引き出し、左右の主翼を取りつけ、同時にプロペラ、尾翼も組み立てていく。

それと並行して艦上に準備されたカタパルト上に水偵がセットされると、ただちにエンジンをかけ、五分ほど試運転する。そのとき潜水艦は風上に向かって直進し、水偵発射に最適な十六ノットぐらいを維持する。パイロットがエンジンに異常がないと確認できれば、ものすごい圧搾空気の音とともに、飛行機が射出される。

潜水艦から水偵を発進させる場合、敵方に気づかれていないことが大前提である。もし見つかったときには、それこそ「攻撃してください」といわんばかりで、防御の手立てがない。そのことは藤田にもわかっていたから、軍令部も上申書を採り上げなかったのだろうと思っていた。

米本土爆撃命令

霞が関にあった海軍省の古風な建物に入っていった藤田は、通路を行き来する人間がすべて佐官、将官クラスばかりで、自分のような兵曹長など一人もおらず、少なからず気後れした。二階の軍令部三課に訪ねた井浦祥二郎中佐から、いきなりいわれた。

「今度、君のところでアメリカ爆撃をやるんだ。いま駐在武官をしてシアトルにいた副官を連れてくるから、ちょっと待っていてくれ」

その言葉を聞いた瞬間、藤田は体内の血が熱くなるのを覚えた。アメリカ爆撃？いったいどこを爆撃するのだろう——サンフランシスコ、サンディエゴ、シアトル、ポートランド……頭の中をアメリカ西海岸の主要都市が駆けめぐった。

「軍港の中の敵の航空母艦？　或は工廠？　いやいやポートランドの飛行機工場か？命中しなかったらどうしよう。生きては帰れない。はるばる内地から大事に運んだ爆弾を無意味には出来ない。命中するまで接近して投下するか、或は自爆か」（前掲書）

そんな勝手な想像をめぐらしながら藤田は、窓の外に見える真夏の積乱雲のようにむくむくと沸き上る興奮を覚えた。

副官とともに戻ってきた井浦は、四、五枚のチャートを広げながら、藤田に向かっていった。

「アメリカ爆撃は山林だ。副官は駐在武官のときシアトルにいたから、くわしいことは副官に聞いてくれ」

興奮ぎみにあれこれと想像していた藤田は、それを聞いてがっかりした。山林ぐらいなら、どんな未熟な初心者でも、学生練習生にだって爆撃できる、つまらない仕事にぶつかったものだ——そう思うと急に気が抜けてきた。

副官の説明はこうだった。

「米西海岸は山林が多い。しかも原始林で、一番恐れるのは山火事である。自然発火することもまれにある。一度山火事ともなれば消火のしようがない。熱い熱風が近くの町に吹きよせて来るので、付近の住民は避難しなければならない。これは住民にとっては実につらい事である。特にシアトルに三角州の様な所があるが、ここも山林で大木がある。州政府はこの上空を飛行禁止区域にしてある。もし飛行機が墜落して火災でも起こしたら大変だからである。（中略）

日本の飛行機が米本土まで来て飛ぶと言う事は敵の士気を沮喪させる効果もある。潜水艦が何度か米西海岸に出撃し、敵商船を撃沈したり、或は敵地を砲撃したりしたが、米本土爆撃はそれにも増して大きい効果がある」（前掲書）

そう聞かされると、くさっていた藤田にも、「これは重大任務だ」との自覚が再び沸いてきた。興奮したり、がっかりしたり、そしてまた意気を上げたりと、まったく忙しい限りだった。手渡されたチャートを大事に持って、藤田は軍令部をあとにした。

自殺覚悟の水偵パイロット

昭和十七年（一九四二）八月十五日、伊25が出港する横須賀港には、普段と違って、小型艦艇くらいしか認めることができなかった。六月五日のミッドウェー海戦で航空母艦そのほかが撃沈され、大打撃を受けていた。引き続きガダルカナル島周辺海域で、ちょうど日米が壮絶な総力戦を繰り広げているときだった。

すでにアメリカ本土爆撃に使用する爆弾六発は搭載されていた。太陽が西に傾きかけたころ、乗員全員が甲板に整列した。周囲に停泊していた艦船の甲板でも、見送りのため乗員が整列していた。

「前進微速」

田上艦長の号令が響くと、甲板上の乗員が一斉に帽子を振りはじめた。周囲の艦船や横須賀工廠の岸壁でも、同じように帽子が振られていた。二度と目にすることはないかもしれぬだけに、見送るほうも、見送られるほうも万感迫るときであった。

軍港をあとにし、東京湾に出て、陽も大きく西に傾いたころ、後部甲板に全員が集められた。アメリカ本土爆撃は極秘の計画だったため、ほんの数人の士官以外には知らされていなかった。米本土爆撃の命令がいよいよ全員に知らされるのだなと藤田が思ったとおり、艦長からの任務説明があった。

真珠湾攻撃以来、日本の潜水艦はアメリカ西海岸近くを航行する商船を次々に攻撃し、撃沈していたため、米軍の警戒体制は厳重になっていた。それだけに、この米本土爆撃の任務には決死の覚悟が要求されていた。

これまでと違って任務がはっきりしていたため、途中で商船などを攻撃する必要はない。だから、目的とするシアトルまで一直線で結ぶ大圏コースがとられた。それでも、三陸沖からアリューシャン列島の南を通る最短距離で四千二百八十海里、約八千キロである。

見張りだけは厳重にしつつも、実際はのんびりとした日々が続いた。太平洋を横断する航路は、毎日、ただ波と空と雲と水平線だけだった。

十数日の平穏無事な航行を経て、米西海岸から六百海里（約一千キロ）の地点に達した。それまでは昼夜ともに浮上航行してきたが、そこからは敵の哨戒圏内に入ることから、昼間は潜航、夜間だけ浮上して、さらに米本土へと接近していくことになる。

九月に入り、海が荒れる日々が続いた。波が高くては、もちろん飛行機を飛ばすことはできない。波が静まることを念じながら、ただひたすらしんぼう強く待つほかなかった。陸地が近くなったため、アメリカの商船に出くわすこともあったが、本土爆撃を終えるまでは、自らの存在を教えることになるため、手はいっさい出さない。

こんな状態がいつまでも続くと、乗組員の士気も沮喪してしまう——藤田が焦りを感じはじめていた。そんなある日、艦長から呼び出しがあった。

「今日はわりあいよく見える。のぞいてみろ」

艦長にいわれて、藤田が司令塔の潜望鏡をのぞくと、アメリカの山々が薄紫色に見えた。海岸線の岸壁に、侵入・脱出のときの目印に設定したブランコ岬の白い灯台が

潜水艦より発進直前の零式小型水偵

はっきりと確認できた。

「大変よく見えました」

「体の具合はよいか」

「いたって上々です」

　勇んで答えた藤田の脳裏に、日米開戦以来、何度となく死線を越えてきた自分に対し、「よくいままで生きてこられたものだ」という感慨がよぎった。

「眼前に敵を見て戦う時は、勢いの赴くところ決死の決意も早いが、平静な幾日かを送りながら死の日が近づいてくるというほど苦しいものはない」（前掲書）

　敵陣営の奥深く入り込んで作戦を展開する水偵の任務は、いつも死と背中合わせだった。飛行すればかならず発見される。発見されれば、当然、敵基地から一斉に飛びたった戦闘機に囲まれ、機銃弾を浴びる。彼らがもっとも恐れるのは、「お供（敵機）を連れて帰ってくる」ことだった。

「若し敵機と出会ったら体当たりする。帰艦して母艦が見えない時は燃料の続く限り探し、それでも見えない時は予め決めた海面に不時着して母艦の救助を待つ。（中略）第一（地点）で揚収不可能の時は第二揚収地点へ行け、第一、第二地点とも揚収不可能の状態にあれば第三揚収地点に行けと打合わせてあった。

そこで待っても母艦が来ない。その時は母艦のやられた時だ。そのときには自決するだけだ。先ず暗号書を沈める。次で飛行機のフロートに穴をあけて海中へ飛行機が沈む状態として拳銃で奥田兵曹と自殺する事に決めてあった」（前掲書）

「ドゥーリトルのお返し」

西海岸に到着して十日近くたっても、依然として波が高く、発進できない状態が続いた。

南方はるかソロモン沖では日米の激戦が続けられて、そのころすでにガダルカナル島、ツラギは連合軍の手に落ちていた。世界がソロモン海域に注視しているとき、アメリカ西海岸では伊25のただ一隻がポツンととどまっているだけである。

九月八日、日没と同時に、いつものように浮上した。波は飛行可能な程度におさまっていた。陸地にさらに近づくため、潜水艦はブランコ岬へと静かに近づいていった。波はさらに静まってきていた。灯台が放つ光だけが無気味に海面を照らし出していた。

いよいよ決行のときがきた――藤田は身が引き締まるのを感じた。

「飛行機発進用意、作業員前甲板」

各員はそれぞれ持ち場についた。見張り員が息をこらして三百六十度を注視する中、飛行機が組み立てられ、カタパルト上にセットされた。藤田と奥田に艦長の指示が飛んだ。

「爆撃地点はあらかじめ命令したとおり。慎重にやれ。成功を祈る。出発」

二人が乗り込んだ水偵は、艦上からカタパルト発射された。両翼の下に搭載された、直径三十センチ、長さ一・五メートル、重さ七十六キログラムの爆弾の中には、小さな特殊焼夷弾が五百二十個も入っている。それが爆発と同時に周囲百メートルにばらまかれ、摂氏千五百度の高熱で燃え上がることになっている。その爆弾の重さでいったん水面すれすれまで下降した水偵は、徐々に上昇していった。

九月九日、零式水偵はしだいに明るくなりつつある夜明けの海上を、ブランコ岬を目指して進行した。海岸線まで迫る山々には鬱蒼（うっそう）とした樹木が生い茂っていた。ブランコ岬の上空で、藤田は針路を北東に変えた。高度二千五百メートル、速度百ノット、延々と続く山々の向こうから、「深紅の巨大なホオズキの様な太陽」が昇りはじめた。

「奥田兵曹、下をよく見ろ。森林だろう。ここに爆弾を投下するんだ」

藤田は緩旋回飛行に入り、まもなく直線飛行に移ったところで叫んだ。

「用意、打て！」

まず左翼の爆弾が投下された。機体は大きく右に傾いた。旋回しながら、二人は下を注視した。時間が非常に長く感じられた。はるか下で、パッと火花が散った。

「爆発。燃えております」

二分ほどのちに、もう一発が投下された。機体は急に軽くなり、左右のバランスがとれて、速度も百十五ノットにあがった。二発目も爆発した。藤田は奥田に伝えた。

「おーい、爆発したから帰る。火災の状況を見ておれ」

速度をさらにあげて百三十ノットにし、同じコースを戻った。ブランコ岬を確認し、海上に出たところで、海岸から十キロほどのところを二隻の船が北進しているのが見えた。藤田はとっさに高度を下げ、二隻の真ん中、海面から十数メートルほどのところを全速で突っきった。機体を船上の目の高さにすると、相手には機種が確認できず、敵か味方かの区別がつきにくい。

やがて、待機していた母艦近くに着水した。またたく間に水偵を分解し、格納した伊25は、針路を北北東にとり、十八ノットで進んだ。

ひとまず大任は果たしたので、今度は商船の攻撃に目的を変えた。二隻の商船を発見し、魚雷攻撃をかけようとしたときであった。見張りが叫んだ。

「敵機、敵機接近！」

「潜航急げ。ベント開け」

伊25は急速に潜航をはじめた。艦全体が海中に没した直後、爆発音が響きわたった。とたんに電灯が消えて、真っ暗闇になった。浸水しているとの報も入った。電気長が士官室の下にある電池室に急いだ。しばらくして、浸水も止まり、電気系統も復旧した。

伊25は深度六十メートルのところに、じっと身をひそめた。爆発音は十回ほど鳴り響いた。午後になると、聴音機に駆逐艦らしいスクリュー音が入ってきた。爆雷攻撃の音は、かなり遠い地点から聞こえていた。攻撃が終わるのを海底でひたすら待つしかなかった。

日没後、海面に浮上すると、まわりには駆逐艦などの姿はなかった。長かった記念すべき一日も、ようやく終ろうとしていた。

日本の海軍軍令部が発信した電報を伊25は受信した。

「敵側サンフランシスコ・ラジオ放送、日本潜水艦より発したと思われる小型飛行機、オレゴン州山林に焼夷弾投下、数人の死傷と相当の被害を受く。我が爆撃機、敵潜水艦を攻撃し損害を与えた」

これは、伊25を激励する意味から、軍令部がサンフランシスコ・ラジオ放送が伝えた焼夷弾投下の事実に加えて、手前味噌な被害をでっち上げて発信したものだった。

この米本土爆撃は一週間ほどのちに、日本の新聞にも報道された。
「米本土初空襲敢行・オレゴン州に焼夷弾・果敢・水上機で強行爆撃・全米国民に一大衝撃・海上に悠々潜水艦」（九月十六日付・朝日新聞）
「ドゥーリトルのお返し」というわけである。

再爆撃——母艦の油の帯に命拾い

伊25はなお通商破壊の任務を続行するため、南へ北へと移動した。そして、艦長は再び水偵による焼夷弾投下敢行の命令を発した。もちろん、前回よりもアメリカ側の警戒が厳重になっていることは百も承知であった。すでに米西海岸での行動も一ヵ月になろうとしていた九月二十九日、伊25が日没後に浮上したのは、ブランコ岬より二、三時間のところであった。そこで、再度ブランコ岬を目印にした飛行を計画した。

今度は灯火管制を敷いていたらしく、街の灯りは見えなかったが、月明りで海岸線ははっきりと確認できた。警戒が厳重だけに、夜間飛行で決行することになった。藤田、奥田の二人を乗せた水偵は再び飛び立ち、高度二千メートルで米本土に向かって直進した。下界の森林は真っ黒で、高い山と谷を判別するのがやっとだった。

二十五分ほど陸地に入ったところで、一発目が投下された。爆弾は眼下の闇に吸い込まれていった。少しおいて爆発音とともに、鮮やかな閃光（せんこう）が走った。続いて二発目投下、爆発を確認すると、ただちに針路を変えた。

ブランコ岬上空では、アメリカ側に気づかれないよう、エンジンを停止して降下した。高度三百メートルで水平飛行に移り、艦の方向に向かった。海上に薄く霧がかかっているためか、見上げるとおぼろ月夜であった。それでも海面は月明りを反射させ、よく見えた。ところが、すでに母艦の地点にきているにもかかわらず、確認できなかった。

「奥田兵曹、下をよく見てくれ」

「飛行長、時間では母艦上空のはずですが」

夜の海上で黒い潜水艦を発見するのは困難だが、それにしてもおかしい。しばらく進んでも発見できなかったので、方向転換して、再びブランコ岬方面に針路をとった。岬近くまできたところで、機位を測定して帰投の針路を出すよう、奥田に命じた。

「この位置より二百五十度です」

針路を変えてさらに飛行を続けた。時間は刻々と過ぎ、藤田に焦りの気持ちが沸いてきた。と、右前方の海面に艦の軌跡らしい帯状の模様が光っているのが認められた。

「艦の航跡らしいぞ。よし、あれを伝っていこう」

航跡はしだいに細くなり、やっと艦を確認することができた。奥田が識別信号を送ると、艦からも信号が帰ってきた。間違いなく伊25だった。付近に敵艦のいないことを確かめてから着水した。幸いにも、潜水艦から流出した油が目印となって助けられるという、きわどい夜間飛行であった。

十月二十四日、伊25は四十日にわたる作戦行動を終えて、横須賀に帰港した。観音崎の灯台が見えたところで藤田は、抑えようもなく込み上げてくる熱いものを全身に感じながらも、ビタミン不足でむくんだ足が急に重くなってくるのを覚えた。

アメリカ本土爆撃の成果は？

ところで、零式水偵によるアメリカ本土爆撃の成果は、どの程度のものだったのだろうか。アメリカ側の資料でみてみよう。

第一回目の爆撃のとき、ブルッキングスの町から北東十三キロほどのところにあるエミリー山（標高八百九十二メートル）の森林監視員ハワード・ガードナーは、エンジン音を聞いて外に出、霧の中を見え隠れしながら飛行する水偵を発見した。寝ていた同僚を起こし、機種を確認しようと試みたが、識別できなかった。見たこともない機種であることでは一致した。

ガードナーは本部に、「飛行機一機、型式不明、低空で東方二マイルの上空を旋回中」と、一応の連絡は入れた。当時は米軍機などもよく付近を飛んでいたので、とくに気にとめなかった。まして、日本の軍用機だとは夢にも思わなかった。

ところが、日が高く昇り、しだいに霧が晴れてくると、東南五マイルほどのところで煙が上がっているのを発見した。人がほとんど入ることのない山深い地域だけに、昨夜の落雷で発生した山火事ではないかと、急ぎ現場に駆けつけた。彼はそこで掘れ上がった跡や、樹木の裂けた跡を発見した。不審に思い、さらによく調べると、金属片や不発の焼夷弾が見つかった。彼は米軍機が誤って爆弾を落としていったのだと判断し、その旨、報告した。この報告に基づき、調査されたが、該当する飛行機は見つからなかった。

翌日、ＦＢＩが派遣した専門技術者の鑑定の結果、爆弾ケースに日本製であることを示すマークがはっきりと認められた。その他、海岸近くで、海側から飛来し、また同じコースを去っていった水偵を目撃したという人が何人かあらわれた。それらを総合して、日本軍機が侵入し、爆撃を行なったに間違いないと結論づけられた。

こうしてみると、アメリカ本土爆撃もほとんど効果はなく、森林火災により米国民の心理的動揺を誘うという作戦目的からすれば、失敗に終わったといわざるをえない。原因は、前日に降った、この季節には珍しい落雷を伴った大雨によって、森林全体が湿っていたためだった。そんなことは、海底にひそんでいた伊25には知る由もなかった。なお、二回目の爆撃では、火災も確認されていない。「ドゥーリトル隊のお返し」とはいえ、戦略的な意味からは、日本の本土防衛体制の根幹にかかわる重大な問題を提起したドゥーリトル隊の日本本土爆撃とは、とても同列に論ずることができるような内容ではなかった。潜水艦に搭載された小型水偵が百キロに満たない爆弾しか投下できないのでは、米本土に爆弾を落としたという記録を作るためだけの行為でしかなかったともいえる。

日本軍は、水偵によるパナマ運河の爆撃を計画したこともあった。また、戦争末期には、水偵を三機搭載できる大型潜水艦伊400などを計画したこともあったが、いずれも終戦によって実行にはいたらなかった。

第五章

大型爆撃機の時代へ

日本本土爆撃の波紋

ミッドウェーでの大敗

ドゥーリトル隊の空襲を受けた二日後の昭和十七年（一九四二）四月二十日、大本営海軍軍令部は、連合艦隊に対し、ミッドウェー作戦を発動した。ミッドウェー島を攻撃し、もし可能ならばハワイへも進攻し、アリューシャン列島の主要拠点を攻略する。それにより、日本本土の防空圏を東に二千海里（約三千七百キロ）広げることができる。その結果、米太平洋艦隊を誘い出し、真珠湾攻撃で取り逃がした艦隊を撃破するという目論見である。

山本五十六率いる連合艦隊は、三月中にミッドウェー（MI）、アリューシャン（AL）両作戦を最終的に決定した。しかし、軍令部はこの案に反対であった。ここに「MI作戦論争」が繰り広げられ、激論が交わされることになる。

四月五日、結局は山本の強い意志に基づき、連合艦隊の主張どおりに決定された。この時点では、両作戦とも海軍独自の作戦であった。ところがその十三日後、ドゥーリトル隊の帝都爆撃があったことから、急遽、陸軍兵力の派遣も決定し、合同作戦となった。

Ｂ29が開発中との情報は、すでに軍部に入っていた。もし西部アリューシャンの基地から航続距離の長い米大型爆撃機で飛びたてば、日本本土爆撃は十分に可能である。この作戦が日本本土防衛に不可欠であることが、よりいっそう明確になった。

そうした意味も含め、ドゥーリトル隊の日本本土爆撃は、アメリカ側が予想していた以上の効果をあげ、日本の作戦の展開に少なからぬ影響をおよぼすことになったのである。

同年五月五日、大本営海軍軍令部命令、いわゆる「大海令」第十八号が発令された。

「奉勅　　　　　　　　　　　　　軍令部総長永野修身

山本連合艦隊司令長官に命令

一、連合艦隊司令長官は陸軍と協力し『ミッドウェー』及『アリューシャン』西部要地を攻略すへし

二、細項に関しては軍令部総長をしてこれを指示せしむ」

攻略目的は、同じ日に大本営から指令されたミッドウェーおよびアリューシャン攻略作戦に関する陸海軍中央協定の中で、次のように記されている。

「『ミッドウェー』島を攻略し同方面よりする敵国艦隊の機動を封止しかねて我作戦基地を推進するに在り

『アリューシャン』列島西部要地を攻略又は破壊し同方面よりする敵の機動部隊並に航空進攻作戦を困難ならしむ」

日本側は、半年前、連合艦隊の大部隊を結集して臨んだ真珠湾攻撃を上まわる艦隊をそろえていた。しかも、米太平洋艦隊の全勢力をはるかに上まわる規模であっただけに、アメリカ側ですら、日本が絶対有利であると予測していた。その日本が自信をもって臨んだ六月五日のミッドウェー作戦は、意外な展開を見せ、日本軍の惨敗であった。南雲忠一長官率いる艦隊は、空母「赤城」「加賀」「飛竜」「蒼竜」の四隻と巡洋艦「三隈」を失った。

その日、夜十一時五十五分、退却命令が出された。

「『ミッドウェー』攻略を中止す。主隊は攻略部隊、第一機動艦隊を集結、六月七日午前地点北緯三十三度、東経百七十度に至り補給す。(中略)占領部隊は西進、『ミッドウェー』飛行圏外に出ずべし」

六月十四日、南雲艦隊は柱島錨地に帰還した。

ミッドウェー海戦は日本軍の大敗北であった。これを契機に、戦局は転機を迎えることになる。ミッドウェー海戦の戦果に関する六月十日の大本営発表は、「米空母二隻撃沈、我方の損害航空母艦一隻喪失、一隻大破」という内容だった。ドゥーリトル隊の爆撃被害と同様、大本営の虚偽報道である。

アメリカの各新聞は全面ぶち抜きで勝利を報道し、これまでの劣勢を一気にはね返したとばかり、国中が戦勝ムードに沸き返っていた。

当時、武蔵野製作所で「誉」の開発に走りまわっていた中川良一は、そのときのことを次のように話す。

「新聞は負けたとは書かなかったが、中島の工場には監督官がいて、日ごろから話していました。運が悪かったというのかもしれないが、『あれは完全に負けた』と、第一線のパイロットはいなくなる、航空機もなくなる、空母もゼロに近づく。やっぱり、くるべきものがくるんだな。開戦から半年たつうちに、ぼくらにはわかった。正直なところ、これが当たり前じゃないかという感じだった」

一方、機体を生産している群馬では、渋谷巌が次のような受けとめ方をしていた。

「われわれのところには、スイスから情報誌が届いていました。戦争がはじまってからは検閲があって、外国の雑誌が手に入らなくなったが、なぜかこの雑誌だけは引き続いて入ってきたのです。たぶん、英文でガリ版みたいな粗末なものだったこともあるが、スイスが中立国だったことからかもしれません。この情報誌が伝える内容と大本営発表とを比べると、ちょうどミッドウェーごろから食い違ってくるのです。この情報誌に目を通している技師たちは、『おかしいぞ』と話していました」

この情報誌はエンジン部門にも入っており、中川らも同様の受けとめ方をしていた。

「シンガポールを落としたところで講和に持っていくとする『シンガポール講和説』は、海軍の監督官から聞いていた。しかし、途中でどこかへ行っちゃった。勝った勝ったで提灯行列して、全体がお祭ムードになって、マスコミもそう書きたてる。あれだけ騒ぐと、途中でとめられないでしょう。監督官から聞く戦況と、スイスの情報誌の内容が一致しているのです」

疑問を裏づけるのは、それだけではなかった。

「ミッドウェーで惨敗したあと、太田で『零戦』の出荷が全部とまってしまった。会社の太田飛行場が真っ黒になるほど埋まってしまうのです。積み込む航空母艦がないから当然でしょう」

ところで、「零戦」のエンジンは中島飛行機が開発した「栄」、機体は三菱で開発されたものである。終戦までの機体総生産台数は一万四百二十五機であるが、生産は中島飛行機でも行なわれ、全体の六三パーセントにあたる六千五百四十五機を占めていた。だから、中島飛行機の太田飛行場に「零戦」があふれても少しもおかしくはなかった。

こうした、雑誌の情報と、太田飛行場の出荷状況がぴったりと一致することから、技術者たちは大本営発表に疑問を抱かざるをえなくなっていたのである。

それでも、機体担当の技師と、エンジン担当の技師とでは、真珠湾攻撃・日米開戦の報を聞いたときの反応も受けとめ方も、少し違っている。エンジン技師の受けとめ方のほうが悲観的なのである。日本の生産体制では、機体よりエンジンのほうが後れをとっていたからかもしれない。

日本の航空工業技術の実態

ところで、ドゥーリトル隊による空襲のあった日、中島飛行機太田製作所では、中島知久平以下、全従業員が東条英機首相の来訪を待ち受けていた。東条は水戸航空通信学校を視察したのち、その足で太田の中島飛行機を視察する予定になっていた。しかし、首都空襲という緊急事態により、視察は中止になってしまった。

そのころ太田製作所では、航空機の大量生産に向けた態勢が軌道に乗りはじめ、月産百二十機態勢ができ上がっていた。中でも、前年の半ばごろから本格化した「隼」の生産が、一気に立ち上がりを見せていた。月産六十機近くにものぼり、一機種の生産量としては太田工場はじまって以来の数字を示していた。このような姿を東条に視察してもらい、今後ますます重要性を増しつつある航空機の増産に向け、従業員の士気をいっそう高めようと計画していたのである。

急遽、視察が取りやめになったこととは別に、中島知久平はドゥーリトル隊の爆撃を深刻に受けとめていた。そして「東京は一、二年後には焼け野原になる」と予想し

一式戦闘機「隼」の量産に励む太田製作所

ていたという。

彼は昭和十一年（一九三六）ごろからすでに、日米戦争の避けがたいことを口にし、持論を論文にして政界人に回覧させたりしていた。その論文を一読した元商工大臣の前田米蔵や、論文を保管していた中村藤兵衛などは、それから五年後に日米開戦となって中島の予言が現実化したとき、その先見性に驚いたという。

中島は、ドゥーリトルの上官で、米空軍の先駆者であり、「空飛ぶ将軍」とも呼ばれたビリー・ミッチェルとしばしば対比される。一九二〇年代初めごろ、日本と同様に大艦巨砲主義に凝り固まった米海軍に対し、ミッチェルは次のような過激な海軍批判をぶちあげた。

「やつらは馬鹿だから海軍なんて時代遅れ

になっているのに気がつかないのだ。奴らはわかっていないが、戦艦なんて骨董品だ。そんなものは飛行機から爆弾を落とせば簡単に沈められるんだ。そして戦艦を沈めるのには飛行機はぶつかっていく必要もないんだ」（『ドーリットル日本初空襲』）

そのアジテーター的な発言から集中非難を浴びるが、一貫して航空重視を唱え続けた先人である。ドゥーリトル隊が日本本土空襲に使ったノースアメリカン製Ｂ25爆撃機がその名を採ってミッチェル号と名づけられたことからも、彼に対する評価が想像できよう。

戦略爆撃の考え方を最初に提示したミッチェルと、飛行機を使った海戦の戦法について海軍に上申した中島知久平の間には、共通する認識があるように思われる。中島は、近代戦において航空戦力の果たす役割がどんなに重要であるかを説き、その理念の実現のためにあえて海軍の幹部候補生への道を捨て、野に下って飛行機作りに身を投じた。

中島飛行機で大型爆撃機「連山」や偵察機「彩雲」の空気力学の設計を担当してきた内藤子生は、先にも述べたように、当時の日本の実情を振り返りながら次のように話す。

「戦闘機なんかと比べたら、爆撃機や、偵察機の技術はまだまだお話にならないくらいだよ」

また、陸軍航空本部にあって、陸軍機の基本計画を一手に引き受けていたベテランの安藤成雄（元大佐）は、『日本陸軍機計画物語』の中で指摘している。

「陸軍では戦術爆撃機のみで戦略爆撃機は実らなかったというべきで、これは爆撃機の要求、従って計画上の非常な欠陥で、大いに反省すべきことである。（中略）要求当局は余りにも戦闘機を重視して、爆撃機を軽視したのではないかと考えられる。（中略）要するに爆撃機では最後の用兵思想の不明確と計画性の不備が目立つ」

同書によれば、陸軍が試作した飛行機の実績は次のとおりである。

「爆撃機は三十六型式のうち国産試作が二十九型式で、制式になったものは十五型式である。制式／試作率は五十％で、四十％の戦闘機の場合よりは少し良い程度であり、全般的にいうと余り良いとはいえない様である」

そして、その具体的原因を、次のようにあげている。

①要求条件不足によるもの——一型式、②操縦性、性能の不足によるもの——二型式、③エンジン（推進機関）に問題があったもの——二型式、④用兵思想の不明確および計画性の不備によるもの——十型式。

以上でもわかるように、安藤の分析では、用兵思想および計画性の不備によるものが圧倒的多数を占めている。「零戦」や「隼」などが登場してきた昭和十四、五年ごろ、日本の航空工業も軽戦闘機ではなんとか世界の水準に追いつき、追い越すまでに成長してきた。ところが、比較的に地味で、生産台数も戦闘機に比べて一桁も少なくなる爆撃機、偵察機などは別だった。企業サイドとしても、まず戦闘機の生産を受注して、生産設備、企業規模を拡大することが第一とされた。

陸海軍の側も同様だった。戦闘機同士の空中戦によって勝負が決すると思われていた当時の戦術から、やはり戦闘機がもっとも重要であると認識されていた。しかも、軍の計画には一貫性がなく、技術を育てていこうとの熱意に欠けていた。

そのような背景もあって、日本のメーカーは爆撃機、偵察機の研究にはあまり力を入れてこなかったのである。もっとも、戦闘機に比べて技術的蓄積が乏しかったというより、なによりも第一にした戦闘機の分野で欧米に追いつくだけで精いっぱいだったという事情もある。また、原材料資源が乏しかったのも事実だが、それより航空工業を支える広範な工業力の裾野が形成されておらず、技術的蓄積がされていなかったことが大きい。高度な設計技術者の数も、きわめて少なかった。

陸海軍から発注される試作設計は、小山悌や、堀越二郎、土井武夫らに見られるように、有能な主務設計技術者に集中した。いくつもかけ持ちの状態で追いまくられ、はてには体をこわし、心身ともに疲労困憊してしまうといった例が少なくない。戦時中の異常事態だったということもあるが、それ以上に、設計経験の豊富な人材があまりにも少なかったのである。

世界にその名をとどろかせた日本の第一線の航空機の多くが、いずれも大学を卒業してほんの数年しかたっていない技術者の手によって設計されている。別の見方をすれば、国の運命を左右した航空機、空軍力が、わずか数年の経験しか持たない二十代後半の技術者たちの手に委ねられていたことである。その事実はまさに驚きというほかない。

政党政治崩壊への胎動

海軍において、常に航空戦力の重視を強調してきた中島知久平であるが、昭和十年代前半はもっぱら政治に専念していた。昭和十一年（一九三六）二月二十日の第十九回総選挙で、中島は三度目の最高点当選を果たした。その六日後、陸軍の青年将校らの決起による二・二六事件が起こった。

斎藤実内大臣、高橋是清蔵相、渡辺錠太郎教育総監らが暗殺された。それ以後、軍部の力が台頭し、日本の政治情勢は安定性を欠いて、明治以来、長年続いた政党政治の実質的な崩壊への道をたどることになる。

太平洋戦争突入までの五年間に、なんと八つもの内閣が成立している。広田弘毅内閣（昭和十一年三月九日）、林銑十郎内閣（昭和十二年二月二日）、第一次近衛文麿内閣（昭和十二年六月四日）、平沼騏一郎内閣（昭和十四年一月五日）、阿部信行内閣（昭和十四年八月三十日）、米内光政内閣（昭和十五年一月十六日）、第二次近衛文麿内閣（昭和十五年七月二十二日）、東条英機内閣（昭和十六年十月十八日）。短命内閣が次々と生まれては消えていくという時代が続いた。

政友会に属し、活躍が華々しかった中島知久平に対して、昭和十一年二月の選挙で当選したときには早くも、「次は大臣か」の声が飛んだ。このときの選挙で、政友会総裁・鈴木喜三郎が落選していた。鈴木は犬養毅のあとを引き継いで総裁になってはいたが、病気がちで実質的には総裁不在の状態だった。そのため、政友会では内紛が絶えなかった。中島知久平派と鳩山一郎派の骨肉の争いは、数年にわたって続き、抜き差しならぬ事態を迎えていた。そして、政友会「夏の陣」と呼ばれた昭和十三年（一九三八）夏には対立も最高潮に達し、「鳩山はリベラリストのお坊ちゃま」「中島は飛行機屋で軍部に近い」と、醜いばかりの中傷誹謗（ひぼう）合戦が続き、ジャーナリズムにもさかんに取り上げられた。

そうした派閥争いの結果、昭和十四年（一九三九）四月三十日、中島知久平が総裁に選ばれた。ところが、その二十日後の五月二十日には、別に開かれた総会で久原（くはら）房之助が総裁に選ばれ、こうして政友会は事実上、中島の革新派と久原の正統派に分裂することとなった。いずれにしろ、大局的には、軍部支配が強化されていく中での政党政治の崩壊に向けた動きであった。

その中島も、米軍による日本本土爆撃が現実化するにおよび、その対応に走り出すことになる。栗原甚吾（中島飛行機創設メンバーの一人）の部下だった神戸精三郎は『飛翔の歌』の「大谷地下工場建設の経緯」の中で、次のような経過を紹介している（以下、随時引用）。

昭和十七年（一九四二）六月のミッドウェー海戦が日本の敗北に終わったあと、中島は栗原を市政会館に呼んだ。

「日本は今真珠湾攻撃で有頂天になっているが、情勢は急変し米軍の攻撃が始まる。ミッドウェーは皆が考えているようなものではなく、もっと重大な影響があるのだ」

そして、次のような趣旨の説明を行なった。

「来年ごろになると、アメリカはオーストラリア方面からの大攻撃が予想される。これはどういう事かといえば、アメリカは兵員、食料、爆弾等の殆(ほとん)どを大型航空機で輸送している。従って船舶の利用は余り必要としない状態となり余裕をもった戦いを進めて居たのである。このような状態になって居るので、日本は十八年になると、空襲の危機に曝(さら)される事になる。この空襲を防ぐには、先ず軍需工場は地下に潜るより近道はない」

大谷石採掘跡に地下工場を

この特命を受けた栗原は、「他社に先立ち一日も早く地下工場を作ることにした」。中島の具体的な指示は、次のようなものだった。

「幸い宇都宮には五キロ先に大谷石の採掘場があると聞いている。この採掘場を利用して、機体、発動機の工場とし、空襲下でも生産が続行できるように至急手配して欲しい。

只この際留意したい事は、この地下工場は戦争の一手段であって永久に利用するものではないから、工場の着手の際は土地は買収ではなく、住民と良く話し合い借り上げとする事」

栗原は工場に帰ると秘書の神戸を呼んで命じた。

「大社長は大谷の地下工場を一日も早く建設せよとの仰せにつき、君が主になって計画課と相談の上進捗せよ」

神戸は十月ごろから本格的な調査を開始した。伝えられるところでは、慶長年間から採掘されており、山にはいたるところに露天掘りや切り出したあとの地下壕があった。古くなって苔や草木に覆われ、崩れおちんばかりの状態で、新しく建設する工場とはかなり勝手が違っていた。近年、大陥没のニュースが報道された地域でもある。

「採石の際、山肌に近い部分は、石質が粗悪のため露天掘りを避けて専ら坑内掘りが行なわれていた。そのために採石跡の洞窟は、天井も側壁も正しい平面で構成されており、高い天井とこれを支える為の、掘り残しの自然の大きな石柱があって、坑内は宛ら地下の殿堂といった感じであった」

機械工場を収容する金入山地域を担当したのは杉浦潔だったが、その金入山だけでも面積は九千九百平方メートルもあった。石柱の大きさが七・二メートル角もあり、これが十本ほどで天井を支えていた。地下のため年間の気温の差がなく、十五度前後で、夏は涼しく、冬は暖かい。しかし、とくに夏には水滴や石味噌が落ちることもあって、湿気を嫌う精密な航空機工場としては難点があったが、そんな贅沢はいっておれなかった。

金入山の近くに大谷観音を祭る大谷寺が建立され、大谷資料館などもあって、いまでは観光の名所となっているが、当時その付近は樹木に覆われ、馬車も通れない、狭いでこぼこした坂道だった。上空からはまったく見えず、疎開工場としては最適だった。

それにしても、それまで最新鋭の航空機を作っていた人間が、一転して山中に地下工場を建設しようというのである。神戸は「土地不案内と知人皆無のため全く進行せず途方に暮れた」という。それを憂慮した栗原は、地元有力者の知恵と応援を得ようと、城山村長で栃木県翼賛会支部長の渡辺四郎を訪ねて懇願した。渡辺はただちに要員を手配し、地質学者・富塚終吉にも参加を請い、地下工場建設調査班を作った。

調査班はまず露天掘りの採掘場跡と、横穴式の坑道の二つの問題に取り組み、部品、分解、組立、総組立、機械のそれぞれ四工場の可能性について調査検討した。それこそ百年近くも人が入ったこともないような複雑に入り組んだ旧坑も探索した。こうして、数ヵ月かけて地質調査、坑道、露天掘りの全容、測量、全体の見取り図の作成など基礎調査が進められていった。

その結果、機械工場は金入山、部品工場は新たに掘ったトンネル式、分解・組立工場は㊈、㊎、㊍山（◯は屋号）、渡辺山、総組立工場は㊣、㊈山、仮事務所は稲荷山にそれぞれ設定、昭和十八年（一九四三）三月から徹夜の突貫工事ではじめて、同年秋には本工場からの移転を行なうとの建設スケジュールを決定した。ところが、深い地下への物資の上げ下ろし、狭い坑道での作業とあって、どうしても人力に頼る場合が多く、工事は壮絶をきわめた。

中島知久平の情報収集

この半年後、東京武蔵野工場所長の佐久間一郎が、疎開のために大谷地下工場の利用を申し出てくるが、いよいよ東京近辺の工場も、疎開が現実のものになってくるのである。政府レベルでの軍需工場の疎開命令は、中島知久平の判断から遅れることおよそ一年近くあとだった。

これとは別に、中島知久平は三鷹研究所の近くの大沢に別荘を確保した。武蔵野の雑木林に囲まれた藁葺(わらぶ)きの古風な建物は、日産の重役の所有だった。武蔵野・多摩の両製作所に近いこともあったが、万一に備え、都内市谷四番町の借家からの疎開である。増改築し、庭園の崖の中腹には、一トン爆弾でも貫通しないような頑丈な地下室を二部屋作らせた。畳を敷き、電気や水道を引き込み、切り炬燵(こたつ)まで設けて万全の備えをした。

中島が実際に都内の住まいを引き払ってこの別荘に引っ越したのは、昭和十九年(一九四四)一月である。その意味では、宇都宮工場への疎開は、きわめて早い段階での決断だったといえよう。

工場疎開の指示を出して米軍機の爆撃に備えると同時に、中島は、日本最大の航空機メーカーとして、この事態にどう対処するかについても、独自の方策を考えていた。それは、すでに海軍時代から軍の策定する基本方針にはあきたらず、航空分野においてはいつも先へ先へと走った中島のそれまでと同じ基本姿勢でもあった。

そうした中島の姿勢と合わせて忘れてはならないことは、彼が内外の資料、文献を広く収集し、研究会を自ら主宰して十数年にわたり続けていたという事実である。軍人出身で、しかも航空機一筋の技術屋として生きてきた彼は、議員一年生の昭和五年

（一九三〇）、今度は政治家としての知見を広めるため、研究会、勉強会をもったのである。

中島の研究会に参加し、親しく交流した元参議院議員の木暮武太夫（こぐれぶだゆう）は次のように述べている。

「先生程読書と思索に傾注した政治家もまた少ない、市ヶ谷加賀町の借家の床の間は東京帝国大学経済学部の講義録と慶応大学の経済講義録で一パイであった。市政会館の二階で一週一日は一切の面会を謝絶して学者の先生方から最近の英・米・仏・独の政治経済の新本の抄訳を聴講したことは陪席の私たちの今でも想い出の種である。夏休み中は西洋哲学と東洋哲学の講義を先生から聴いたものである。正規の政治・経済・法律を学ぶ機会のなかった先生があの地位で自ら修練に努められたことは心から今でも頭が下る思いがする」（『偉人中島知久平』）

また衆議院議長をつとめた加藤鐐五郎（りょうごろう）も次のように記している。

「中島さんは昭和六、七年頃から既に世界の大勢に着眼され、特に政治、経済、科学等に対し専門的に研究、各国からそれに関する図書を手に入れて研究され当時群馬県出身である元衆議院書記官長中村藤兵衛氏を中心に『政策審議会』を結成され、月に二、三回専門学者を招いて講演や講義を聞くことにしておった」（前掲書）

太平洋海運社長・小笠原三九郎は次のように語っている。

「中島さんは永年に亘り国政研究会を設け、毎月三井物産の欧米各地支店に委嘱し、政治、経済、外交、統計等の書籍を数冊ずつ選定送らせて、数十人の少壮学者グループに読ませて毎週其の概要を講義せしめた。その冊子は恐らく数万冊の多きに上ったが少壮学者の顔ぶれも頗る多彩なるものがあった」(前掲書)

中島知久平はもっぱら東京・日比谷にあった市政会館を勉強部屋としていた。政友会が主宰する国政研究会の蔵書も合わせ、内外の文献は五万点におよび、いまどきのちょっとした地方都市の図書館なみの所蔵量を誇っていた。内容も、政治、経済、法律、文化、宗教、科学、技術、農林、軍事国防など広範囲におよび、網羅されていた。中でも注目すべきは、海外の文献・情報(特にドイツ)が多いのが特徴だった。

これらの書籍や諸資料は現在、群馬県立図書館内に設けられた「中島文庫」に一万四千百九十二冊が所蔵されている。

これら収集した文献は何人もの学者に研究させ、その成果をエッセンスとして習得していた。まだ日本ではまったくといっていいほど知られていなかった海外の科学技術情報や産業情報に、中島はことのほか詳しかった。戦後になって初めてその情報や見通しが正しかったことが判明し、周囲の人も改めて驚かされるといったこともしばしばだった。たとえば、中島は、アメリカがB29、B36といった新鋭機の開発を急いでいるという情報は、昭和十七年初めごろには入手していたと思われる。

B29の情報はどこから？

アメリカでは、「空の要塞」と異名をとるB17が、すでにヨーロッパ戦線で大活躍し、ドイツの進撃を食いとめる役割を果たしつつあった。だが、日米開戦前、ルーズベルトはすでにB17を旧式と決めつけていた。そして、その後継機の開発を極秘扱いにして、国内でも機密の漏れるのを極力防いでいた。

それでも、日本と違って比較的オープンなアメリカでは、試作品ができ上がるころには、自然と外部に漏れてしまうのが常であった。一九三九年（昭和十四年）十一月十一日と十三日のニューヨーク・タイムズは次のように論説を掲載している。

「かつて、陸・海軍は、その最初の生産後一定期間、軍用機とエンジンの輸出を禁止した。最新鋭機を外国へ船積みするのを妨げるために、このような機は一ケ年間、秘密にされていた。しかしながら、最近では、多くの他のものと同様に、この公式政策にも変化がおこって、外国へもっと速やかな引き渡しを行なうよう一定の未公表型式の製造業者に許可することになった。この重要問題は、国際スパイの問題と、一旦生産に移され、わが国を飛びまわって多くの人々に目撃され、しばしば写真をとられた新型軍用機の詳細を秘密に保つことの可能性の問題を含んでいる」（『アメリカ航空機産業発展史』）

「零戦」などのように、昭和十五年に初めて実戦に登場して以後、大戦の中ごろまでその存在を公表しなかった日本と比べて、アメリカは航空機開発についてははるかにオープンだった。しかし、すでに戦争がはじまり、やがては切り札ともなる最新鋭の試作機については、当然、高度な軍事機密扱いである。

アメリカでは、これまで世界の誰もが見たこともないような巨大な航空機が、初めて人々の前に姿をあらわそうとしていた。

「超空の要塞」と異名をもち、その後、日本本土爆撃に決定的な威力を発揮するB29の一号機は、一九四二年（昭和十七年）九月、全体システムの確認および地上テストのため、組立工場から引き出されようとしていた。大型機の開発を得意とし、B17も量産体制に入っていたボーイングのウィチタ工場で、初めてそのベールを脱いだのである。そして、九月二十一日、初飛行に成功する。

中島知久平が「二年後にB29が日本を爆撃し、東京は焼け野原になる」と周囲の技術者たちに漏らしたのはこの二、三ヵ月前であり、まさにその二年後、日本が初めてB29の爆撃を受けたのである。中島がいかなるルートでアメリカのB29開発の情報を入手したかは不明である。

そのころ日本で発刊された『航空朝日』『航空年鑑』などの航空情報誌にはまだ登場してはいなかった。ただ、『航空時代』昭和十五年一月号に、「世界一の威容を誇るダグラス超重爆撃機」という記事が載り、「ダグラスDC4型巨人輸送機に成功した米国サンタ・モニカのダグラス飛行機会社では引き続き之を軍用化し且一層巨大にした超大型爆撃機を製作中であることが判明した」と述べるとともに外観図、断面イラスト略図およびその主な諸元が次のように書かれている。

全翼幅七十五メートル、全長五十メートル、全備重量八十トン、航続距離九千六百キロ、エンジン空冷二千馬力六発。

ただし、中島が出現を恐れていたコンソリデーテッド社製六発のＢ36と比較すると、機体の大きさはほぼ同じであるが、全備重量はほぼ二分の一、エンジン出力は五七パーセントぐらい、航続距離は約半分近くでＢ29よりもやや長い程度である。

そのほか、『アサヒグラフ』昭和十四年七月号の特集「列強の空軍」には、川西航空機の橋口義男が「欧米の航空機製造工業を見て」を、航空技術部器材課長・松浦四郎が「列強の研究機関」、航空研究所技師の木村秀政が「最近一年間に於ける航空技術の進歩」をそれぞれ書いている。いずれにも共通することは、欧米、とくにアメリカの技術進歩が目覚ましく、急速な巨大化が進展していることを驚きをもって強調している点だ。

防衛庁『戦史叢書・本土防空作戦』は、当時の陸軍が海外の航空機開発の進展状況についてどの程度の情報を入手していたかを、以下のように明らかにしている。

「開戦前陸軍は、米国がＢ－17より更に大型のＢ－19やマース飛行艇などを製作中であり、またB－17の二倍の大きさで全備重量四十屯級のB－29、B－32を設計中との情報を入手していた。しかし、陸軍中央部はB－29に関してその後の新しい情報が入手できぬまま、昭和十七年末ごろからはB－17対策に忙殺されていた」

B29が開発されているとの情報を入手していても、規模、性能などについては不明で、雲をつかむような話であった。

一方、中島が海外から取り寄せていたさまざまな文献情報の中に、該当記事が紛れ込んでいたかどうかも不明である。中島飛行機太田製作所にも図書室、資料室があって、世界の雑誌、文献が逐次送られてきていた。

渋谷巌は次のように述べている。

「図書室に入ると、技術文献や学会情報、外国の図書など、最新の情報がズラッとそろってましたから、東京なんか行く必要はなかった。東大の航空研究所や軍などよりもそろっていました。だから、フラッときてはよく読んでいました」

しかし、中島飛行機の技師たちも、中島知久平から聞かされるまでは、B29の存在については知ることがなかった。

苦闘する大型機の開発

日本の大型機技術

アメリカでは大型の輸送機、あるいは爆撃機の開発が軍の強力なバックアップのもとに着々と進展していた。それも世界最大級の航空機メーカーであるボーイング、ダグラス、コンソリデーテッド、マーチン、ノース・アメリカンなどが競い合って次から次へと大型機を生み出し、より大型化が進行していた。しかもこれらは高高度の成層圏飛行が可能な航続距離の長い重武装の爆撃機であった。

一方、これに対する日本の大型爆撃機の開発はどうであっただろうか。

日本の大型機の技術水準がどの程度であったかを端的に示す例がある。昭和十三年（一九三八）、海軍が計画した航続距離六千キロメートル以上を目標とする四発の大型陸上攻撃機「深山」である。

大型機の経験がほとんどなかった海軍は、陸上機を中島飛行機、水上機は経験豊富な川西にそれぞれ試作を命じた。しかし、ほとんどといっていいほど大型機の経験のない日本のメーカーに、短時間で、しかもいきなり自主開発でやらせることは無理であろうとして、アメリカから原型となる最新鋭のＤＣ４旅客機を輸入することになった。

ちょうどそのころアメリカでは、輸送機の名門ダグラスが全盛をきわめていた。なにしろ航空輸送のもっとも発達しているアメリカで、民間航空輸送の九五パーセントを占めるほど人気を博したＤＣ３（双発）を大量生産していたからである。

名門のボーイングやロッキードを引き離し、民間輸送機では〝ダグラスの時代〟を不動のものにしていた。

おりから航空輸送が急速な発達を見せている時代、前機種のＤＣ２（双発）が十四席であったのに対し、ＤＣ３は倍の二十八席を有しながら、機体重量はさして違わないというのである。結局、ＤＣ３は売れに売れて、アメリカだけでも合計一万六百五十五機が生産された。今日ほど航空輸送が発達していなかった時代、この数字は驚くべきものである。

ＤＣ３に対する高い評価から、製造権はオランダ、ソ連、日本にも売られた。日本で生産を担当することになった昭和飛行機の元工業技術部長・岡野太郎は次のように述べている。

「たまたまアメリカのダグラス航空機会社の『ＤＣ－３』輸送機の製作権を海軍が獲得することになっていたが、当時わが国において最も立ち遅れていた優秀輸送機の製作こそ、新設のわが社の真使命であるという方針に決し、海軍当局の配慮で当社にDC－3型輸送機の製作を命ぜられることになった。そこで三井物産株式会社を介して、当時来朝中のダグラス航空機会社輸出部長バートランディアス氏に交渉して、ダグラス航空機会社と提携する運びとなった」(『民間航空機史話』)

結局、軍用、民間用あわせて五百機を生産したが、その過程では、岡野も述べているように、他の飛行機メーカーと同様の苦汁も味わわされている。

「DC－3の図面の到着とともに、これが国産化に着手した。数少ない技術者で、寸法材質の変更と同時に強度、機能、工作等の考慮を払わねばならず、材料の中でも耐熱材耐油性には代替材料がなく、そのうえ図面と現図板(輸入)と現物とが寸法が違って、いずれによるべきか迷い苦慮した」(前掲書)

海軍の応援や海軍での航空経験者が投入されたとはいえ、昭和飛行機のような実績も経験も乏しい飛行機会社にとっては、大変な苦労をさせられることになる。

中島飛行機は、昭和七年(一九三二)、ダグラス社からDC2型を購入するとともに、製造権も購入していたため、ダグラス社とのつながりは深かった。中島飛行機はこの機体をもとに、昭和十一年(一九三六)三月、海軍用の双発の陸上攻撃機(社内名称・LB2)を試作した。だが、これは完全な失敗作だった。その後、少し遅れて設計されたDC2と似たAT2旅客機は成功し、大日本航空や満州航空などで使用され、陸軍の九七式輸送機としても活躍した。総生産台数は三百十八機であった。とはいっても、ＤＣ２が十四人乗りであったのに対し、ＡＴ２は八人乗りで、なお多くの技術課題を残していた。

ＤＣ４の購入

中島飛行機はＤＣ２の製造権購入およびその後の交流によって、ダグラス社の技術を採り入れた。とくに太田工場で採用された、当時の日本では最先端を行く工程別流れ作業などは、ダグラス社の生産・組立工場をモデルにしてつくられたものである。

ところで、昭和十四年（一九三九）、ＤＣ４を購入するにあたっては、中島飛行機が担当するのではなく、これまでダグラス社のＤＣ２、ＤＣ３を使っているエアラインの大日本航空が購入するという形をとることになった。先にも述べたように、中国侵略が露骨になってきた日本に対するアメリカの対日輸出禁止品目に最新の航空機も盛り込まれていたからである。海軍も、軍用機生産がほとんどを占めている中島飛行機が購入するのではなく、「民間航空輸送会社の大日本航空が購入する形をとれば問題なく、なんとか輸入できるのではないか」と読んだのである。

先に渡米した中島飛行機エンジン工場の支配人・佐久間一郎が、ＤＣ４の技術提携のため、ダグラス社に立ち寄っていた。技術面では、それまでＤＣ２を手がけていた三竹忍と反町忠男の両技師がカリフォルニア州サンタ・モニカにあるダグラス社の工場を訪れ、一ヵ月ほど滞在して、技術習得と輸入する二号機の製造監査を行なった。

そして、いよいよDC4が日本にやってくることになった。同機はベストセラー機DC3に続くダグラス社の最新鋭機として、世界が注目していた。本場のアメリカですらまだ就航していないDC4の試作第二号機が、こともあろうに世界に先がけ日本に届くとあって、話題騒然だった。

昭和十四年十月二十日、DC4は横浜港に到着し、来日したダグラス社の技術者の指導によって羽田で組み立てられた。十一月十三日に予定されていた報道関係者を多数招いての公開飛行は、一ヵ月以上も前から各紙で話題になっていた。

航空機熱が盛り上がってきた時代だっただけに、新聞には「白銀のホテル」「空飛ぶホテル」「ベッドつきの豪華旅客機」「最新鋭旅客機、一機二百万円で購入」といった調子でさかんに書き立てられていた。もちろん購入費の出所は海軍である。

公開飛行で当時、DC4に試乗した同盟通信社整理部部長・永由君人が綴った『機上手記――試験飛行』には次のようなことが書かれている。

「事変以来、急ピッチで上昇しつつあるわが航空界ではあるが、世界中でまだ使い始めぬこんな巨大なものをこなすようになったことは、寔（まこと）にもって航空日本の量り知れない底力を示すものとして、慶賀に堪えざるものと云う外ない。

ＤＣ四型が輸入されたのは去る十月二十日、総てが余りに大きすぎて陸路輸送はとても、というので横浜からは海路羽田へ回送したのだった。爾来大日本航空の一番大きな第四格納庫で特定者以外は人払いで同機に付添って来朝したダグラス会社のテストパイロット、モックネス飛行士、ジャック・グランド機関士及び技師等三名によって組立を急いでいたが、約二十日を費して完成」

とにかく、度胆を抜くような大きさが記者たちの目を奪い、強調されている。

試験飛行の当日、羽田飛行場は曇り空に北北西の風八メートルだった。参観者たちはかなり強い寒風にさらされながらも、離陸しようとする巨大な旅客機に目を奪われていた。永由記者は隣りにいた大日本航空の小池機材課長に、

「一体なんという格好だろう」

と水を向けると、

「まあ小潜水艦に翼をつけたようなものだね。ドイツのＵボートはちょうどあれぐらいなものだ」

軍人出身の小池は船と比較して感想を話した。

午前二時半、数人の試乗者を乗せたＤＣ４のプラット・アンド・ホイットニー社製ツイーン・ホーネット星型空冷エンジン千四百馬力の四発がうなりをあげた。見学者たちが予想していたよりもはるかに身軽そうに動きだし、エプロンに沿って南北に伸

びる滑走路に出た。南端に出たところで機首を北に変えた。風はますます強まっていた。滑走して一体、どのくらいで浮くのだろう――見守る人々の関心はこの一点に集中した。

滑走開始し、五秒、十秒、二十秒……滑走路の三分の一ほどのところで、まず前車輪が地を離れた。次いで後車輪も離れ、機体がふわりと浮いて、またたくまに飛行場をあとにしていった。

「いやに簡単なものだな」

永由が思わずつぶやいた言葉は、参観者すべてが共通して感じていたことだった。巨体のわりには滑走がわずかに三百メートルほどでしかなかったからだ。

地上から見上げる機体は、地上で見るのとはまた趣をことにして、「スマートで全体から受ける感じは小気味のいいくらい均整のとれた姿態」であった。

翌日、永由は再び張り切って飛行場に出かけた。この日、一般のトップを切って自分が試乗することになっていたからである。大日本航空の営業部長、旅客課長、東京飛行場長、それにアメリカ人技師の友人たちの夫妻など十六名に、乗員の五名を加えた合計二十一人が乗り込んだ。永由と同じく試乗した中外商業新聞社の河辺正己記者は次のように書いている。

「何しろ、いきなりそのデカイ図体を見せつけられて一ぺんに度胆を抜かれてしまった。（中略）単葉の翼はずっと胴部近くについて居り、幅四十二メートル十七、機長二十九メートル八十三、機の高さは七メートル四十七、スラリと左右に伸ばした翼の面積は二百平方メートル六、乗客の収容力はナント四十二人これに五名の乗員を加へると四十七人、吉良邸討入の赤穂義士が、大石内蔵之助を機長にスッポリ乗りこめるというまことに『日本的』な代物であると思ったら、急にこの怪物に親しみが持てるようになった」（『機上手記——試験飛行』）

彼らはDC4の大きさをまざまざと見せつけられ、全備重量二十トン九千五百十キログラム、最大時速三百八十キロ、航続距離三千五百四十キロメートル、東京からマニラまでを無着陸で一気に飛べるというのがまた驚きでもあった。

ベッドが十台、それにベッドにも早変わりするリクライニングシートが二十人分あって、広い廊下の突き当たりには電話が備えてあった。二重の防音装置で室内は予想よりはるかに静かである。後部座席にあるスペシャル・ルームには向かい合ったソファーがあり、しゃれた化粧室、トイレもあった。客席の最前列には調理室があって、コーヒー沸かしから、パン焼機、保温用のジュラルミン製戸棚が整然と並び、まさに〝空のホテル〟と呼ぶにふさわしい設備だった。

必要以上とも思える大袈裟な前宣伝を行ない、各界の有名人や大勢の新聞記者を招待して試乗させる。当然、彼らの試乗感想が記事として新聞紙上をにぎわし、それが大々的なアピールにつながる。これは海軍の意図をアメリカに悟られまいとする、念には念を入れた慎重な配慮からだった。また、パイロットのモックネスにかわって日本側のパイロット鈴木順次が操縦桿を握ったが、彼は海軍航空技術廠の少佐だった。軍服を大日本航空の制服に着替えて操縦桿を握っていたのである。

鳴り物入りの公開飛行が終わると、ＤＣ４はただちに海軍の霞ケ浦にある格納庫に空輸され、海軍や中島飛行機などの技師たちの立ち会いのもとに分解された。部品の一品一品にいたるまで念入りに調査された。そのため、ＤＣ４は二度と日本の空を飛ぶことはなかった。

大型機ＬＸの初飛行

一方、中島飛行機の社内では、このプロジェクトを「ＬＸ」と呼んでおり、昭和十三年（一九三八）春に担当者が決定していた。設計主務者は昭和七年（一九三二）に東京帝大工学部航空学科を卒業して入社した二十八歳の松村健一だった。

松村が入社して初めて担当した仕事は、満州航空の輸送機「暁」号の設計だった。九六陸上攻撃機と試作を争った機体ＬＢ（社内名称）を輸送機に改造したもので、それまで小型機ばかり製作していた中島飛行機にとっては、最初の金属製双発機だった。そして次に、この四発機ＬＸを担当することになったのである。

のちに彼は、艦上攻撃機「天山」、続いてＬＸよりわずかに小さい四発機「連山」を主務設計者として担当する。そして、社内では数少ない大型機の設計経験を買われ、六発機「富嶽」をも担当することになるのである。

それはのちのこととして、ＬＸの各部の担当は胴体が仲正夫、操縦装置が浅井啓二、主翼が岸田雄吉、兵器艤装が城所庄之助だった。これら専門学校卒の技師に加え、工業高校卒の製図や計算などを担当する若手らがいて、チームは合計四十名ほどだった。これに、動力関係の山田為治、空力学関係の内藤子生、強度関係の長島昭次、脚関係の島崎正信ら各分野の専門技師たちも協力した。

ＬＸの設計開始と同時に、太田製作所内に試作工場の建設もスタートさせた。二機のＬＸが楽に入るスペースをもたせ、それまでと違って、建物の中間に邪魔な柱が一つもない工場だった。

ＬＸには、ＤＣ４旅客機のような四列幅の座席を確保するための広い胴体は必要ないので、楕円状の細長い断面形状に変更した。しかし、主翼を一から設計するとなると、基礎的な流体実験、風洞実験はもちろんのこと、強度実験も必要となる。大型機の技術的な蓄積がまったくなく、時間もかかってしまうことから、胴体は新しく設計するものの、主翼はＤＣ４のそれをそのまま使う設計にした。

海軍は、ＬＸが巨人機であるにもかかわらずに、従来の攻撃機と同じように緩降下雷撃が行なえるようにと、かなり無理な要求を出してきた。そのため、主翼の荷重倍数は旅客機のそれよりかなり大きな値にし、がっちりした構造にしなければならない。当然、その分、重量は大幅に増加した。それだけでなく、戦闘機の援護なしに敵地に侵入して攻撃を加えるという目的のため、上下、左右、前後に強力な武装を施した。魚雷や弾薬は最大四トン搭載できるように弾薬庫が作られた。

LXの主翼全幅は四十二・一四メートル、アメリカのボーイング社で開発がスタートしていたB29が四十三・一メートルだから、ほぼ同じ大きさの飛行機に挑戦していたのである。しかも、海軍が要求する航続距離がDC4の約二倍近い六千五百キロであったことから、当然、燃料タンクも大きくする必要がある。そうなると、ますます高馬力のエンジンを搭載する必要が生じてくる。

そこで、中島飛行機製の中では最大馬力のエンジン「護」千八百七十馬力を搭載することに決定した。のちに「富嶽」のエンジンの設計主任をつとめる田中清史が担当していた。ところが、いつもそうだが、試作中にエンジンのトラブルが続出、整備性の悪さに加え、振動問題は深刻で、しかも重量が大きい割には予定馬力が出ず、最後にはどうしようもなくなって、のちに競争相手の三菱製「火星」12型に換装させられるという、中島飛行機としては屈辱的な結果となった。

「火星」は出力が千五百三十馬力とかなり低いため、必然的に全体的な性能の低下を余儀なくされてしまった。しかも、問題はそれだけではなかった。

昭和十六年春には一応、LXはでき上がり、同年二月十五日に完成したばかりの太田飛行場にその姿をあらわした。それまでに中島飛行機が試作したどの飛行機よりもはるかに巨大で、少なくとも外見上は人目を引くものがあった。新飛行場は幅千メートル、長さ千六百メートルもあり、LXのように長い滑走距離が必要とされる大型機でも、自社で飛ばせるようになったのである。

このとき、エンジンの本体、艤装、補機を含めフィールドエンジニアとして担当したのが荻窪製作所研究部の水谷総太郎だった。昭和十一年（一九三六）の入社以来、九七艦上攻撃機1号（「光」）、3号（「栄」）の整備を皮切りに、九五式水上偵察機（「寿」2型）の霞ケ浦での整備、陸軍の九七式戦闘機キ27（ハ1甲）、試作重爆撃機キ19（ハ5）などの整備を次々に担当してきた。

水谷は仕事の性格上、機体工場のある太田あるいは小泉、陸軍の飛行場がある東京・立川を、試験飛行やトラブルのたびに往復し、一年の大半を出張に明け暮れていた。その水谷は、この大型四発機の試作の苦労について、『中島飛行機エンジン史』の中で次のように語っている。

「四発機となると作業の荷重はエンジンの数に比例するよりも更に大きくなった。例えば意外な困難はスロットル・レバーの全閉の位置と気化器の全閉が四個のエンジンで合致しないことであった。気化器の開閉操作は滑車と綱索によるものであったが、この調整に苦労した」

簡単にいってしまえば、パイロットが操縦桿でエンジン出力の操作をしても、四つが同じ出力にならず、ばらつきが出て機体のコントロールが不安定になってしまうのである。それでもなんとか調整して、何回も地上滑走試験を行ない、その間にパイロットは新しい飛行機の癖や操縦桿の利き具合を体得していくのである。こうして滑走距離はしだいに長くなり、昭和十六年四月八日を迎えた。

この日の朝も、いつもと同じように一台の自動車に飛行課長、三人のパイロット、そして水谷の五人が乗り、飛行場に向かっていた。水谷は担当のパイロットにいった。

「末松（春雄）さん、エンジンの調子はいいですよ」

そうはいったものの、朝の試運転を念入りにすませた水谷は、内心、今日もまた地上滑走試験だけに終わるだろうと思っていた。ところが、どうしたことか午前の地上滑走で、思いがけず末松は離陸して太田の上空へと舞い上がってしまったのである。水谷は予想もしていなかっただけに、びっくりした。彼は、担当の飛行課と事前に相談してあって初離陸したのだろうと思ったが、その割には、飛行機が離陸してから駆けつけてきた小泉製作所長や海軍監督官も、あわてた様子だった。

午後になり、中島知久平が来場し、改めてＬＸの〝初飛行〟が行なわれた。結果はまずまず成功であった。

「百発の飛行機」

その後、機体関係スタッフと飛行課の関係者らが、中島に飛行結果の報告を行なった。エンジン担当の水谷も型どおりの報告を行ない、ひと区切りついたところで、中島を囲んで雑談に移った。

「エンジン側から、なにか報告はないか」

中島の問いに、水谷はいくつかの実例をあげながら、四発機を整備することのむずかしさを説明した。中島は隣の者に水谷の名前を聞き、

「水谷君、君は四発ぐらいの飛行機の整備で困っているようだが、わしはな、将来、百発の飛行機を作ろうと思っているんだよ」

中島の諧謔的な言葉に、周囲からドッと笑いが起こった。水谷は赤面して小さくなった。水谷が中島から直接言葉をもらったのは、このときが初めてだった。

報告会議が終わって、一同は解散した。初飛行に成功し、その日の仕事も終わったので解放感があるはずなのに、水谷の気持ちは、はればれとはしなかった。さっきの中島から頂戴した訓戒がひっかかっていたこともあるが、それだけでなく、自分を見る周囲の視線にいつもと違う空気を感じ、なにか嫌な予感がしていたのである。

そのときだった。小泉製作所検査部所属の古参技手が水谷に向かってなじるようにいった。

「あんたは今日はなんということをやってくれたのだ。勝手に大切な四発爆撃機の初飛行をやってしまうとはけしからん。みなが怒っているぞ。いま飛行課長が監督官と所長のところに謝りにいった。大体、今日は四月八日のお釈迦さんの日ではないか。この飛行機が〝オシャカ〟（廃品）になったらどうするのだ。中島一家では八の日が忌み日であるのを知らないのか。中島にいる限り、あんたはもう一生うだつが上がらないぞ。大社長の言葉を思い出してみろ」

そういわれてやっと、水谷は周囲の冷たい視線の意味を悟った。しかも、いつも激励してくれていたある部長からも、「困ったことをやってくれたな」といわれた。

これは容易なことではない——水谷は覚悟しつつも、自分から弁解がましいことはいうまいと考え、以後、黙々と自分の職務を忠実に遂行することに専念した。

戦前だけでなく、いまでも事故がつきまとう飛行機製作の世界では、どうしても縁起を担ぐ傾向が強い。水谷は、「富嶽」の話が出るたびに、中島の言葉を思い出すという。

「あのときの『百発機』は、六発の『富嶽』の構想を意味するものだったのだと思う」

DC4はとんだ失敗作

LXのトラブルはなにもエンジンだけに限らなかった。中でも、DC4をそのまま踏襲した油圧装置のトラブルには悩まされ続けた。

飛行機が巨大になれば、従来のように、操縦席のレバーに直結したワイヤーとリンクを通して機体操縦をすることはできなくなる。機構が複雑になっているだけ、操縦に際して操作する個所も多くなる。そこで、DC4でも、たとえばフラップや脚の上下、動力銃座などは、力を入れなくても油圧装置で簡単に操作できるように工夫されていた。

補機類にも油圧を使うようになると、より複雑になり、精密さがいっそう要求されるようになる。そうなると、当時の日本の工業技術ではとても対応できず、パッキング、シールなど、一見なんでもなさそうな部品でさえ、DC4と同じものを作ることができず、それがいつも油漏れの原因になっていたのである。

数ある問題の中でも、機体重量の大幅超過は致命的だった。もともと試作段階での重量オーバーはよくあることで、量産に移行するまでに無駄なところを徹底的にそぎ落として、調節していく。それにしても許容限度をはるかに超える二割ものオーバーでは、手当てのしようもない。初めての大型機だったため重量推算に誤りもあったが、いずれにしても、そうしたトラブルが大型機に対する経験不足からきていたことは紛れもない事実であった。

　それでも、海軍にはそれにかわる大型機がなかったため捨てがたく、研究的な意味も込めて増加試作として六号機まで作った。しかし、実用化にほど遠いことは誰の目にも明らかだった。五、六号機ではいよいよもって、三菱製エンジン「火星」を搭載するための改造さえ行なわれた。

　そんなトラブルに悩まされているとき、日米開戦によって全体の忙しさが増し、実現の可能性の薄いＬＸ計画は、しだいに顧みられなくなった。第一、日本の飛行場は小型機しか飛ばすことのできない短い滑走路が多く、戦場ではなおさらだった。技術的のみならず、基盤整備の面でも不十分な日本では、大型機は実戦向きではなかった。

　こうしてＬＸは制式とはならず、試製「深山」と名づけられ、四機が輸送機に改造されて、兵器の輸送などにかろうじて使われた程度である。それに対し、ＬＸと競争試作になっていた川西航空機の十三式大飛行艇のほうは、それまでの技術の延長上でまとめ上げた設計で、当初海軍が予定していた性能を上まわる好成績をあげた。その結果、二式大型飛行艇として海軍の制式となり、合計百八十機生産された。この飛行機の設計主務者だった菊原静男は、ＤＣ４を真似して設計された「深山」を暗に批判して、次のように語っている。

「試作機を作るときは、原則として新しく最適なものを設計するのが一番よいわけで

DC4をモデルに設計された大型機「深山」

す。もちろんＤＣ－４は非常にいい飛行機でしたし、目的にかなった飛行機だったかも知れません。しかし、この時に海軍が出した要求に最適のデザインであったかどうかが問題でしょう。似たような飛行機が外国にあるから、それを買って来てまねたというところに、根本的な考え方の相違があるように私は思います」（『さらば空中戦艦・富嶽』）

中島飛行機側の渋谷巌も覚めた口調で話す。

「四発の『深山』も、翼はそのままＤＣ４を買ってきて、真ん中だけ作って両翼をつないだというのが実情だったんでしょう」

しかし、それはなにも中島飛行機だけの責任ではなかった。実は、海軍が鳴り物入りで購入したＤＣ４そのものが、ダグラス社の失敗作だったのである。

一九三〇年代に入ると、本場アメリカでは次期旅客機として、天候に左右されない高高度飛行が可能な飛行機が求められていた。アメリカとヨーロッパの間の往来がさかんになり、大西洋横断が可能な航続距離の長い、しかも快適性の高い飛行機が求められるようになった。そんな要求に応(こた)える目的で、ＤＣ４は設計され、一九三八年（昭和十三年）六月七日、初飛行に成功した。当時としてはかなり欲ばった設計で、初めて前輪式の着陸装置を採用し、高高度飛行に対応した客室与圧装置、動力操舵装置、機上補助動力装置（ＡＰＵ）、隙間フラップなどを新機軸として意欲的に採用していた。当時、日本ではほとんど研究されていなかった技術ばかりである。

ところが、結局は欲ばりすぎで、機体は大型化し、重量も増加した。構造、メカニズムが複雑になりすぎて、取り扱いや整備がむずかしかった上に、さらに悪条件が重なった。重量に見合う大出力の適当なエンジンがなく、速度も含め、計画していた性能が出なかったのである。

ダグラス社は早くからＤＣ４が失敗作であることに気づき、早くも次の新設計をスタートさせていた。大型化が急速に進行していたにもかかわらず、ＤＣ４の教訓を生かして、あえてひとまわり小型にし、しかも、ＤＣ４に採用した前輪着陸装置以外は、まったく異なった設計であったにもかかわらず、ダグラス社はこの新設計機を再びＤＣ４と命名したのである。

ダグラス社は先のＤＣ４をたった二機（試作機）しか製作せず、その一機を日本に輸出したのである。もちろんダグラス側が失敗作であるなどというはずもない。しかし、日本が購入したＤＣ４が失敗作のほうであったことは明らかである。ダグラス社はどこにも売ることができない失敗機を、大々的に最新鋭の輸送機だと宣伝して売りつけ、製造権料および二号機の代金を日本からまんまとせしめたのである。

海軍は軍用機を作る目的だったにもかかわらず、民間の大日本航空を隠れ簑にしてアメリカ側をうまくだましたつもりだったが、ダグラスのほうが一枚上手だった。海軍はとんだ先物買いをしてしまったものである。だから、中島飛行機でのLX試作で起こった問題は、DC4がもともと抱えていた問題を引き継いだばかりか、それに輪をかけて、日本の技術力の低さ、大型機の経験のなさがさらに性能を悪くする結果を招いた。

「泣き面に蜂」とはこのことで、あらゆる問題を引きずり、翼全幅四十二メートル余の重々しい巨体を空に浮かべながら、「深山」は関係者から「バカ鳥」と嘲笑される羽目になったのである。

モデル307だったならば……

ところで、DC4をめぐる日本との関係では、この件とは別に次のようなこともあった。

一九三八年（昭和十三年）四月二十九日、ボーイング社はそれまでにない画期的な大型機Y1B17Aを完成させ、高度七千六百メートルの上空で毎時四百七十五キロを記録した。それまでの爆撃機の最高記録である時速四百キロを大幅に上まわる世界新記録である。このＹ１Ｂ17Ａの記録によって、アメリカでは戦略爆撃の可能性がささやかれるようになった。

米軍の目的に沿った軍用機の開発を先行させていたボーイングは、少し遅れて、旅客機モデル３０７の開発も手がけていた。常に先を行く民間機の老舗、宿敵ダグラスのＤＣ４旅客機を意識した開発であり、対抗馬としての機種であった。

アメリカ国内の輸送機市場をほぼ独占していたＤＣ３の次に予定する機種であったが、ＴＷＡ（トランス・ワールド・エアライン）やパンアメリカンは、ボーイングのモデル３０７を選んだ。ＤＣ４が失敗作だったからでもある。

モデル３０７は「成層圏定期飛行が可能」とのキャッチフレーズで、外気との気圧差の影響を均等にするため、機体断面を真円とする構造になっていた。いわゆる与圧客室である。また、それだけでなく、高空性能を重視するためのスーパーチャージャーも装備されていた。

世界で初めて与圧客室（地上とほぼ同じ気圧）を採用した旅客機だけに、安全性の確認にはさまざまな実験飛行を重ねる必要があった。そして一九三八年十二月三十一日、初飛行に成功、一九四〇年（昭和十五年）から就航するようになる。

ところで、日本の海軍がＤＣ４に目をつけたのに対し、陸軍はモデル３０７に目をつけていた。大型の亜成層圏爆撃機に改造する計画だったのである。このことについては、陸軍航空技術研究所第一研究部員兼陸軍航空本部技術部部員だった升本清が次のように述べている。

「B－17がまだ米国陸軍制式機とはならず、単なるボーイング社の試作機（モデル307）だった時、駐米日本武官がこの機の優秀性に注目し、百万ドルで輸入しようとしたところ、陸軍省の経理部が高すぎるというので商談はお流れになり、そのうちB－17がアメリカの国防政策から輸出禁止となったため、それ以来日本の爆撃機の進歩が遅れて、遂には大型機の良いのが出来なかったという愚痴話が航空本部あたりに残っていた」（『燃える成層圏――陸軍航空の物語』）

このあと、陸軍は再び、商社を通じてモデル307の製造権の獲得を図ったが、しかし、DC4と違い、すでに爆撃機B17として完成していたモデル307は、航空機の対日輸出禁止令にもろに引っかかり、この輸入計画は実現しなかった。もしこのとき、日本が失敗作のDC4ではなく、モデル307を入手していたなら、のちに計画された成層圏飛行の「富嶽」開発にとって、大いに役立っていたことだろう。

ともあれ、初の大型機の試作失敗で、海軍は日本の技術の底の浅さを嫌というほど思い知らされる結果となった。以後、海軍は大型機の開発計画については、陸軍以上に慎重になった。そして、そのことは、このあとに続く「富嶽」の試作に対する海軍の姿勢に微妙な影を投げかけることになる。

こののち海軍は中島飛行機に対し、やはり四発の一八試陸攻「連山」の試作命令を出した。「深山」よりひとまわり小さい翼全幅三十二・五四メートルとし、N40の呼び名で海軍が内示してから約三ヵ月の準備研究期間を経て、昭和十八年四月から基礎設計が開始された。設計主務者は「深山」と同じ松村だった。

「バカ烏」と呼ばれた「深山」の屈辱を晴らす意味もあって、松村はこれに精魂を傾けた。本機にはエンジン「誉」が搭載され、昭和十九年十月に試作第一号が完成した。「深山」の轍は踏まなかったが、すでに戦局の悪化を迎えた段階であった。升本は述べている。「陸海軍協同試作機、『連山』を作ったが、これは日本では珍しい三車輪つきの魚雷型の機体に、四個の空冷発動機を主翼に並べたみごとな機体であった。この飛行機を見たそそっかしい奴が、米国の飛行機が休戦の軍使を載せて霞ヶ浦に着いたそうだ、などとまことしやかなデマを飛ばしていた。

この〝連山〟は終戦までに十五機ばかり出来ていたが、もうこの頃は〝連山〟一機で特攻機が四十機できるという理由から、生産は中止状態で、自らはサイパンから来るB－29の空襲に悩まされながらも、同島に報復爆撃を加えるべきこの連山をつくる余裕がなかった」（前掲書）、とくにアルミニウム材料の不足は深刻で鋼製の機体が計画されたりし、やがて昭和二十年六月には製作中止にいたった。

米本土爆撃計画

「必勝防空研究会」

南方作戦の死命を決することになったミッドウェーでの敗北は、その後の日本軍の展開に大きな意味を持ってくる。四隻の空母を失ったことは、航空戦力の甚大な損害も含めて、決定的な転回点を迎えたことを意味していた。あらゆる作戦の展開が、不利な形勢の下で実行せねばならなくなってきたからである。これ以後の日本軍の戦いは、米軍の攻勢に追われ続けて壮絶、悲惨そのものであった。

昭和十七年（一九四二）七月十一日、大本営は南太平洋侵攻作戦の中止を決定し、かわって、ニューギニアのポートモレスビーに対する陸路侵攻作戦を指令した。

同月二十五日には、ドイツから要請のあった対ソ戦参加の要請に対し、大本営政府連絡会議は不参加を回答することに決定した。ノモンハンの敗北でソ連の実力を嫌というほど思い知らされていた大本営の対ソ戦に対する姿勢はきわめて消極的で、相手をできるだけ刺激しないようにとの姿勢に終始した。第一、ミッドウェーの敗北でそんな余裕など持ちえていなかった。

八月に入ると、米軍の大々的な攻勢が開始される。まず、七日には、米海兵隊一個師団がソロモン群島のツラギおよびガダルカナル島に上陸した。翌日、ガダルカナル島周辺海域で、第一次ソロモン海戦が展開された。二十一日、ガダルカナル島奪回に向けて上陸した一木支隊はほとんど全滅に近い状態であった。続いて二十四日、第二次ソロモン海戦が行なわれる。生命線となるガダルカナル島での戦いはなおも続行され、新たに上陸した川口支隊が九月十二日、攻撃を開始した。二日後、またも敗退し、再度新たな戦闘準備が整えられた。

こうした状況下の十月十九日、半年前にドゥーリトル隊の爆撃の際、不時着して捕虜となった米軍搭乗員の死刑、または重罰に処するとの布告がなされた。同二十四日、第二師団による再度のガダルカナル島奪回に向けた総攻撃が開始されるが、翌日には、またも失敗に終わる。

日本軍の戦果をことさら強調し、敗退の事実を報道しない日本の新聞情報とは別に、海軍出身の政治家であり、陸・海軍上層部に多くの知己を持っていた中島知久平は、正確な情報を入手していた。なによりも、海戦についての知識は豊富であった。ミッドウェーの敗北がどのような意味を持っているのか、他の政治家よりもよく承知していた。そして、戦況が悪化の一途をたどるにつれ、ドゥーリトル隊の帝都空襲のときよりもさらに危機感を募らせていった。

もはや軍の基本方針に否定的だった中島は、政治家として、あるいは巨大航空機企業の経営者としての枠を大きく踏み越えて、日本が採るべき戦策を独自に案出しつつあり、その構想を行動に移そうとしていた。

「大社長からの重大な話があるので、三鷹研究所に集まるように」

昭和十八年一月末ごろであったといわれている、中島飛行機の首脳、および技師長、部長、課長クラスら主要技術者に対し、連絡があった。どのようなことが話されるのか、誰にも事前に知らされていなかった。群馬の太田製作所、小泉製作所、半田製作所から栗原甚吾、吉田孝男、小山悌、西村節朗、太田稔、渋谷巌、飯野優ら、東京の本社、東京製作所、武蔵野製作所、多摩製作所、三鷹研究所からは佐久間一郎、関根隆一郎、新山春雄、小谷武夫、中川良一、水谷総太郎、田中清史ら、全部で二十数人ほどが集まった。

このとき、小泉製作所の吉田孝男所長のお供をして会議に出席した海軍機設計部性能係長の中村勝治は、極秘事項のため禁止されていたにもかかわらず、ひそかに会議のメモをとっていた。その後、彼はこの巨大爆撃機の連絡係のような役割を果たすことになるが、戦後になって、そのときの様子を雑誌『航空情報』昭和三十年（一九五五）八月号に紹介している。

「昭和十八年一月某日（末ごろ）、東京三鷹の中島飛行機株式会社の一室で『必勝防空研究会』なる奇妙な名の集りが催された。そして、極秘裏に招集された会社幹部二十数名を前にして、旧社長中島知久平氏が、一つの構想を発表した」

性能の向上と必勝量

冒頭、中島知久平はまず日本の基本姿勢の歴史的経過から説き起し、前年十一月の初回会議のときよりずっと突っ込んだ内容の話を展開した。以下は中村の手記からの引用である。

「世界秩序（領域的）は、その時々の各国の国力の消長によって変革されてゆき、国力の消長は、兵器の進歩とともに大きく変わってゆく。

従来の世界秩序は、十七世紀以降の海軍力を基調として成立ってきたものである。しかし最近は、飛行機の飛躍的進歩に伴って、新しく飛行機を基にした秩序が生れる機運になってきた。日本のように、今迄、伸ぶべくして伸び得なかった国にとっては、今次戦争こそ、飛行機を利用して、国力の増大をはかる絶好の機会というべきである。

日本に於ける軍用航空機の研究は明治二十三年以来のことである。そして明治の末に飛行機が飛んで以来、その目標の一つは、飛行機による軍艦の撃滅にあった。大正四年、十四吋（インチ）の魚雷を抱いて離水、発射に成功したことがあるが、これは恐らく世界最初であったかもしれない。昭和に入ると、海軍の雷撃必殺の確信は、いよいよ深められていったのである。

米英は日本の国力増大を恐れていた。そしてワシントン条約以来、協力して日本圧迫にのり出してきたのであるが、米英海軍の優位に対して日本が密かにねらった方針は、航空力によって、彼等の堅持する大艦巨砲主義を覆滅することにあった。

そこにはじまったのが今次大戦で日本の航空機は続々と巨艦を撃沈していった。もしこの緒戦の勢に乗じて、インドと豪州を進攻したならば、勝利のうちに戦いをおさめ得た筈であった。しかし当局は私（中島氏）の進言を容れることなく、戦局を一と休みさせてしまった。これは実に大きな誤りであった。

というのは、米英も遅ればせながら、昭和十七年六月の珊瑚海々戦頃を転機として、従来の大艦巨砲主義を捨てて、航空機主義に転向してしまったからである。もはや日本の航空奇襲作戦は不可能となり、空に関する限り、両者は対等となり、戦いは両者航空機の量と質とを考えて作戦をすすめなくてはならない状態になった。国力の貧弱な日本としては、誠に憂慮すべき、重大決意を要する事態に立ち至ったわけである」

中島は日本の置かれた現状認識を踏まえ、さらに今後どうすべきかを展開した。

「飛行機の量と質とが戦を左右する以上、勝利の要結は、

（イ）航空機性能の優位向上

（ロ）必勝量の確保

の二点にかかってくる。とくに私は必勝量が得られないなら作らない方がましで、中途半端な生産はかえって危険だとの考えをもっている。質についても同様のことが云える。米国も未だ必勝量に関する確信をつかみ得ず、目下研究中の状態である。従って我々は、米国の現勢力だけを調査して作戦を立てるのでなしに、まず敵の立場にたって日本攻略の作戦を立て、次いで、それに対する日本の方策を講ずる必要がある」

この中で中島は重要なことを指摘している。つまり、「中途半端な生産はかえって危険だ」とし、質についても同様であると説いている点である。もしアメリカの立場にたって日本攻略の作戦を検討した結果、日本側に望みがないという答えが出たのなら、日本としては無駄な努力、悪あがきはせず、さっさと講和すべきだ——そんなふうにも受け取れる。

六発の「空の要塞」

それはさておき、続いて中島は、アメリカの航空機保有量と対日攻撃作戦がどんなものかを分析している。

「米国は昭和十七年度六万機の軍用機整備予定を立て、実績は四万八千機を備えることが出来た。昭和十八年には十二万八千機の予定だが、恐らく十万機がせい一杯というところであろう。（中略）結局、米国の必勝量というのは、三十万機近い数となるから、これが完全に整備されるのは、昭和三十年より以後という推定になる。我々は少くともその前に、必勝態勢を整えてしまう必要がある」

アメリカの日本攻撃の方法と順序については、次のように推察している。

(1)「空の要塞」と艦上機とをもって諸都市の爆撃と焼滅をはかり、思想を攪乱させる。

(2) 軍需工場の覆滅をはかり、軍事力を破壊する。

(3) インド、中国大陸から日本軍を一掃する。

(4) 多くの飛行機をもって、内地上陸作戦を敢行する。

その中に出てくる「空の要塞」とは、援護なしの戦略爆撃機であるとして、次のような機種をあげている。

①B17——現有機であるが性能も悪く、中国本土からの日本攻撃には不十分である。

②B29——目下準備中の八千馬力、航続力九千キロメートルの優秀機。アリューシャン、中国、ミッドウェーなどからの攻撃が可能であるが、基地集結の困難さを考えると、望みは多くかけられない。

③六発「空の要塞」——目下試作中の一万五千馬力級の巨大機。米本土から爆弾十トンをもって往復できる。しかし、これが実際にくるのは十年ぐらい先のことであろう。

六発の「空の要塞」B36

この時点で、中島は六発の「空の要塞」をもっとも重要視していた。のちにB36と命名される、コンソリデーテッド社が開発を進めていた爆撃機である。完成時の性能は、プラット・アンド・ホイットニー社製三千五百馬力エンジンR4360を六基搭載、主翼全幅七十・一四メートル、全備重量百二十七・四六二トン、最大速度毎時四百八十キロ、爆弾搭載量最大三十二・二トン、航続距離は一万六千キロメートルだから、アメリカ本土から無着陸で日本を攻撃することができる。中島は、この地球のどこへでも飛び、無着陸で爆撃できるいわゆる戦略爆撃機をもっとも恐れていたのである。

中島はさらに続けて、アメリカの航空機生産の能力や規模についての分析を披露し、日本がアメリカに対応するためには十二万四千機が必要であり、使用する兵器としては、敵の「空の要塞」を撃滅するための航続距離四千五百キロメートルを持つ「BH」エンジン四基を搭載した掃射機を作る必要があるとしている。

また敵の侵攻基地を撃滅しうる航続距離一万キロの六発の大型爆撃機のほか、対空母用の撃滅機、基地防衛の単発戦闘機など合計十種類の航空機をあげ、それぞれの生産機数まで示している。さらには、B29などがいつごろから、どのくらいの機数で日本を空襲するかについても、具体的に明示している。

それにしても、中島のこの構想には、頭をかしげたくなるような分析や将来への見通しがいくつも登場する。中でも、攻撃決戦が昭和二十八年から三十一年などと見通していることや、日本が採るべき航空機生産工場の規模を百万から二百万人などと見ている点である。「もはや大艦巨砲主義は時代遅れ」と指摘し、航空重視を説く中島といえども、日本の置かれた現状からして、あまりにも非現実的すぎるといえよう。

中島は自ら中島飛行機で航空機生産を長年指揮してきている。日本でどのくらいの規模の航空機生産が成り立つのか、誰よりもよく知っていたはずである。その中島がなぜこのような非現実的な案をあえて出してきたのだろうか。これについてはのちに詳述するが、少なくともこの半年後、中島が東条英機や軍上層部を説得するために策定した構想案では、もっと現実的な内容に変わっている。

「完全に敗戦してなくなる」

最後に、「飛行機の性能を向上させるためには、航空技術者の不断の研究努力が必要である。直ちに採り上げるべき問題は数多いが、今二三の例をあげるならば――」として、将来の研究目標を上げている。

(1) 多列発動機による性能の向上――大馬力化を得るためにエンジンの列数を多くしなくてはならないことへの対応。

(2) 成層圏の飛行――高高度飛行が不可欠になってきている新しい時代に対応した気密室構造などの研究の強化。

(3) タービンエンジンの研究――いわゆるジェットエンジンや排気タービンの研究。

ジェットエンジンや排気タービンについては、この当時、まだ日本では海軍航空技術廠の種子島時休（たねがしまときやす）（元大佐）などほんの数人程度の研究者が重視していたにすぎなかった。日本には文献もほとんどなかった。

中島知久平は、アメリカにおけるB29の試作進捗状況、六発のB36の開発状況、アメリカの航空機生産能力、さらにタービンエンジンへの着目など、当時の日本の情報網ではとうてい入手できないような情報を持っていた。それも、のちの時代から振返ると、かなり正確にいい当てている。この事実については、中島飛行機の技師たちだけでなく、彼と親しく接した政治家や軍人たちが共通して不思議がっていた。

正確な情報の入手経路については推定の域を出ないが、ともあれ、およそ三時間にわたる中島の大演説が終わった。

「なんとかならんか」

もはや、この計画の妥当性がどうこうという段階ではなかった。もともと中島飛行機の技師たちの間では上下をことさら意識することなく「自由に話し、議論する社風」はあったが、「雲の上の存在」であった大社長の中島に対しては、上層部の経営スタッフクラスでさえ、まともに反論する人間はいなかった。そして中島は付け加えた。

「いま日本は南方諸島で激しい戦争をやっているが、ミッドウェーあたりから地が出てきた。戦争の様相はまったく一変して、このまま行くと完全に日本の国体はなくなる。完全に敗戦してなくなる。皇忠の国だ、神国だとかいっているが、いまはすでに夢にすぎなくなっている。諸君らが作っている飛行機もエンジンも、作ったとしてもほとんど役に立たなくなる……」

誰一人、声を発する者も、物音ひとつたてる者もいなかった。室内は静まり返っていたが、聞き入る一同の胸中には衝撃が走っていた。

中川は、すでに中島飛行機に駐在する海軍の監督官からも、日本の戦況が思わしくなく、劣勢に立たされていることを聞いてはいた。この三、四ヵ月の間、日本のエンジン生産の実情からしても、漠然と「くるべきものがきた」という感じを抱くようになっていた。しかし、中島からはっきりと「完全に敗戦」という言葉を聞いたことは、やはり驚きだった。

　つい二ヵ月前、中川らが苦労の末に開発した、欧米の水準を超える画期的なエンジンが「誉」と命名され、生産に入ったばかりだった。「彩雲」「銀河」「疾風」に搭載が予定され、問題は山のようにあったが、それでも着々と進行していた。次々と登場してくる米軍機をしのぐ航空機として、一日も早く前線へ送り出そうとしていた。そんな矢先のことである。そうした努力も、すべて役に立たなくなるというのである。

アメリカ本土爆撃機構想

　それればかりか、技術者にとって、B29やB36は初耳だった。中島飛行機がそれまで計画してきた飛行機のほとんどが単発か双発でしかない。四発は先に失敗した「深山」があるだけだった。それなのに、アメリカでは六発まで作っているというのである。信じられないような、とてつもない巨大爆撃機を開発しているということを聞かされ、誰もが改めてアメリカの巨大さを知らされる思いだった。

　中島知久平はさらに続けて、こうした事態にどう対処すべきかを説明した。

「この戦況をひっくりかえして、大勢を挽回するのには、方法は一つしかない。たとえ挽回しても究極は負けるかもしれない。けれども、少しでも有利な形で講和するには、アメリカ本土を直接攻撃することである。それにはどうすればよいか。いまあなたがたが作っている飛行機では、とても向こうまで飛んでいけない。B36を上まわる六発の爆撃機に全精力を傾け、至急作り、アメリカ本土を爆撃する。そのためには、一つの発動機が五千馬力なければならない。爆撃して戻ってくる飛行機でなければならない」

長年、航空機生産にたずさわってきた技師や首脳陣たちではあったが、彼らの度胆を抜くような壮大な構想であった。日ごろ技術者たちが思い描く次元をはるかに超えていた。巨大さだけでなく、太平洋を横断する航続距離、しかも戦闘機を上まわるスピードを必要とするというのである。中でも五千馬力のエンジンというのは、エンジン技術者の常識をはるかに超えていた。実際、そうした内容に首をかしげる出席者もいた。常識的に考えて、あまりにも現実離れしたことも多く含まれていたからである。だが、それ以上に、真剣に説く中島の〝大雄弁〟に圧倒されたというのが実情だろう。

中川は驚きと同時に、中島飛行機の次のような現実を思い浮かべた。

「その当時、試作していたエンジンはせいぜい二千馬力が最高です。しかも、時間が限られており、二、三年以内に作らないといけない。こりゃ大変だなと思いました」

さらに、中川は次のようにも推察したという。

「大社長は、事前にこの構想を技術屋に話して現在の技術で可能かどうかといった意見を聞いたのではなく、自分の頭だけで考え、いきなりこの場に出してきたのではないだろうか」

出された内容に対する技術的な疑問、実現不可能ではないかといった気持ちは、技術屋として日夜悪戦苦闘していた中川も抱いた。だが、誰一人として質問はしなかった。

「もうすでに、陸・海軍にも具申してあるし、これ以外に大勢の挽回の余地はないといってあります。とにかく、社の中で、非公式に検討して、こうした飛行機を完成させるにはどうしたらいいかを即刻、検討してもらいたい」

中島の話はひとまず終わり、続いて彼がもっとも信頼していた三鷹研究所所長の小山技師長を取りまとめ役にすることを決め、取り組むチームを「必勝防空研究会」と名づけた。

「この話は、今日集まった人間の中だけにとどめ、いっさい洩らさないように」

念を押すように、厳重な注意がなされた。それだけではなかった。

「陸海軍の監督官にも一言たりとも洩らしてはならないし、作業している部屋への入室も禁止する」

絶対的な権限を持っていた軍の監督官さえも完全にシャットアウトして、極秘裡に進める――そんなことは一度もなかっただけに、「こりゃあ、大変なことになったぞ」

というのが、誰しも偽らざる気持ちだった。大至急、エンジン部門と機体部門のそれぞれが、どうすれば実現できるかの概略を検討することになった。

二千馬力を一挙に五千馬力に

初期段階でこれらの計画を具体的に検討したのは、小泉製作所の技師長（のちの半田製作所長）であった三竹忍だった。彼はＤＣ２の製作のためダグラス社にも行き、昭和十三（一九三八）年からは、「深山」の設計責任者でもあった。失敗、成功は別として、少なくともＢ29に匹敵するダグラス社の旅客機ＤＣ４を原型として、昭和十五年（一九四〇）暮れには初号機を完成させていた。その経験と実績によって、中島から責任者の命令を受けたのである。

エンジン部門は、中島飛行機で量産されたエンジンの中でもっとも大きな空冷二列星型十四シリンダーの「護」（社内略称「ＮＡＫ」）を手がけた田中清史が設計主任として担当することになった。田中は社内で期待されていた「昭和十一年組」の一人だった。自らも語っているように、「『護』がちょうど終わっていて、二列星型のＮＢＤの三千馬力をやっていたし、『護』の三十六シリンダー四列をぼちぼち描いたりしていたところだった」。そのころ彼は、中川などと比べ、さしあたり目前に迫ったエンジン開発の任務はなく、「比較的手が空いていた」からである。

当時の同僚技師たちは彼のことを、「まじめでがんばり屋の田中は、まとまるかどうかわからないような試作エンジンでも、全力投球する性格だった」と評しているが、重責を担わされた当の田中は、戦後、そのころを振り返って次のように語っている。

「当時、私は中島飛行機でおもに大型発動機の設計を担当していたせいもあってか、この五千PS発動機の設計主任のおはちが自分の所に回ってきた。ちょうど二十九歳のときであった。（中略）われわれが持っていた実績としては、一発動機あたりの最大出力約二千五百PS、その形式は空冷十八気筒複列星型で、この程度が最も大きなものであった。ほかに水冷式もあったが、出力はせいぜい千五百PS程度で、五千馬力にはほど遠く、先を急ぐ試作発動機の基礎形式としては取り上げることはできなかった」（『内燃機関』昭和四十七年七月号）

田中がいう最高二千五百馬力のエンジンにしても、実際には試作段階だった。それも問題が多く、量産へのめどは立っておらず、やっとのことで量産体制に入ったばかりの「誉」はせいぜい二千馬力だった。

確かに、昭和十年代後半にもなると、軍からの要求も一段と高くなり、航空機は大型化、高速化するにつれ、より大馬力のエンジンが求められるようになっていた。シリンダーの数が増え、性能も向上して、うなぎ上りに高馬力化していた。とはいっても、すでに実用化しているエンジンのせいぜい一・二、三倍のアップを狙うのが精いっぱいだった。

単にシリンダーの容積を二倍にしてやれば馬力が二倍になるとか、シリンダーの数を二倍にすればいいというような簡単なものではない。十四シリンダーの「寿」と、その次の十八シリンダーの「誉」とでは、たった数百馬力アップしているだけである。それでさえ、悪戦苦闘の連続だった。一挙に二倍半アップなどとは「とても信じられない数字」だった。

しかも、エンジン全体重量と出力との関係でいえば、このころレシプロエンジンの高馬力化も世界的にほぼ限界に近づきつつあった。

当時、中島飛行機で、二千馬力を超すエンジンは、次の三種類が試作中、もしくは試作に取りかかろうとしているところだった。

(1)「NAN」(ハ107、ハ117)——陸軍の100式重爆用の空冷二列星型十八シリンダー、二千五百馬力、過給器付き。外径は九気筒の「光」よりも七十五ミリ大きくした百五十ミリ×百八十ミリで、シリンダー行程容積は最大の五十七・二リットル。井上好夫が担当し、昭和十六年(一九四一)から十八年(一九四三)にかけて試作を行なった。出力性能もまずまずだったが、戦火が激しくなったため十二台ほど試作されただけで中止になった。

(2)「NBH」(ハ44)——十八年七月から終戦まで開発が続けられた。高高度防空戦闘機キ87に搭載され、昭和二十年二月に完成、空中実験が行なわれただけで終戦を迎えた。シリンダーは百四十六ミリ×百六十ミリという「寿」系の空冷二列星型十八シリンダーで、行程容積は四十八・二リットル、二千四百五十馬力、過給器付き、吉川晋作が担当。試作台数は二十三台。

(3)「NBD」(ハ217特)——空冷二列星型十八シリンダー、三千馬力、過給器付き、田中清史が担当。昭和十七年二月から十八年十月まで自社の試作として行なったエンジンで、総試作台数は六台。しかし、さまざまな問題が発生し、性能運転したところで中止となった。

原材料が逼迫してきた時代に試作をはじめたせいもあるが、これらのエンジンはいずれも試作どまりだった。二千五百馬力程度のエンジンでさえ、ものにならないのが実情である。それを五千馬力とは、技術者の常識では考えられない目標であった。

だが、技術的にはいろいろな制約があったとしても、大社長・中島知久平の結論はきわめて単純明快だった。「この飛行機に日本の命運がかかっている」——この一点である。

このたとえようもない重責を引き受けることになった田中は、自らの決意を次のように述べている。

「自分としては、この発動機を完成させることが日本を勝利に導く唯一無二の手段であると固く信じ込み、あらゆるものを投げ打って、この完成にまいしんしたのである」
(前掲書)

「一馬力たりとも下まわってはならない」

田中がいくら一人で考え込んでみても、構想は煮つまってはこない。まずどんな構造を採用すればよいかを、小谷設計課長以下、田中、中川、井上、工藤義人の五人が集まって議論し、知恵を出し合うことにした。小谷以外、いずれも二十代終わりごろの中島飛行機の精鋭技術者たちである。議論は自然と白熱した。これまでの実績からして、誰も空冷星型を採用することは当然として認めていた。液冷あるいは水冷エンジンでは二千馬力どまりで、軍用機の主流ではなかったからである。

最大の制約は、なんといっても、きわめて短期間に完成させなければならないということだった。のちに田中がまとめた「計画要領書」には、次のような苦渋に満ちた言葉が書かれている。

「本機は単列及び複列星型発動機の試作には良く慣熟し居る技術団に依り進展せらるるのではあるが、此技術団は本機の如き全くお手本の無い完全に新型式発動機の如き大物は殆んど手掛けた経験を持たない。(中略)研究設計試作の常道を踏んで進んで行ったのでは例え複列星型をやるとしても絶対に時期に間に合わぬと云うことの二つである」

そのために、「設計に当たっては、新規な構造を採用すると未知のトラブル発生の恐れがあるので、できるだけ既製の星型から離れないようにした」（『内燃機関』昭和四十七年七月号）とも述べている。要するに、トラブルを絶対に避けるため、実績のあるエンジンを活用することにしたのである。すると、可能性のある案として考えられたのは、次の六案だった。

(1)　単列七気筒×四列＝二十八気筒直列星型（単列星型を各列気筒がクランク軸に平行な一直線上にあるように配列）

(2)　複列十四気筒×二台＝二十八気筒乱列星型（複列十四気筒を二台串型に配列）

(3)　単列九気筒×四列＝三十六気筒直列星型（単列七気筒×四列に同じ）

(4)　複列十八気筒×二台＝三十六気筒乱列星型（複列十八気筒を二台串型に配置）

(5)　単列七気筒×六列＝四十二気筒直列星型（単列七気筒×四列に同じ）

(6)　複列十八気筒×三台＝五十四気筒乱列星型（複列十八気筒を三台串型に配置）

まず、それぞれを検討し、不適格なものをふるい落としていく方法がとられた。もっとも基本になるのは、どの大きさのシリンダーを選び、何個にするかである。だが、先にも述べたように、シリンダーの直径や行程を増やして容積を大きくすれば、それに正比例して馬力が大きくなるというわけではない。燃焼性などの問題から、シリンダーのサイズ、新しい最適形状を作り出すのには、長い年月の実験と改良が必要である。田中はシリンダーの難しさについて指摘する。

「発動機は極めて繊細なる内燃機関であるため其（筒径×衝程）が変って来ると色々な点で特異なる問題が生起して来るのであり斯る点よりも所謂○○発動機をこなすなる言葉が生じて来るのであって従って本試作機の如き性格のものに対しては我々のみならず実施部隊に於かれても良く慣熟しこなし切って居る（筒径×衝程）を採用する必要が生じて来る」（「計画要領書」）

　そこで、実績のある既存のシリンダーを使うことにした。次には、一列当たり何個のシリンダーで、何列にすれば五千馬力になるかである。田中は選定理由を次のように述べている。

「当時の常識的な筒径×行程を採用するとすれば、二十八気筒は五千ＰＳという出力の点で問題になり得ない」

　いわゆる馬力が達しないため、まずふるい落とされた。

「複列星型の経験しか持たないわれわれとしては、いきなり六列への飛躍は本機の性格から見て遠慮すべきである」

　すると、(3)、(6)案もそれぞれ、単列をいきなり四列に、複列を三台に結合して六列にしなければならず、これまた不確定要素が多い。となると、残りはおのずから決まってくる。

「⑷の複列十八気筒星型×二台の三十六気筒乱列星型が、航空発動機としてなんとかまとめることができるだろうと、この発動機の基礎型として取り上げられた」

このあたりの経過については、戦後、この機のエンジンを精力的に調査した、田中と同期入社の水谷が次のように解説している。

「この時点では、護（一五五×一七〇×一四）を設計から試作生産まで手塩に掛けて育ててきた設計主任（田中）は、知り尽くしている護を十八シリンダーにした『ＢＤ』が当時すでに試作されていたので、このＢＤを基礎エンジンとし、これを二台タンデムに結合する三十六シリンダーの設計を進めていたのである」（『中島飛行機エンジン史』）

この当時、中島飛行機では、二列星型十八シリンダーが生産中と試作段階とを合わせて四種類あった。シリンダー径一五五×行程一七〇の前記の「ＢＤ」、一五〇×一八〇の「ＮＡＮ」（ハ107）、一四六×一六〇の「寿」系の「ＢＨ」（ハ44）と一三〇×一五〇の「栄」系を引き継いだ「誉」である。

このうち、「誉」は中川らの努力ですでに量産に入っていた。他の三種類は、いずれも試作段階であり、この時期にいたっては、もはや完成させる余裕はなかった。最後は、「誉」かそれとも「ＢＨ」かの選択に絞られた。

五千馬力が必要なこのエンジンは、シリンダーすべての総行程容積が約百リットルを必要とする。「誉」はリットル当たりの出力が高く、五十五馬力出すことができるが、三十六シリンダーであるため、合計七十二リットル、すなわち総計三千九百六十馬力である。これでは、大社長のいう五千馬力には到達しない。結局、小谷と田中は残るBHを強く推した。

「現在試作中のハ44（BH）二千四百五十馬力の二列星型をタンデムに二つつないで、ブーストを上げればちょうど五千馬力位になるので、この方式がもっとも可能性が高い」

それに対し、中川は真っ向から反論した。

「既存のものをそのまま使う点で簡単だというのは確かにそうだが、冷却が非常にむずかしい」

一列から二列にするときでさえ、後列のシリンダーの冷却をどうするかは大問題だった。それを四列にするとなると、むずかしさはその比ではない。

「冷却についての見通しがないまま、ただ四列とすればちょうど五千馬力になるというのは、リスクが高すぎる。それに、現状では二千四百五十馬力しかできていないのに、『BH』で作るのはむずかしい」

中川は主張を譲らなかった。社内における技術的な議論は白熱することが多かったが、それが中島飛行機の技術部門の伝統的気風であった。中川は述べている。

「まず全体に流れる自由な社風である。もちろん組織はあるのだが、組織の中でも別の組織の人でも自由に話し議論することである。こと技術の議論だと先輩も後輩もない、部長も課長もなく自由に議論する空気である」（前掲書）

中川らは、上司である小谷や新山を、課長や部長とは呼ばず、名前かあだ名で呼んだ。親分肌で、中川より九歳年上にあたる新山などは「新山オッサン」と呼ばれ、上田は「オヤジ」、小谷は「タニさん」「小谷オッサン」などと呼ばれた。ちなみに中川は「プーさん」であった。当時、ちょうどフランスから超小型のプーディシェル（空の虱（しらみ）の意味）が輸入され、評判だった。同期入社のメンバーが冗談半分につけたものであった。あだ名で呼ぶのはなにも武蔵野製作所だけでなく、太田製作所や小泉製作所でも同じだった。

そうした社内の気風とは別に、五千馬力のエンジンをめぐっては、ことがことだけに、議論は真剣そのものだった。エンジンの基本構想をどうするかは、設計の経験が多い少ないといった次元をはるかに超えていた。

中川が主張した。

「四千馬力くらいでなんとか我慢してもらえないだろうか。四千馬力だったら、十三気筒二列の二十六シリンダーとし、外形は少し大きくなるが、なんとかできないことはないのだが」

「中島では誉が二千hpエンジンに成長した時点で、将来の高馬力エンジン時代にはH型エンジン案が中堅技師たちの間で検討されていた」(『中島飛行機エンジン史』)

中川は、機体側のエンジン艤装や強度計算を担当する構造屋の西村課長にも相談した。

「五千馬力はむずかしいので、『誉』二台の四千馬力にした場合、機体側としてはどうでしょうか」

だが、検討の進んでいない西村のほうも、いいとも悪いともいいようがなかった。

そこで、まずは概略図を描いてみることになった。

「この案なら、現在のテクニックを使ってできる最大限です。四千馬力を少し超えるぐらいになるから、四千馬力は絶対に保証します。これでどうでしょうか」

中川は説明した。

昼ごろからはじまった会議は、双方が自説の案を主張して譲らず、白熱した議論が夜の十時ごろまで延々と続いた。最後は、理にかなった中川の説明に田中も井上も、「君の案がどうもよさそうだ」と賛同するようになったが、小谷課長は譲らなかった。

「そんなことといったって、一馬力たりとも欠かしたら親方(中島社長)はだめだというよ」

中川も負けずにやり返した。

「百馬力足りない、八十馬力足りないというのは、どういう意味があるのですか」

大社長が「五千馬力だ」といったからといって、それにどんな技術的根拠があるのか。すでに仕様が決まっているというわけではない。技術的に検討して、これから作っていこうとしているのではないか――これが中川の主張だった。

十時間近くやり合ってなおも決着がつかず、夜も遅くなってしまった。小谷課長も、

「それならそれでいい。そういう案もあるということで、ともかく大御所に出してみよう」

ということになった。

会議での結論は、責任者の小山を通じて、中島知久平のもとに伝えられた。ところが、それに対する中島の回答は、きびしいものだった。

「五千馬力堅持、一馬力たりとも下まわってはならない」

水谷は、そのときのことを推察して次のように解釈している。

「富嶽計画のトップバッターであるエンジンが甘い性能に後退すれば、全計画が混乱して収拾がつかなくなることを心配したからである。実際機体側には比較にならないほどの難問が山積していたのである」(『中島飛行機エンジン史』)

二十六機種の案が一機種に

中川には、五千馬力エンジンばかりに関わっている余裕はなかった。そのころ、海軍が計画中の高速偵察機「彩雲」、「銀河」、キ84に「誉」を搭載しようとしており、

その問題が山とあって、あちこち走りまわらなければならなかったからである。

機体側の検討も、ごく少数の人間で進められていた。

そんなある日、「彩雲」の機体の空気力学を担当していた内藤は、ちょっとした用事があり、ついでに三竹忍技師長のところに立ち寄った。寒さも一段ときびしさを増していた時期で、三竹はスチームヒーターを横にし、テーブルに向かってなにか計算をしている様子だった。

「なんの計算されているのですか」

部下にやらせることなく、所長自ら計算尺を手にしている姿を内藤は不審に思い、何気なく尋ねてみた。

「新しい飛行機の計算だ。これは大社長からの内密の命令だから、部下たちにやらせるわけにいかないので、自分でやっているんだ。内密だが、少しだけ見せてやろう」

そういって、三竹は計画書を内藤にのぞかせた。そこには、二十六機種もの航空機の概略的な仕様が描かれていた。小型の飛行機から大型まで、艦上爆撃機、雷撃機、襲撃機、輸送機、双発の爆撃機、長距離爆撃機などのさまざまな種類の案があった。その筆跡からして、中島大社長自身の手によって計画されたものであることは明白だった。

「計算尺でやっているのでは時間がかかってしようがないでしょう。私が自分で作った便利なチャートを持ってますから、それでやればいいですよ」

日米開戦以後、陸・海軍が新たに計画する飛行機の数も増えていた。基本設計を行なうとき、要求仕様に基づき、最適値を見出す必要がある。そのたびごとに、条件を変えては、何度も何度も同じような計算を繰り返す必要がある。空気力学の計算量は膨大である。そうした時間を節約するため、内藤は何種類ものグラフを独自に作成し、要求する値を縦軸と横軸から引いた交点にその結果が出てくるという便利なチャートを作っていたのである。

これに関連し、内藤は『日本傑作機物語』の中で次のように書いている。

「高速機を実現するために、翼形は特に新しく設計された。当時NACA（NASA米航空宇宙局の前身にあたる米航空諮問委員会）の翼形の資料としては、二百種の翼形についての高圧風洞実験成績の記録が入手されていた。これを分類系統立てる研究が、約五年にわたって、中島飛行機で継続されていた」

また、のちに「富嶽」試作の責任者となる陸軍航空本部部員で、陸軍航空の基本計画を中心的に担当していた安藤成雄（元技術大佐）は、飛行機の基本計画および設計手法の全貌をまとめあげた理論的研究の『日本陸軍機の計画物語』の冒頭で次のように述べている。

「日本の陸軍機は第二次大戦終りまで英国の研究報告R&MとNACAの報告とを基

にして計画されたといっても過言ではない。こういう条件のもとで外国にまさる飛行機を作り出すには基礎計画で先手を取るより方法はなかったのである」

飛行機開発でのもっとも基礎的な翼形などのデータでは、米NACAが大々的に行ない、公表していた研究成果に、日本は依存していた。あるいは、そこから出発していたのである。こうしたデータを持ち、日本独自の設計基礎資料としてマニュアル化し、チャートとして利用するまでに自分たちのものにしていたのである。

「そんな便利なものがあるなら、ぜひ利用させてもらいたい」

三竹の懇願に応じて、内藤はチャートを持参した。だが、結局は、チャートの扱い方に慣れた内藤が、三竹の作業を手伝うことになってしまった。

内藤は他の人間に見つかるとまずいので、小泉製作所内に隠れ部屋を見つけて、そこへ行っては、チャートに基づいて大社長の計画した案を煮詰める計算を進めていった。

旧来からのやり方で進める三竹より、若い内藤のほうが計算は手早かった。次々と概略計算を進めていった内藤は、その当時を思い起こしながら、次のように語っている。

「二十六機種あるどの飛行機も大同小異、やる気になればできる計画でした。でも、どうしてもむずかしいと思えるのが、最後の三つでした」

いずれも、これまでの日本にはない、巨大な飛行機である。第一は、大量の爆弾を搭載して空港や軍需工場を爆撃するための爆撃機。第二は、胴体の底に機関銃を十ないし二十挺も並べた襲撃機で、敵の飛行機が飛んできたら、その上を飛んで一斉に機関銃を発射し、撃墜してしまうという構想だった。これについて、中島は自分の狙いとするところを小山に、次のように説明したという。

「小山君、この飛行機に四百丁の機関砲をつめないかね」

小山は、なんのことかと問い返した。

「如雨露（じょうろ）だよ、君。下に来た戦闘機を、如雨露で水をまくようにして多数の機関銃で射つのさ」（『さらば空中戦艦・富嶽』）

第三は輸送機で、敵の空港を爆撃したのち、大量の兵員を一度に送り込み、空港を制圧してしまうという目論見である。

この計画を検討した内藤は、三竹にいった。

「この三機種を一機種に統合したほうが効率的ですよ。まず最初に爆撃機を設計して、終われば、その胴体を一部改造し、艤装を変えるだけで襲撃機、輸送機にすればいい」

この内藤の提案で、二十六機種あった案は結局、巨大爆撃機の一機種にすることに決めて、計画を進めていった。

（以下、下巻へ）

資料提供＝株式会社ＳＵＢＡＲＵ
カバー絵＝小池繁夫

＊本書は一九九一年に講談社より刊行された『富嶽―米本土を爆撃せよ』（一九九五年に講談社文庫）を文庫化したものです。

草思社文庫

富嶽　上巻
幻の超大型米本土爆撃機

2020年4月8日　第1刷発行

著　者　前間孝則
発行者　藤田　博
発行所　株式会社 草思社
〒160-0022　東京都新宿区新宿1-10-1
電話　03(4580)7680(編集)
　　　03(4580)7676(営業)
　　　http://www.soshisha.com/

本文組版　有限会社 一企画
本文印刷　株式会社 三陽社
付物印刷　株式会社 暁印刷
製本所　加藤製本 株式会社
本体表紙デザイン　間村俊一

ISBN978-4-7942-2448-4　Printed in Japan

草思社文庫既刊

ぼくの日本自動車史

徳大寺有恒

戦後の国産車のすべてを「同時代」として乗りまくった著者の自伝的クルマ体験記。日本車発達史であると同時に、昭和の若々しい時代を描いた傑作青春記でもある。伝説の名車が続々登場！

ダンディー・トーク

徳大寺有恒

自動車評論家として名を馳せた著者を形づくったクルマ、レース、服装術、恋愛、放蕩のすべてを語り明かす。快楽主義にも見える生き方の裏にあるストイシズムと美学――人生のバイブルとなる極上の一冊。

ダンディー・トークⅡ

徳大寺有恒

クルマにはその国で培われてきた美学がおのずと投影される。ジャグァー、アストン・マーティン、メルツェデス、フェラーリ、セルシオ等、世界の名車を乗り継いできた著者による自動車論とダンディズム。

草思社文庫既刊

昭和二十年　第1～13巻

鳥居 民

太平洋戦争が終結する昭和二十年の一年間、何が起きていたのか。天皇、重臣から、兵士、市井の人の当時の有様を公文書から私家版の記録、個人の日記など膨大な資料を駆使して描く戦争史の傑作。

日米開戦の謎

鳥居 民

そこには政府組織内の対立がもたらした恐るべき錯誤が存在していた。膨大な資料検証をもとに「政治の失敗」という観点から開戦の真因を大胆に推理、指摘した歴史評論書。これまで語られなかった新説を提示。

鳥居民評論集　昭和史を読み解く

鳥居 民

太平洋戦争前夜から敗戦までの日本の歩みを膨大な資料を収集、読破したすえにたどり着いた独自の視点・史観から語る。歴史ノンフィクション大作『昭和二十年』未収録のエッセイ、対談を集めた評論集。